金属材料与热处理

主　编　周建波
副主编　邹吉权　李运生

图书在版编目（CIP）数据

金属材料与热处理 / 周建波主编. —杭州：
浙江大学出版社，2014.12（2018.6 重印）
ISBN 978-7-308-14097-3

Ⅰ. ①金… Ⅱ. ①周… Ⅲ. ①金属材料—高等
职业教育—教材②热处理—高等职业教育—教材
Ⅳ. ①TG14 ②TG15

中国版本图书馆 CIP 数据核字（2014）第 273896 号

内容简介

本书是根据高职高专机械类专业机械基础课的基本要求组织编写的，全书共分两篇10章。第一篇为基础篇，主要包括了金属材料的性能、金属材料的晶体结构与结晶、钢的热处理、工业用钢、铸铁、其他金属材料和非金属材料(扩展)等共7章内容；第二篇为应用篇，主要包括了零件的选材、热处理实习、典型模具材料与热处理等共3章内容。

全书由长期从事教学一线的骨干教师编写，以理清概念、强调应用为教学的根本目的，内容上则通过"基础知识、基本方法、典型工艺、教学实习、综合应用"的模式构成知识链，便于教学实施。

本书可作为高职高专机械类专业或其他近机类专业机械基础课程的教材，也可供继续教育和工程技术人员学习参考。

金属材料与热处理

主　编　周建波
副主编　邹吉权　李运生

责任编辑　杜希武
封面设计　刘依群
出版发行　浙江大学出版社
（杭州市天目山路148号　邮政编码310007）
（网址：http://www.zjupress.com）
排　　版　杭州好友排版工作室
印　　刷　浙江新华数码印务有限公司
开　　本　787mm×1092mm　1/16
印　　张　12.5
字　　数　312千
版 印 次　2014年12月第1版　2018年6月第3次印刷
书　　号　ISBN 978-7-308-14097-3
定　　价　29.00元

前　言

随着机械制造业的不断发展，机械制造领域对技能人才的需求愈显紧缺，职业院校更加重视对学生的技能培养和培训工作。而金属材料与热处理作为机械、机电、模具等专业人才不可缺少的基础性技能，在职业院校的机械类专业技能培养中占有非常重要的地位。

回顾人类使用金属材料制造生产工具及生活用品已有悠久的历史。我们的祖先在生产、使用金属材料方面积累了许多经验，为金属材料的研制、创造和发展做出了巨大贡献。

金属材料与热处理是研究金属材料的化学成分、组织结构和性能之间关系及其变化规律，并利用这些关系和变化规律来改善和提高金属材料的性能，进而设计、研制和开发新型合金的一门科学。然而，当今世界各国的科学技术都在迅速发展，在金属学与热处理技术领域，我国与发达国家相比仍有一定差距。所以，我们更应加倍努力，力争上游。

"金属材料与热处理"课程是机械类专业的技术基础课。本教材在常规内容（金属力学性能，金属基础知识，金属热处理原理与工艺等）基础上融入了热处理实习与典型模具材料热处理等应用型内容，旨在使读者掌握金属与合金的化学成分、组织结构与性能间关系变化规律的基本知识、基本理论和基本技能；初步具有正确选择和合理使用金属材料的能力；懂得合金元素在金属材料中的作用。

本书由周建波（天津职业大学）、邹吉权（天津职业大学）、李运生（天津职业大学）等编写，可作为高职高专的实训教材，同时为从事工程技术人员和机械制造研究人员提供参考资料。限于编写时间和编者的水平，书中必然会存在需要进一步改进和提高的地方。我们十分期望读者及专业人士提出宝贵意见与建议，以便今后不断加以完善。

邮箱地址：jzhouianbo@163.com

最后，感谢浙江大学出版社为本书的出版所提供的机遇和帮助。

编　者

2014 年 10 月

目 录

第一篇 基础篇

第二篇 应用篇

第一篇　基础篇

绪 论

机械工程材料是指具有一定性能，在特定条件下能够承担某些功能，被用来制造机各类机械零件的材料。据统计，目前世界上的机械工程材料已达40多万种，并且约以每年5%的速度递增。机械工程材料种类繁多，应用的场合也各不相同。按材料的化学组成分类，可将机械工程材料分为金属材料、高分子材料、陶瓷材料、复合材料四类。

金属材料

金属材料可分为黑色金属材料和有色金属材料两类。黑色金属材料是指铁及铁基合金，主要包括碳钢、合金钢、铸铁等；有色金属材料是指铁及铁基合金以外的金属及其合金。有色金属材料的种类很多，根据它们的特性不同，又可分为轻金属、重金属、贵金属、稀有金属等多种类型。金属材料具有正的电阻温度系数，一般具有良好的电导性、热导性、塑性、金属光泽等，是目前工程领域中应用最广泛的工程材料。

高分子材料

以高分子化合物为主要组分的材料称为高分子材料，可分为有机高分子材料和无机高分子材料两类。有机高分子材料主要有塑料、橡胶、合成纤维等；无机高分子材料包括松香、淀粉、纤维素等。高分子材料具有较高的强度、弹性、耐磨性、抗腐蚀性、绝缘性等优良性能，在机械、仪表、电机、电气等行业得到了广泛应用。

陶瓷材料

陶瓷材料是金属和非金属元素间的化合物，主要包括水泥、玻璃、耐火材料、绝缘材料、陶瓷等。它们的主要原料是硅酸盐矿物，又称为硅酸盐材料，由于陶瓷材料不具有金属特性，因此也称为无机非金属材料。陶瓷材料熔点高、硬度高、化学稳定性高，具有耐高温、耐腐蚀、耐磨损、绝缘性好等优点，在现代工业中的应用越来越广泛。

复合材料

复合材料由基体材料和增强材料两个部分构成。基体材料主要有金属、塑料、陶瓷等，增强材料则包括各种纤维、无机化合物颗粒等。根据基体材料不同，可将复合材料分为金属基复合材料、陶瓷基复合材料、聚合物基复合材料；根据组织强化方式的不同，可将复合材料分为颗粒增强复合材料、纤维增强复合材料、层状复合材料等。复合材料由两种或两种以上的材料组合而成，具有非同寻常的强度、刚度、高温性能和耐腐蚀性等，其性能是它的组成材料所不具备的。

本课程是高等院校机械类和近机类各专业的一门重要技术基础课，是从基础课学习过渡到专业课学习的桥梁，是机械工程技术人员和管理人员必备的基本知识技能。

通过本课程的学习，学生应掌握工程材料的基本理论知识及其性能特点，能够根据实际生产要求选择合理的工程材料和相应的热处理工艺。

本课程的任务是在生产准备过程中合理选用和使用材料，以培养学生严谨的工作态度、分析和解决实际问题的能力。

第1章　金属材料的性能

各种工程材料,依据其性能的不同,可以用于制造不同的工程构件、机械零件、工具等。材料的性能直接关系到机械产品的质量、使用寿命和加工成本,是产品选材和拟订加工工艺方案的重要依据。为了能正确、合理地使用和加工材料,应充分了解和掌握材料的性能。

材料的性能包括工艺性能和使用性能两方面。工艺性能是指材料在各种加工过程中表现出来的性能,包括铸造性能、压力加工性能、焊接性能、热处理性能及切削加工性能等。在设计零件和选择加工工艺方法时,都要考虑材料的工艺性能。工艺性能将在以后有关章节中分别进行讨论。使用性能是材料在使用过程中表现出来的性能,主要有物理性能、化学性能和力学性能等。在一般机械设备及工具的设计制造中大都选用金属材料,并以力学性能作为主要的依据,因此,熟悉和掌握金属材料的力学性能更显重要。

力学性能是指金属材料在载荷作用下所表现出来的性能,是评定金属材料质量的主要依据,也是零件设计中选材和强度计算的主要依据。

根据作用性质的不同,载荷分静载荷和动载荷两类。下面分别讨论金属材料在静载荷和动载荷作用下的力学性能及其指标。

1.1　材料的力学性能

材料的力学性能是指材料在各种载荷(外力)作用下表现出来的抵抗能力,它是机械零件设计和选材的主要依据。常用的力学性能有:强度、塑性、硬度、冲击韧度和疲劳强度等。

1.1.1　强度

强度是指材料在外力作用下抵抗变形或断裂的能力。由于所受载荷的形式不同,金属材料的强度可分为抗拉强度、抗压强度、抗弯强度和抗剪强度等。各种强度间有一定的联系,而抗拉强度是最基本的强度指标。

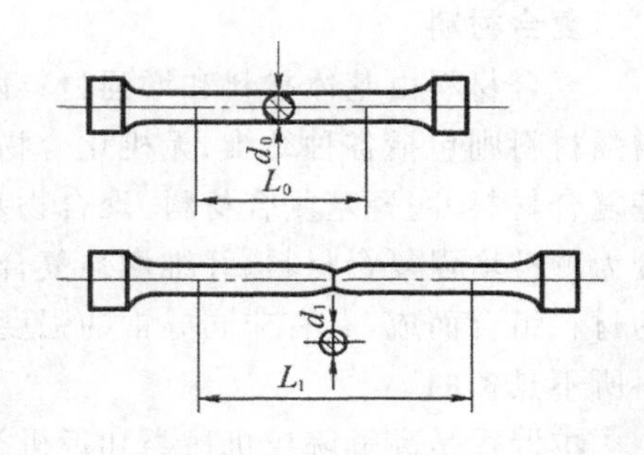

图1-1　圆形标准拉伸试样

材料受外力时,其内部产生了大小相等方向相反的内力,单位横截面积上的内力称为应力,用σ表示。通过拉伸试验(图1-1)可以测出材料的强度指标。金属材料的强度是用应力值来表示的。从拉伸曲线(图1-2)可以得出三个主要的强度指标:弹性极限、屈服强度和抗拉强度。

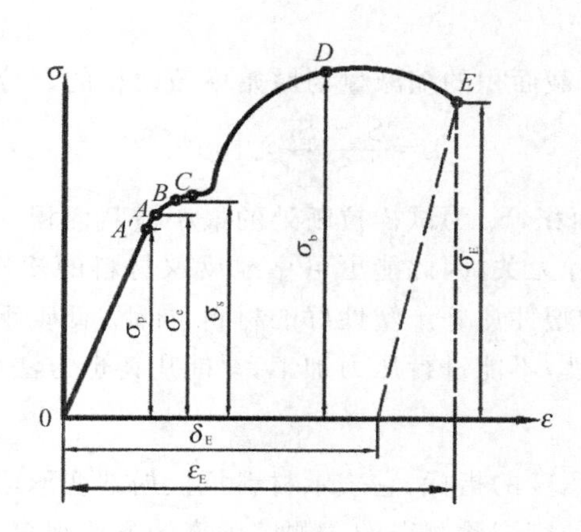

图 1-2 低碳钢的应力-应变曲线

1. 弹性极限

在应力-应变曲线中，OA 为弹性变形段，此时卸掉载荷，试样可恢复到原来的尺寸。A 点所对应的应力为材料承受最大弹性变形时应力值，称为弹性极限，用符号 σe 表示。

2. 屈服强度(屈服点)

在图 1-2 中，应力超过 B 点后，材料将发生塑性变形。B 点所对应的应力为材料产生屈服现象时的最小应力值，称为屈服强度，用符号 σs 表示。有些金属材料，如高碳钢、铸铁等，在拉伸试验中没有明显的屈服现象。所以国标中规定，以试样的塑性变形量为试样标距长度的 0.2%时的应力作为屈服强度，用 $\sigma_{0.2}$ 表示。

3. 抗拉强度

图 1-2 中，CD 段为均匀塑性变形阶段。在这一阶段，应力随应变增加而增加，产生应变强化。变形超过 D 点后，试样开始发生局部塑性交形，即出现颈缩，随应变增加，应力明显下降，并迅速在 E 点断裂。D 点所对应的应力为材料断裂前所承受的最大应力，称为抗拉强度，用 σ_b 表示。

弹性极限是弹性元件(如弹簧)设计和选材的主要依据。绝大多数机械零件(如紧固螺栓)，在工作中不允许产生明显的塑性变形，所以屈服强度是设计和选材的主要依据。抗拉强度表示材料抵抗断裂的能力，脆性材料没有屈服现象，则常用作为设计依据。

1.1.2 塑性

塑性是指金属材料在载荷作用下，产生塑性变形而不破坏的能力。金属材料的塑性也是通过拉伸试验测得的。常用的塑性指标有伸长率和断面收缩率。

1. 伸长率

试样拉断后标距长度的伸长量与原始标距长度的百分比，用符号 δ 表示，即：

$$\delta=\frac{l_k-l_0}{l_0}\times 100\%$$

式中，l_0 为试样原始标距长度；l_K 为试样拉断后的标距长度。

长试样和短试样的伸长率分别用 δ_{10} 和 δ_5 表示，习惯上 δ_{10} 也常写成 δ。伸长率的大小与试样的尺寸有关，对于同一材料，短试样测得的伸长率大于长试样的伸长率，即 $\delta_5>\delta_{10}$。因此，在比较不同材料的伸长率时，应采用相同尺寸规格的标准试样。

2. 断面收缩率

试样拉断后，缩颈处横截面积的缩减量与原始横截面积的百分比，用符号 ψ 表示，即：

$$\psi=\frac{S_0-S_k}{S_0}\times100\%$$

式中，S_0 为试样原始横截面积，S_k 为试样拉断处的最小横截面积。

断面收缩率与试样尺寸无关，因此能更可靠地反映材料的塑性。材料的伸长率和断面收缩率愈大，则表示材料的塑性愈好。塑性好的材料，如铜、低碳钢，容易进行轧制、锻造、冲压等；塑性差的材料，如铸铁，不能进行压力加工，只能用铸造方法成形。

1.1.3 硬度

硬度是衡量材料软硬程度的指标，它表示材料抵抗局部变形或破裂的能力，是重要的力学性能指标。硬度是通过硬度试验测得的。测定硬度的方法很多，常用的有布氏硬度、洛氏硬度和维氏硬度试验方法。各种硬度间没有理论的换算关系，但可通过查 GB 1072—74 几种常用硬度换算表进行近似换算。

1. 布氏硬度

布氏硬度的测定是在布氏硬度机上进行的，其试验原理如图 1-3 所示。用直径为 D 的淬火钢球或硬质合金球做压头，在试验力 F 的作用下压入被测金属表面，保持规定的时间后卸除试验力，则在金属表面留下一压坑（压痕），用读数显微镜测量其压痕直径 d，求出压痕表面积，用试验力 F 除以压痕表面积 S 所得的商作为被测金属的布氏硬度值，用符号 HB 表示：

$$HB=F/S(\text{MPa})$$

式中：F——试验力，N；

S——压痕表面积，mm^2；

D——压头直径，mm；

d——压痕直径，mm。

布氏硬度值可通过上式计算求得，但在实际应用中，常根据压痕直径 d 的大小直接查布氏硬度表得到硬度值。

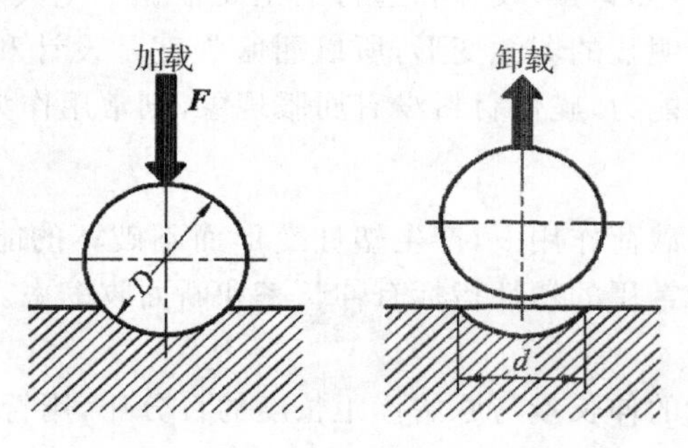

图 1-3 布氏硬度试验原理

用淬火钢球作压头测得的硬度用符号 HBS 表示，适合于测量布氏硬度值小于 450 的材料；用硬质合金球作压头测得的硬度用符号 HBW 表示，适合于测量布氏硬度值 450～650 的材料。在硬度标注时，硬度值写在硬度符号的前面，例如 120HBS，表示用淬火钢球作压

头测得材料的布氏硬度值为120。我国目前布氏硬度机的压头主要是淬火钢球，故主要用来测定灰铸铁、有色金属以及经退火、正火和调质处理的钢材等的硬度。

布氏硬度压痕大，试验结果比较准确。但较大压痕有损试样表面，不宜用于成品件与薄件的硬度测试，而且布氏硬度整个试验过程较麻烦。

2. 洛氏硬度

洛氏硬度的测定在洛氏硬度机上进行。与布氏硬度试验一样，洛氏硬度也是一种压入硬度试验，但它不是测量压痕面积，而是测量压痕的深度，以深度大小表示材料的硬度值。

用顶角为120°的金刚石圆锥或直径为1.588mm的淬火钢球作压头，先加初载荷，再加主载荷，将压头压入金属表面，保持一定时间后卸除主载荷，根据压痕的残余深度确定硬度值，用符号HR表示，即：

$$HR=K-\frac{h}{0.002}$$

式中：h为压痕的残余深度，mm；K为常数（用金刚石压头，$K=100$；淬火钢球作压头，$K=130$）。

为了能在同一洛氏硬度机上测定从软到硬的材料硬度，采用了由不同的压头和载荷组成的几种不同的洛氏硬度标尺，并用字母在HR后加以注明，常用的洛氏硬度是HRA、HRB和HRC三种。表示洛氏硬度时，硬度值写在硬度符号的前面。例如，50HRC表示用标尺C测得的洛氏硬度值为50。

洛氏硬度试验操作简便迅速，可直接从硬度机表盘上读出硬度值。压痕小，可直接测量成品或较薄工件的硬度。但由于压痕较小，测得的数据不够准确，通常应在试样不同部位测定三点取其算术平均值。

3. 维氏硬度

维氏硬度试验原理基本上与布氏硬度相同，也是根据压痕单位表面积上的载荷大小来计算硬度值。所不同的是采用相对面夹角为136°的正四棱锥体金刚石作压头。

试验时，用选定的载荷F将压头压入试样表面，保持规定时间后卸除载荷，在试样表面压出一个四方锥形压痕，测量压痕两对角线长度，求其算术平均值，用以计算出压痕表面积，以压痕单位表面积上所承受的载荷大小表示维氏硬度值，用符号HV表示。

维氏硬度适用范围宽（5～1000HV），可以测从极软到极硬材料的硬度，尤其适用于极薄工件及表面薄硬层的硬度测量（如化学热处理的渗碳层、渗氮层等），其结果精确可靠。缺点是测量较麻烦，工作效率不如洛氏硬度高。

1.1.4 冲击韧性

强度、塑性、硬度都是在缓慢加载即静载荷下的力学性能指标。实际上，许多机械零件常在冲击载荷作用下工作，例如锻锤的锤杆、冲床的冲头等。所谓冲击载荷是指以很快的速度作用于零件上的载荷。对承受冲击载荷的零件，不但要求有较高的强度，而且要求有足够的抵抗冲击载荷的能力。

金属材料在冲击载荷作用下抵抗破坏的能力称为冲击韧度。材料的冲击韧度值通常采用摆锤式一次冲击试验进行测定。冲击试验是在摆锤式冲击试验机上进行的，其试验原理如图1-4所示。

将带有缺口的标准冲击试样安放在冲击试验机的支座上，试样缺口背向摆锤冲击方向。

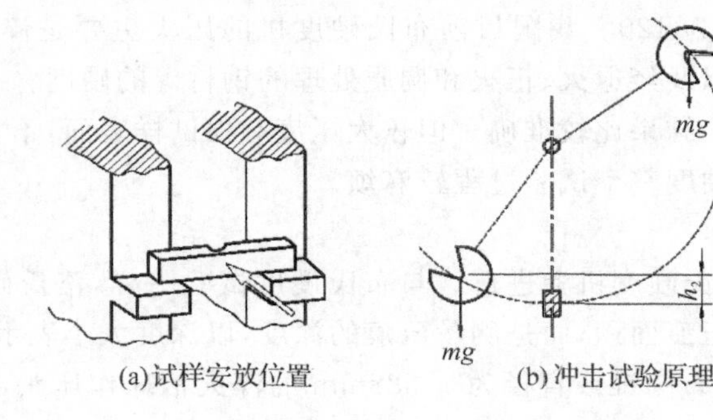

(a)试样安放位置　　(b)冲击试验原理

图 1-4　摆锤式冲击试验原理

把质量为 m 的摆锤从一定高度 h_1 落下，将试样冲断，冲断试样后，摆锤继续升到 h_2 的高度。摆锤冲断试样所消耗的能量称为冲击吸收功，用符号 A_K 表示。

冲击吸收功可从冲击试验机刻度盘上直接读出。将冲击吸收功除以试样缺口底部横截面积，即得到冲击韧度值，冲击韧度用符号 a_K 表示。A_K 愈大，表明材料韧性愈好。冲击韧度值是在大能量一次冲断试样条件下测得的性能指标。但实际生产中许多机械零件是很少受到大能量一次冲击而断裂，多数是在工作时承受小能量多次冲击后才断裂。

1.1.5　疲劳强度

许多机械零件，如轴、齿轮、轴承、叶片、弹簧等，在工作过程中截面上的应力往往随时间做周期性的变化，这种随时间作周期性变化的应力称为交变应力(也称循环应力)。在交变应力作用下，虽然零件所承受的应力远低于材料的屈服点，但在长期使用过程中往往会产生裂纹或突然发生完全断裂，这种破坏过程称为疲劳断裂。

疲劳断裂与静载荷作用下的失效不同，不管是脆性材料还是韧性材料，疲劳断裂都是突然发生的，事先均无明显的塑性变形的预兆，也属低应力脆断，因此具有很大的危险性，常常造成严重的事故。据统计，80%以上损坏的机械零件都是因金属疲劳造成的。因此，工程上十分重视疲劳规律的研究，疲劳现象对于正确使用材料、合理设计零件具有重要意义。

工程中规定，无裂纹材料的疲劳性能指标有疲劳强度(也叫疲劳极限)和疲劳缺口敏感度等。通常材料疲劳性能指标的测定是在旋转弯曲疲劳试验机上进行的。在交变载荷下，金属材料承受的交变应力(σ)和材料断裂时承受交变应力的循环次数(N)之间的关系，通常用疲劳曲线来描述，如图 1-5 所示。金属材料承受的交变应力 σ 越大，则断裂时应力循环次数 N 越小；反之 σ 越小，则 N 越大。当应力低于某值时，应力循环无数次也不会发生疲劳断裂，此应力称为材料的疲劳强度(亦称疲劳极限)，用 σ_D 表示。也就是说疲劳极限是金属材料在无限次交变应力作用下而不破坏的最大应力。当交变应力对称循环时如图 1-6 所示，其疲劳极限用符号 σ_{-1} 表示。

常用钢铁材料的疲劳曲线有明显的水平部分。而一般有色金属、高强度钢及腐蚀介质作用下的钢铁材料的疲劳曲线不存在水平部分，在这种情况下，要根据零件的工作条件和使用寿命，规定一个疲劳极限循环基数 N_0，并以循环次数 N_0 断裂时所对应的应力作为"条件疲劳极限"，以 σ_N 表示。一般规定常用钢铁材料疲劳极限循环基数 N_0 取 10^7 次，有色金属、不锈钢等取 10^8 次，腐蚀介质作用下取 10^6 次。

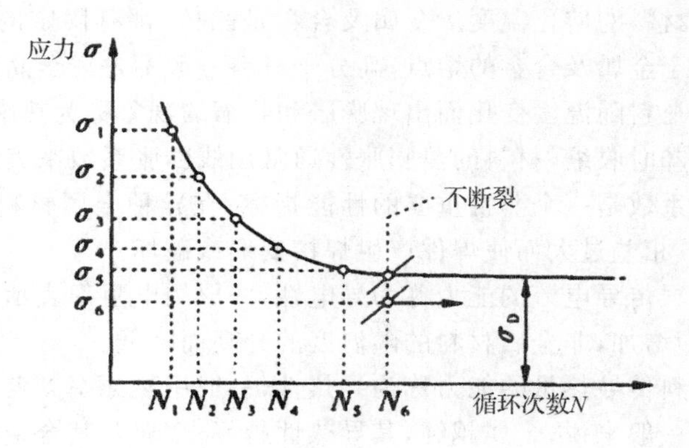

图 1-5　疲劳曲线

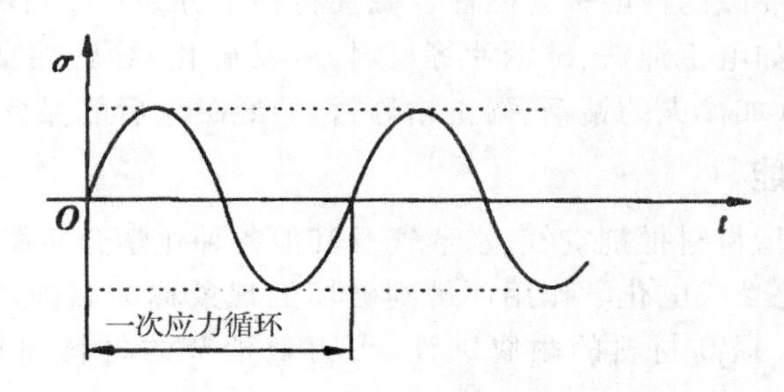

图 1-6　对称循环应力

由于疲劳断裂通常是在机件最薄弱的部位或缺陷造成的应力集中处发生，因此疲劳失效对许多因素很敏感，如零件外形、循环应力特性、环境介质、温度、机件表面状态、内部组织缺陷等。这些因素会导致疲劳裂纹的产生或加速裂纹扩展而降低材料的疲劳抗力。

为了提高机件的抗疲劳能力，防止疲劳断裂事故的发生，在进行机件设计和加工时，应选择合理的结构形状，防止表面损伤，避免应力集中。由于金属表面是疲劳裂纹易于产生的地方，而实际零件大部分都承受交变弯曲或交变扭转载荷，表面应力最大。因此，表面强化处理是提高疲劳强度的有效途径。合理设计零件结构，避免应力集中，降低表面粗糙度值，进行表面滚压、喷丸处理、表面热处理等，均可以提高工件的疲劳强度。

1.2　材料的理化性能

掌握材料的物理和化学性质作为选择金属材料的基本条件至关重要，由于涵盖面较广，当前列出性能如下：

1.2.1　物理性能

(1)密度　材料的密度是指单位体积中材料的质量，常用符号 ρ 表示。抗拉强度 σ_b 与密度 ρ 之比称为比强度；弹性模量 E 与密度 ρ 之比称为比弹性模量。在航空、航天领域使用的材料一般都要求具有高的比强度和比弹性模量。

(2)熔点　是指材料的熔化温度。金属及合金是晶体,都有固定的熔点;陶瓷也有固定的熔点,一般显著高于金属及合金的熔点;高分子材料一般不是完全晶体,没有固定的熔点。

(3)热膨胀性　材料随温度变化而出现膨胀和收缩的现象称为热膨胀性。一般来说,材料受热时膨胀,而冷却时收缩,材料的热膨胀性通常用线膨胀系数来表示。对精密仪器或机械零件来说,热膨胀系数是一个非常重要的性能指标;在异种金属材料的焊接过程中,会因为材料的热膨胀系数相差过大而使焊件产生焊接变形或破坏。

(4)导电性　材料传导电流的能力称为导电性,一般用电阻率表示。通常金属材料的电阻率随温度的升高而增加,非金属材料的随温度的升高而降低。

(5)导热性　材料传导热量的能力称为导热性,一般用热导率 λ 表示。材料的热导率越大,则导热性越好。一般来说,金属越纯,其导热性越好;金属及其合金的热导率远高于非金属材料。

(6)磁性　材料能导磁的性能称为磁性。磁性材料常分为软磁材料和硬磁材料(也称为永磁材料),软磁材料(如电工纯铁、硅钢片等材料)容易磁化、导磁性良好,外磁场去除后磁性基本消除;硬磁材料(如淬火的钴钢、稀土钴等材料)经磁化后能保持磁场,磁性不易消失。

1.2.2　化学性能

(1)耐腐蚀性　是指材料抵抗空气、水蒸气及其他各种化学介质腐蚀的能力。材料在常温下与周围介质发生化学或电化学作用而遭到破坏的现象称为腐蚀,非金属材料的耐腐蚀能力远高于金属材料。提高材料的耐腐蚀性,可有效地节约材料和延长机械零件的使用寿命。

(2)抗氧化性　材料在加热时抵抗氧化作用的能力称为抗氧化性。金属及其合金的抗氧化机理是金属材料在高温下迅速氧化后,可在金属表面形成一层连续而致密并与母体结合牢固的氧化薄膜,阻止金属材料的进一步氧化;而高分子材料的抗氧化机理则不同。

(3)化学稳定性　是材料的耐腐蚀性和抗氧化性的总称,高温下的化学稳定性又称为热稳定性。在高温条件下工作的设备,如工业锅炉、加热设备、汽轮机、火箭等设备上的许多零件均在高温下工作,应尽量选用热稳定性好的材料制造。

1.3　材料的工艺性能

工艺性能是指材料在成形过程中,对某种加工工艺的适应能力。材料的工艺性能主要包括铸造性能、锻造性能、焊接性能、热处理性能、切削加工性能等。

(1)铸造性能　指材料易于铸造成型并获得优质铸件的能力,衡量材料铸造性能的指标主要有流动性、收缩性和偏析倾向等。

(2)锻造性能　是指材料是否容易进行压力加工的性能。它取决于材料的塑性和变形抗力的大小,材料的塑性越好,变形抗力越小,材料的锻造性能越好。如纯铜在室温下有良好的锻造性能;碳钢的锻造性能优于合金钢;铸铁则不能锻造。

(3)焊接性能　是指材料是否易于焊接并能获得优质焊缝的能力。碳钢的焊接性能主要取决于钢的化学成分,特别是钢的碳含量影响最大。低碳钢具有良好的焊接性能,而高碳钢、铸铁等材料的焊接性能较差。

(4)热处理性能　是指材料进行热处理的难易程度。热处理可以提高材料的力学性能，充分发挥材料的潜力。

(5)切削加工性能　是指材料接受切削加工的难易程度，主要包括切削速度、表面粗糙度、刀具的使用寿命等。一般来说，材料的硬度适中(180～220HBS)其切削加工性能良好，所以灰铸铁的切削加工性比钢好，碳钢的切削加工性比合金钢好。改变钢的成分和显微组织可改善钢的切削加工性能。

本章小结

本章主要介绍了金属材料的使用性能和工艺性能，要求掌握金属材料的力学性能主要指标的符号、单位、物理意义和试验方法，为金属材料的选择提供依据。

思考与习题

1. 什么是金属材料的力学性能？力学性能主要包括哪些指标？
2. 什么叫强度、硬度和塑性？衡量这些性能的指标有哪些？各用什么符号表示？
3. 下列情况分别是因为哪一个力学性能指标达不到要求？
   1)紧固螺栓使用后发生塑性变形。
   2)齿轮正常负荷条件下工作中发生断裂。
   3)汽车紧急刹车时，发动机曲轴发生断裂。
   4)不锈钢圆板冲压加工成圆柱杯的过程中发生裂纹。
   5)齿轮工作在寿命期内发生严重磨损。
4. 什么是材料的工艺性能，主要包括哪些方面？

第 2 章 金属材料的晶体结构与结晶

2.1 金属的晶体结构

2.1.1 晶体结构的基本概念

固态物质按其原子排列规律的不同可分为晶体与非晶体两大类。原子呈规则排列的物质称为晶体,如金刚石、石墨和固态金属及合金等,晶体具有固定的熔点,呈现规则的外形,并具有各向异性特征;原子呈不规则排列的物质称为非晶体,如玻璃、松香、沥青、石蜡等,非晶体没有固定的熔点。

为了便于研究,人们把金属晶体中的原子近似地设想为刚性小球,这样就可将金属看成是由刚性小球按一定的几何规则紧密堆积而成的晶体,如图 2-1(a)所示。

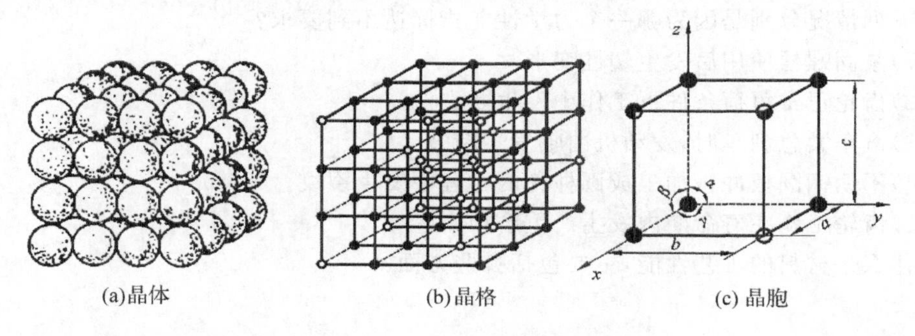

图 2-1 晶体、晶格与晶胞

1. 晶格

为了研究晶体中原子的排列规律,假定理想晶体中的原子都是固定不动的刚性球体,并用假想的线条将晶体中各原子中心连接起来,便形成了一个空间格子,这种抽象的、用于描述原子在晶体中规则排列方式的空间格子称为晶格,如图 2-1(b)所示。晶体中的每个点叫作结点。

2. 晶胞

晶体中原子的排列具有周期性的特点,因此,通常只从晶格中选取一个能够完全反映晶格特征的、最小的几何单元来分析晶体中原子的排列规律,这个最小的几何单元称为晶胞,如图 2-1(c)所示。

3. 晶格常数

晶胞的大小和形状常以晶胞的棱边长度 a、b、c 及棱边夹角 α、β、γ 来表示,如图 2-1(c)

所示。晶胞的棱边长度称为晶格常数。

2.1.2 常见的金属晶格类型

由于金属键有很强的结合力，所以金属晶体中的原子都趋向于紧密排列，但不同的金属具有不同的晶体结构，大多数金属的晶体结构都比较简单，其中常见的有以下三种：

1. 体心立方晶格

体心立方晶格的晶胞是一个立方体，其晶格常数 $a=b=c$，在立方体的八个角上和立方体的中心各有一个原子，如图 2-2 所示。每个晶胞中实际含有的原子数为$(1/8)\times 8+1=2$个。具有体心立方晶格的金属有铬(Cr)、钨(W)、钼(Mo)、钒(V)、α 铁(α-Fe)等。

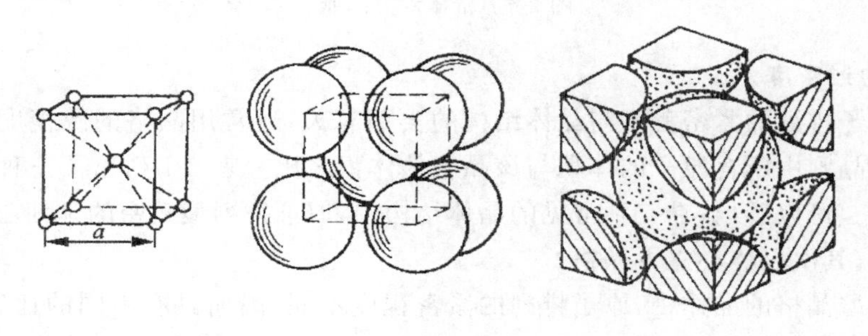

图 2-2　体心立方晶胞

2. 面心立方晶格

面心立方晶格的晶胞也是一个立方体，其晶格常数 $a=b=c$，在立方体的八个角和立方体的六个面的中心各有一个原子，如图 2-3 所示。每个晶胞中实际含有的原子数为$(1/8)\times 8+6\times(1/2)=4$ 个。具有面心立方晶格的金属有铝(Al)、铜(Cu)、镍(Ni)、金(Au)、银(Ag)、γ 铁(γ-Fe)等。

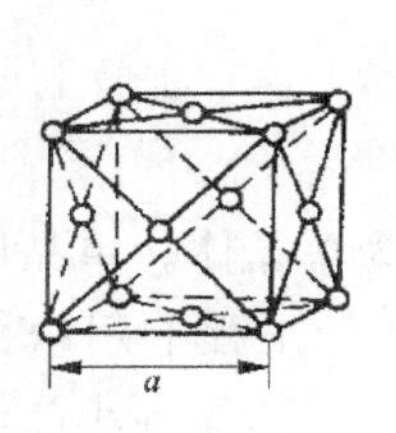

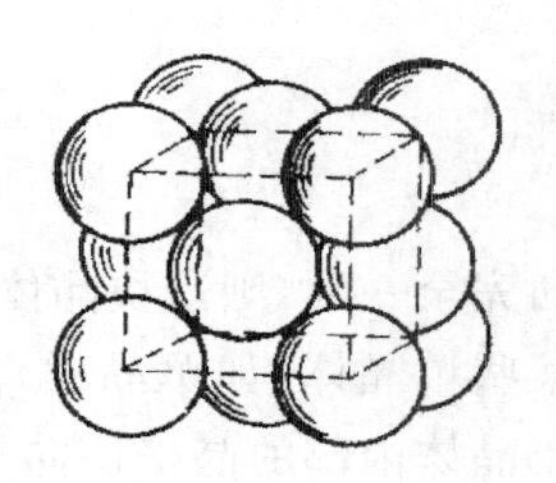
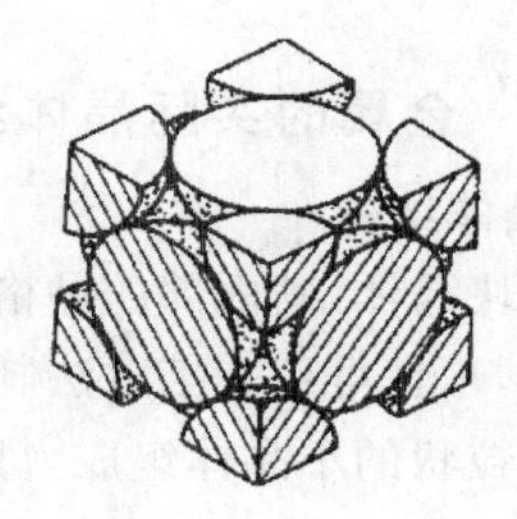

图 2-3　面心立方晶胞

3. 密排六方晶格

密排六方晶格的晶胞是个正六方柱体，它是由六个呈长方形的侧面和两个呈正六边形的底面所组成。该晶胞要用两个晶格常数表示，一个是六边形的边长 a，另一个是柱体高度 c。在密排六方晶胞的十二个角上和上、下底面中心各有一个原子，另外在晶胞中间还有三个原子，如图 2-4 所示。每个晶胞中实际含有的原子数为$(1/6)\times 12+(1/2)\times 2+3=6$ 个。具有密排六方晶格的金属有镁(Mg)、锌(Zn)、铍(Be)等。

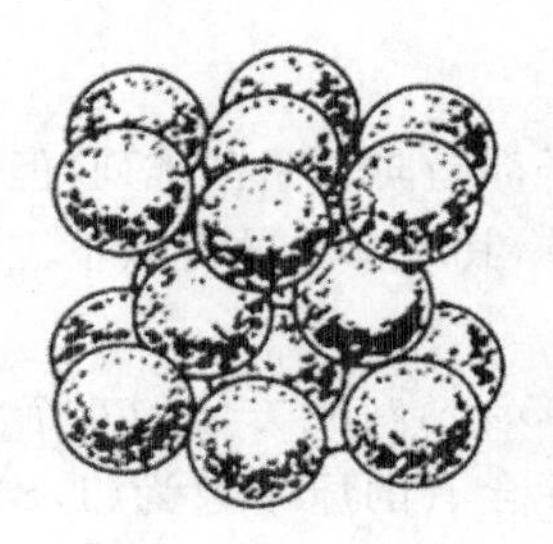
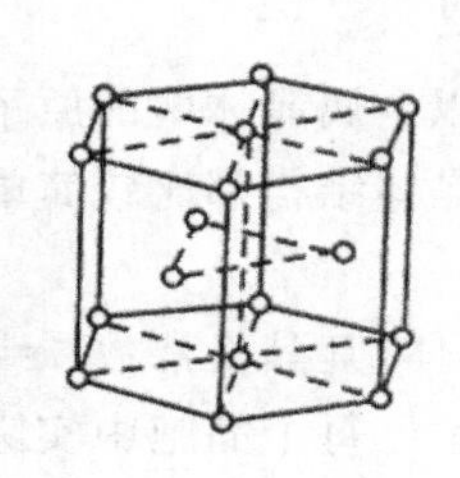
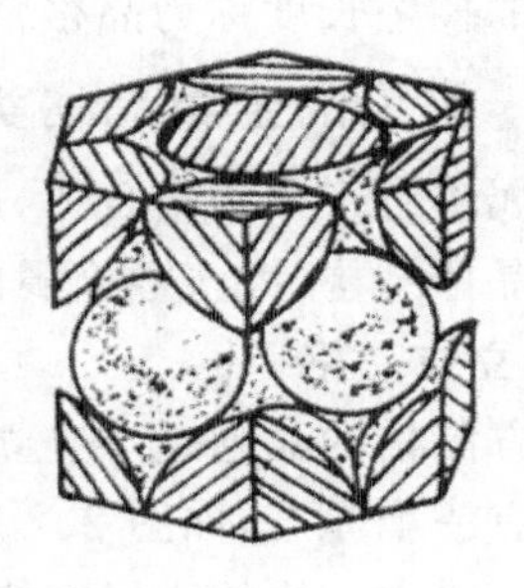

图 2-4　密排六方晶胞

4. 晶格的致密度

晶体中原子排列的紧密程度与晶体结构的类型有关,通常用晶格的致密度表示。晶格的致密度是指晶胞中所含原子的体积与该晶胞的体积之比。表 2-1 列出了三种常见金属晶格的常用数据。可以看出,在三种常见的晶体结构中,原子排列最致密的是面心立方晶格和密排六方晶格,其次是体心立方晶格。

在不同类型晶格的晶体中,原子排列的紧密程度不同,因而具有不同的比容(即单位质量物质所占的容积),当金属的晶格类型发生转变时,会引起金属体积的变化。若体积的变化受到约束,则会在金属内部产生内应力,而引起工件的变形或开裂。

表 2-1　三种常见金属晶格的常用数据

晶格类型	晶胞中的原子数	原子半径	致密度
体心立方晶格	2	$\sqrt{3}a/4$	0.68
面心立方晶格	4	$\sqrt{2}a/4$	0.74
密排六方晶格	6	$a/2$	0.74

2.1.3　金属的实际晶体结构

1. 多晶体结构

如果一块晶体,其内部的晶格位向完全一致,则这块晶体称为单晶体。单晶体在自然界几乎不存在,现在可用人工方法制成某些单晶体(如单晶硅)。实际工程上用的金属材料都是由许多颗粒状的小晶体组成,每个小晶体内部的晶格位向是一致的,而各小晶体之间位向却不相同,如图 2-5 所示。这种不规则的、颗粒状的小晶体称为晶粒,晶粒与晶粒之间的界

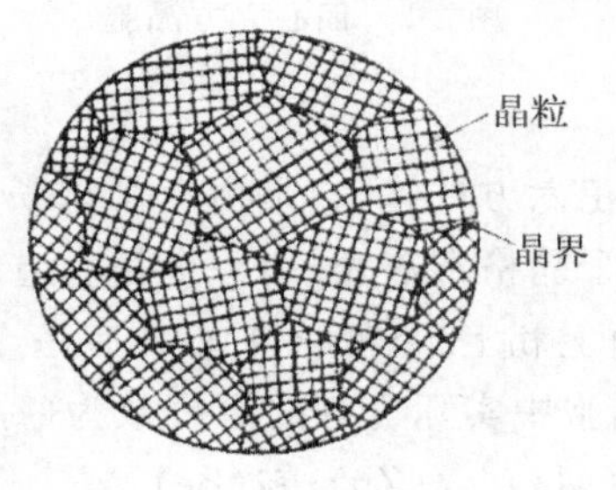

图 2-5　金属的多晶体结构

面称为晶界，由许多晶粒组成的晶体称为多晶体。一般金属材料都是多晶体结构。

2. 晶体缺陷

实际金属具有多晶体结构，由于结晶条件等原因，会使晶体内部出现某些原子排列不规则的区域，这种区域被称为晶体缺陷。根据晶体缺陷的几何特点，可将其分为以下三种类型：

（1）点缺陷　点缺陷是指长、宽、高尺寸都很小的缺陷。最常见的点缺陷是晶格空位和间隙原子，如图2-6所示。在实际晶体结构中，晶格的某些结点往往未被原子占有，这种空着的结点位置称为晶格空位；处在晶格间隙中的原子称为间隙原子。在晶体中由于点缺陷的存在，将引起周围原子间的作用力失去平衡，使其周围原子向缺陷处靠拢或被撑开，从而晶格发生歪扭，这种现象称为晶格畸变。晶格畸变会使金属的强度和硬度提高。

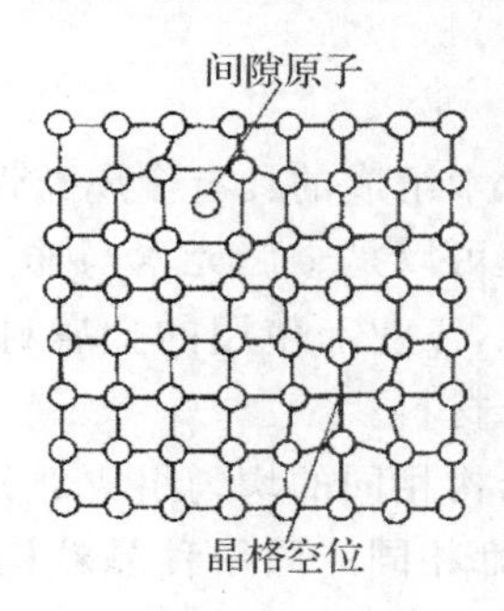

图2-6　晶格空位和间隙原子

（2）线缺陷　线缺陷是指在一个方向上的尺寸很大，另两个方向上尺寸很小的一种缺陷，主要是各种类型的位错。所谓位错是晶体中某处有一列或若干列原子发生了有规律的错排现象。位错的形式很多，其中简单而常见的刃型位错如图2-7所示。由图可见，晶体的上半部多出一个原子面（称为半原子面），它像刀刃一样切入晶体中，使上、下两部分晶体间产生了错排现象，因而称为刃型位错。*EF*线称为位错线，在位错线附近晶格发生了畸变。

位错的存在对金属的力学性能有很大的影响。例如冷变形加工后的金属，由于位错密度的增加，强度明显提高。

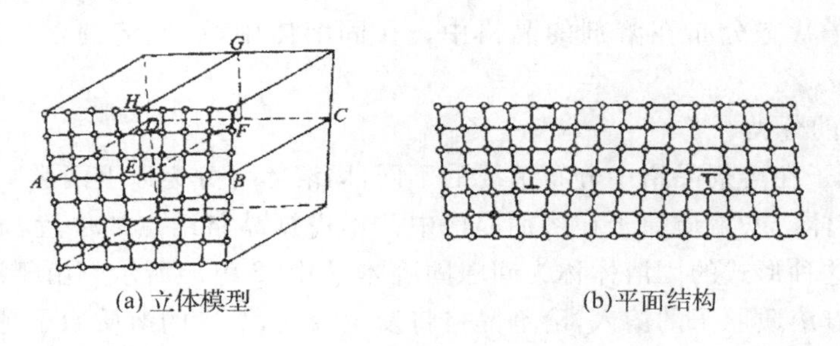

图2-7　刃型位错

（3）面缺陷　面缺陷是指在两个方向上的尺寸很大，第三个方向上的尺寸很小而呈面状的缺陷。面缺陷的主要形式是各种类型的晶界，它是多晶体中晶粒之间的界面。由于各晶粒之间的位向不同，所以晶界实际上是原子排列从一种位向过渡到另一个位向的过渡层，在晶界处原子排列是不规则的，如图 2-8 所示。

晶界的存在，使晶格处于畸变状态，在常温下对金属塑性变形起阻碍作用。所以，金属的晶粒愈细，则晶界愈多，对塑性变形的阻碍作用愈大，金属的强度、硬度愈高。

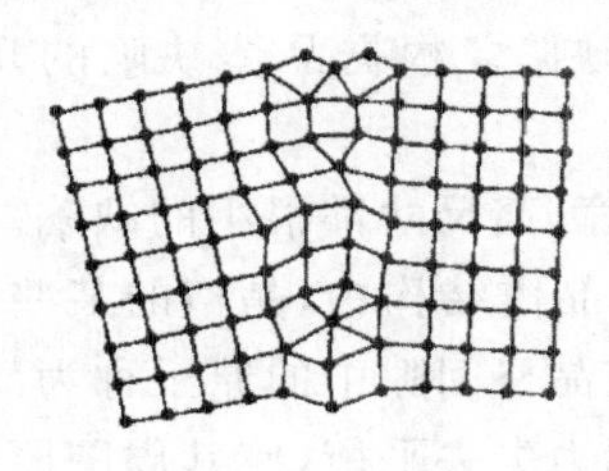

图 2-8 晶界的结构

2.1.4 合金的晶体结构

合金是指由两种或两种以上元素组成的具有金属特性的物质。组成合金的元素可以全部是金属元素，如黄铜(铜和锌)，也可以是金属元素与非金属元素，如碳钢(铁和碳)。纯金属的品种少，力学性能低，获得困难，工业上使用的金属材料大多数是合金。碳钢、合金钢、铸铁、黄铜、硬铝等都是常用的合金材料。

合金中具有同一化学成分且结构相同的均匀组成部分叫作相。合金中相与相之间有明显的界面。若合金是由成分、结构都相同的同一种晶粒构成的，各晶粒虽有界面分开，但它们仍属于同一种相；若合金是由成分、结构都不相同的几种晶粒构成的，则它们将属于不同的几种相。

如果把合金加热到熔化状态，则组成合金的各组元即相互溶解成均匀的溶液。但合金溶液经冷却结晶后，由于各组元之间相互作用不同，固态合金中将形成不同的相结构，合金的相结构可分为固溶体和金属化合物两大类。

1. 固溶体

当合金由液态结晶为固态时，组元间仍能互相溶解而形成的均匀相，称为固溶体。固溶体的晶格类型与其中某一组元的晶格类型相同，而其他组元的晶格结构将消失能保留住晶格结构的组元称为溶剂，另外的组元称为溶质。因此，固溶体的晶格类型与溶剂的晶格相同，而溶质以原子状态分布在溶剂的晶格中。在固溶体中，一般溶剂含量较多，溶质含量较少。

(1) 固溶体的分类

按照溶质原子在溶剂晶格中分布情况的不同，固溶体可分为以下两类：

1)间隙固溶体　若溶质原子在溶剂晶格中并不占据晶格结点的位置，而是处于各结点间的空隙中，则这种形式的固溶体称为间隙固溶体，如图 2-9(a)所示。由于溶剂格的空隙有一定的限度，随着溶质原子的溶入，溶剂晶格将发生畸变，溶入的溶质原子越多，所引起的畸变就越大。

2)置换固溶体　若溶质原子代替一部分溶剂原子而占据着溶剂晶格中的某些结点位置，则这种类型的固溶体称为置换固溶体，如图 2-9(b)所示。

(2) 固溶体的性能

由于固溶体的晶格发生畸变，使位错移动时所受到的阻力增大，结果使金属材料的强

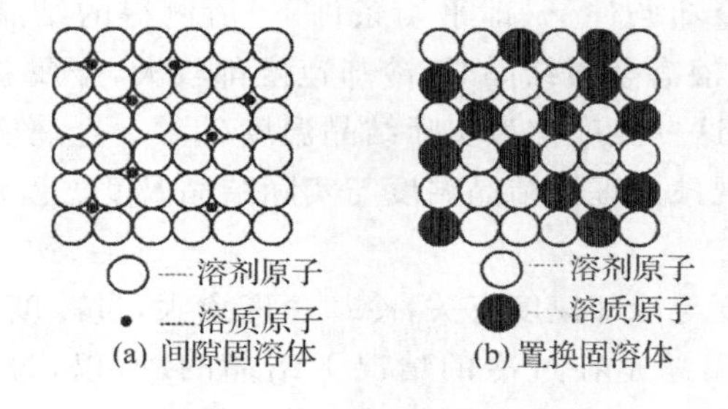

图 2-9　固溶体的两种类型

度、硬度增高。这种通过溶入溶质元素形成的固溶体，从而使金属材料的强度、硬度升高的现象，称为固溶强化。固溶强化是提高金属材料机械性能的一种重要途径。例如，南京长江大桥的建筑中，大量采用的含锰为 $w_{Mn}=1.30\%\sim1.60\%$ 的低合金结构钢，就是由于锰的固溶强化作用提高了该材料的强度，从而大大节约了钢材，减轻了大桥结构的自重。

实践表明，适当掌握固溶体的中溶质含量，可以在显著提高金属材料的强度、硬度的同时，使其仍能保持相当好的塑性和韧性。例如，往铜中加入 19% 的镍，可使合金材料的强度极限 σ_b 由 220MPa 提高到 380～400MPa，硬度由 44HBS 提高到 70HBS，而延伸率仍然能保持 50% 左右。若用加工硬化的办法使纯铜达到同样的强化效果，其延伸率将低于 10%。这就说明，固溶体的强度、韧性和塑性之间能有较好的配合，所以对综合机械性能要求较高的结构材料，几乎都是以固溶体作为最基本的组成相。可是，通过单纯的固溶强化所达到的最高强度指标仍然有限，仍不能满足人们对结构材料的要求，因而在固溶强化的基础上须再补充进行其他的强化处理。

2. 金属化合物

凡是由相当程度的金属键结合，并具有明显金属特性的化合物，称为金属化合物，它可以成为金属材料的组成相。金属化合物的熔点较高，性能硬而脆。当合金中出现金属化合物时，通常能提高合金的强度、硬度和耐磨性，但会降低塑性和韧性。金属化合物是各类合金钢、硬质合金和许多有色金属的重要组成相。如碳钢中的 Fe_3C 也可以提高钢的强度和硬度；工具钢中 VC 可以提高钢的耐磨性；高速钢中的 WC、VC 等可使钢在高温下保持高硬度；而 WC 和 TiC 则是硬质合金的主要组成物。

2.2　纯金属及合金的结晶

2.2.1　纯金属的结晶

1. 金属结晶的条件

如图 2-10 所示是通过实验测定的液体金属冷却时温度和时间的关系曲线，称为冷却曲线。由图可见，液态金属随着冷却时间的延长，温度不断下降，但当冷却到某一温度时，在曲线上出现了一个水平线段，则其所对应的温度就是金属的结晶温度。金属结晶时释放出结晶潜热，补偿了冷却散失的热量，从而使结晶在恒温下进行。结晶完成后，由于散热，温度又继续下降。

金属在极其缓慢的冷却条件下（即平衡条件下）所测得的结晶温度称为理论结晶温度（T_0）。但在实际生产中，液态金属结晶时，冷却速度都较大，金属总是在理论结晶温度以下某一温度开始进行结晶，这一温度称为实际结晶温度（T_n）。金属实际结晶温度低于理论结晶温度的现象称为过冷现象。理论结晶温度与实际结晶温度之差称为过冷度，用 ΔT 表示，即 $\Delta T = T_0 - T_n$。

金属结晶时的过冷度与冷却速度有关，冷却速度愈大，过冷度就愈大，金属的实际结晶温度就愈低。实际上金属总是在过冷的情况下结晶的，所以，过冷度是金属结晶的必要条件。

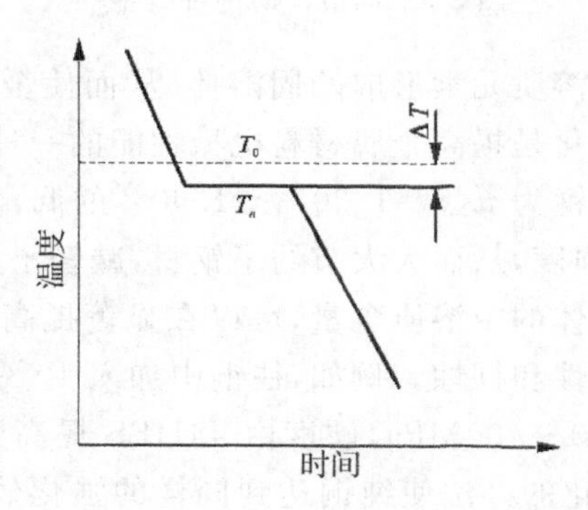

图 2-10　纯金属的冷却曲线

2. 金属的结晶过程

纯金属的结晶过程是在冷却曲线上的水平线段所经历的时间内发生的。它是不断形成晶核和晶核不断长大的过程。

液态金属的结晶，不可能一瞬间完成，它必须经过一个由小到大，由局部到整体的发展过程。大量的实验证明，纯金属结晶时，首先是在液态金属中形成一些极微小的晶体，然后以这些微小晶体为核心不断吸收周围液体中的原子而不断长大，这些小晶体称为晶核。在晶核不断长大的同时，又会在液体中产生新的晶核并开始不断长大，直到液态金属全部消失，形成的晶体彼此接触为止。每个晶核长成一个晶粒，这样，结晶后的金属便是由许多晶粒所组成的多晶体结构，如图 2-11 所示。

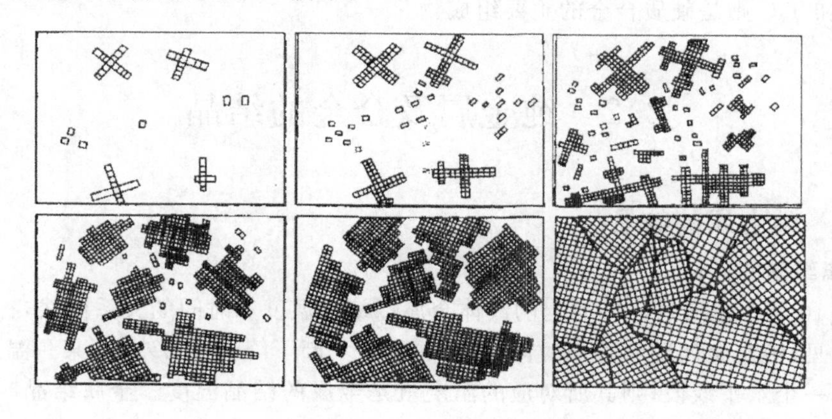

图 2-11　金属结晶过程

3. 结晶后的晶粒大小

金属结晶后的晶粒大小对金属的力学性能影响很大。一般情况下，晶粒愈细小，金属的强度和硬度愈高，塑性和韧性也愈好。因此，细化晶粒是使金属材料强韧化的有效途径。因此，工业生产中，为了获得细晶粒组织，常采用以下方法：

(1)增大过冷度

金属结晶时的冷却速度愈大，则过冷度愈大。实践证明，增加过冷度，使金属结晶时形成的晶核数目增多，则结晶后获得细晶粒组织。如在铸造生产中，常用金属型代替砂型来加快冷却速度，以达到细化晶粒的目的。

(2)进行变质处理

在实际生产中，提高冷却速度来细化晶粒的方法只适用小件或薄壁件的生产，对于大件或厚壁铸件，冷却速度过大往往导致铸件变形或开裂。这时，为了得到细晶粒组织，可采用变质处理。变质处理是在浇注前向液态金属中人为地加入少量被称为变质剂的物质，以起到晶核的作用，使结晶时晶核数目增多，从而使晶粒细化。例如，向铸铁中加入硅铁或硅钙合金，向铝硅合金中加入钠或钠盐等都是变质处理的典型实例。

(3)采用振动处理

在金属结晶过程中，采用机械振动、超声波振动、电磁振动等方法，使正在长大的晶体折断、破碎，也能增加晶核数目，从而细化晶粒。

4. 金属的同素异构转变

大多数金属在结晶完成后，其晶格类型不再发生变化。但也有少数金属，如铁、钴、钛等，在结晶之后继续冷却时，还会发生晶体结构的变化，即从一种晶格转变为另一种晶格，这种转变称为金属的同素异构转变。现以纯铁为例来说明金属的同素异构转变过程。纯铁的冷却曲线如图 2-12 所示，液态纯铁在 1538℃时结晶成具有体心立方晶格的 δ-Fe；冷却到 1394℃时发生同素异晶转变，由体心立方晶格的 δ-Fe 转变为面心立方晶格的 γ-Fe；继续冷却到 912℃时又发生同素异构转变，由面心立方晶格的 γ-Fe 转变为体心立方晶格的 α-Fe。再继续冷却，晶格类型不再发生变化。纯铁的同素异构转变过程可概括如下：

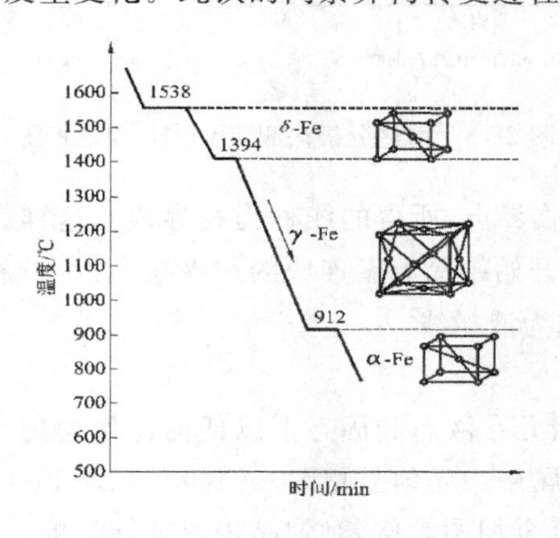

图 2-12　纯铁的冷却曲线

$$\underset{\text{体心立方晶格}}{\delta\text{-Fe}} \xrightleftharpoons{1394℃} \underset{\text{面心立方晶格}}{\gamma\text{-Fe}} \xrightleftharpoons{912℃} \underset{\text{体心立方晶格}}{\alpha\text{-Fe}}$$

金属发生同素异构转变时，必然伴随着原子的重新排列，这种原子的重新排列过程，实际上就是一个结晶过程，与液态金属结晶过程的不同点在于其是在固态下进行的，但它同样遵循结晶过程中的形核与长大规律。为了和液态金属的结晶过程相区别，一般称其为重结晶。

2.2.2 合金的结晶

1. 二元相图的建立

合金相图又称为合金平衡图或合金状态图，它表示平衡状态下合金系中不同成分合金在不同温度下由哪些平衡相（或组织）组成，以及合金相之间平衡关系的图形。在生产实践中，合金相图是正确制订冶炼、铸造、锻压、焊接、热处理工艺的重要依据。

合金相图都是用实验方法测定出来的。下面以 Cu-Ni 二元合金系为例，说明应用热分析法测定其临界点及绘制相图的过程。

（1）配制一系列成分不同的 Cu-Ni 合金：

①100％Cu；　②80％Cu＋20％Ni；　③60％Cu＋40％Ni；

④40％Cu＋60％Ni；　⑤20％Cu＋80％Ni；　⑥100％Ni。

（2）用热分析法测出所配制的各合金的冷却曲线，如图 2-13(a)所示。

（3）找出各冷却曲线上的临界点，如图 2-13(a)所示。

（4）将各个合金的临界点分别标注在温度—成分坐标图中相应的合金线上。

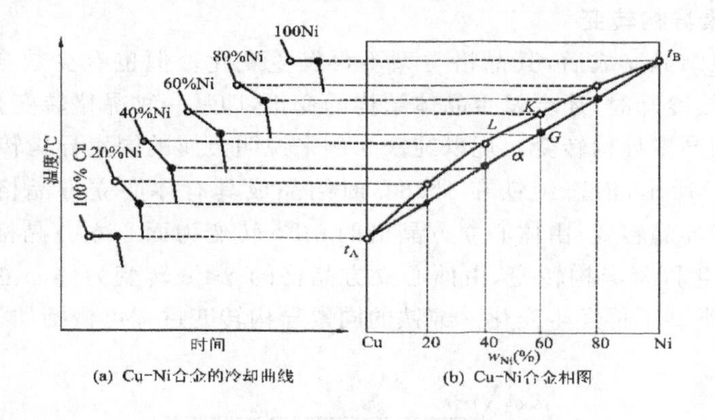

图 2-13　用热分析法测定 Cu-Ni 合金相图

（5）连接各相同意义的临界点，所得的线称为相界线。这样就获得了 Cu-Ni 合金相图，如图 2-13(b)所示。图中各开始结晶温度连成的相界线 $t_A\alpha t_B$ 线称为固相线，各终了结晶温度连成的相界线 t_ALt_B 线称为液相线。

2. 二元匀晶相图

凡是二元合金系中两组元在液态和固态下以任何比例均匀可相互溶解，即在固态下能形成无限固溶体时，其相图属于二元匀晶相图。例如 Cu-Ni、Fe-Cr、Au-Ag 等合金都属于这类相图。下面就以 Cu-Ni 合金相图为例，对匀晶相图进行分析。

（1）相图分析

图 2-14(a)所示为 Cu-Ni 合金相图，图中 t_A＝1083℃为纯铜的熔点；t_B＝1455℃为纯镍的熔点。$t_A\ Lt_B$ 为液相线，代表各种成分的 Cu-Ni 合金在冷却过程中开始结晶，或在加热过

程中熔化终了的温度；$t_A Lt_B$ 为固相线，代表各种成分的合金冷却过程中结晶终了、或在加热过程中开始熔化的温度。

液相线与固相线把整个相图分为三个不同相区。在液相线以上是单相的液相区，合金处于液体状态，以“L”表示；固相线以下是单相的固溶体区，合金处于固体状态，为 Cu 与 Ni 组成的无限固液体，以“α”表示；在液相线与固相线之间是液相＋固相的两相共存区，即结晶区，以“$L+\alpha$”表示。

(2)合金结晶过程分析

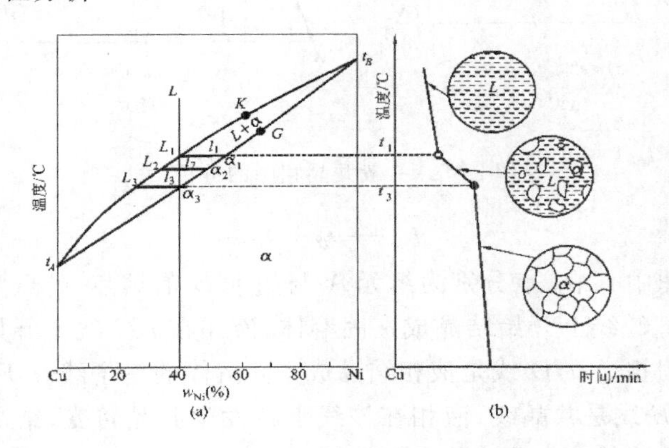

图 2-14 Cu-Ni 合金相图结晶过程分析

现以含 40%Ni 的 Cu-Ni 合金为例，分析其结晶过程，如图 2-14 所示。

由图 2-14(a)可见，该合金的合金线与相图上液相线、固相线分别在 t_1、t_3 温度时相交，这就是说，该合金是在 t_1 温度时开始结晶，t_3 温度时结晶结束。因此，当合金自高温液态缓慢冷却到 t_1 温度时，开始从液相中结晶出 α_1 固溶体。这种从液相中结晶出单一固相的转变称为匀晶转变或匀晶反应。随着温度的下降，α_1 固溶体量不断增多，剩余液相量不断减少。直到温度降到 t_3 温度时，合金结晶终了，获得了 Cu 与 Ni 组成的 α 固溶体。

其他成分合金的结晶过程均与上述合金相似。可见，固溶体合金的结晶过程与纯金属不同，其特点是，合金在一定温度范围内进行结晶，已结晶的固溶体成分不断沿固相线变化，剩余液相成分不断沿液相线变化。

3. 二元共晶相图

两组元在液态下能完全互溶，在固态下互相有限溶解，并发生共晶反应时所构成的相图称为共晶相图。图 2-15(a)是由 A、B 两组元组成的一般共晶相图。图 2-15(b)中左右两图部分就是部分的匀晶相图，中间部分就是一个共晶相图。

图 2-15(b)的左边部分就是溶质 B 溶于溶剂 A 中形成 α 固溶体的匀晶相图，由于在固态下 B 组元只能有限溶解于 A 组元中，且其溶解度随着温度的降低而逐渐减小，故 DF 线就是 B 组元在 A 组元中的固相溶解度曲线，简称为固溶线。

同理，图 2-15(b)的右边部分就是溶质 A 溶于溶剂 B 中形成 β 固溶体的匀晶相图，由于在固态下 A 组元只能有限溶解于 B 组元中，其溶解度也随着温度的降低而逐渐减小，故 EG 线就是 A 组元在 B 组元中的固溶线。

图 2-15(b)的中间部分是一共晶相图，其共晶转变的反应为：

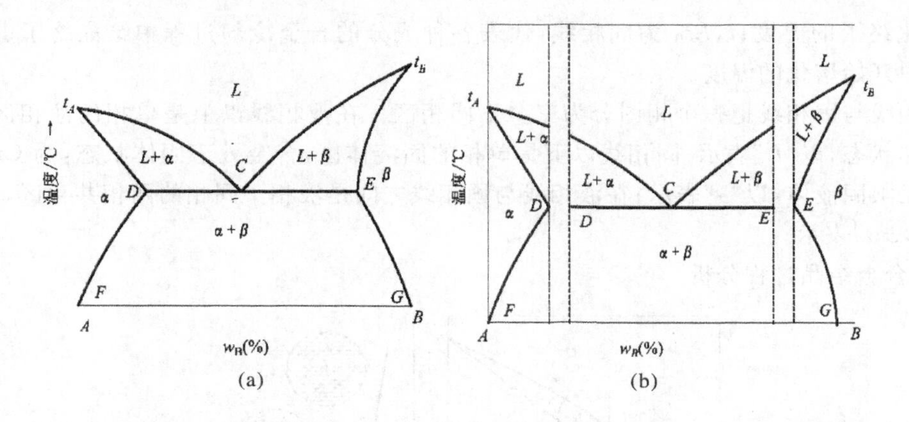

图 2-15 一般共晶相图的分析

$$L_C \rightleftharpoons \alpha + \beta$$

根据上述分析，图中 t_A、t_B 点分别为组元 A 与组元 B 的熔点；C 点为共晶点。t_AC、t_BC 线为液相线，液相在 t_AC 线上开始结晶成 α 固溶体，液相在 t_BC 线上开始结晶出 β 固溶体。t_AD、t_BE、DCE 线为固相线；t_AD 线是液相结晶成 α 固溶体的终了线；t_BE 线是液相结晶成 β 固溶体的终了线；DCE 线是共晶线，液相在该线上将发生共晶转变，结晶出 $(\alpha+\beta)$ 共晶体。DF、EG 线分别为 α 固溶体与 β 固溶体的固溶线。

上述相界线把整个一般共晶相图分成六个不同相区：三个单相区为液相 L、α 固溶体相区、β 固溶体相区；三个两相区为 $L+\alpha$ 相区、$L+\beta$ 相区和 $\alpha+\beta$ 相区。DCE 共晶线 $L+\alpha+\beta$ 三相平衡的共存线。各相区相的组成如图 2-15(a)所示。属于一般共晶相图的有 Pb-Sn、Pb-Sb、Al-Si、Ag-Cu 等二元合金。

4. 二元共析相图

图 2-16 是一个包括共析反应的相图，相图中与共晶相图相似的部分为共析相图部分。水平线 dce 称为共析线，c 点称为共析点，与 c 点对应的成分和温度分别称为共析成分和共析温度。与共析线成分对应的合金冷却到共析温度时将发生共析反应：

$$\alpha_C \rightleftharpoons \beta_D + \beta_E$$

所谓共析反应（或共析转变）是指在一定温度下，由一定成分的固相同时析出两个成分和结构完全不同的新固相的反应。共析反应的产物也是两相机械混合物，称为共析组织或共析体。与共晶反应不同的是，共析反应的母相是固相，而不是液相，因而共析转变也是固态相变。由于固态转变过冷度大，因而其组织比共晶组织细。

2.3 铁碳合金相图

钢铁是现代工业中应用最广泛的金属材料。其基本组元是铁和碳，故统称为铁碳合金。由于碳的质量分数大于 6.69%时，铁碳合金的脆性很大，已无实用价值。所以，实际生产中应用的铁碳合金其碳的质量分数均在 6.69%以下。

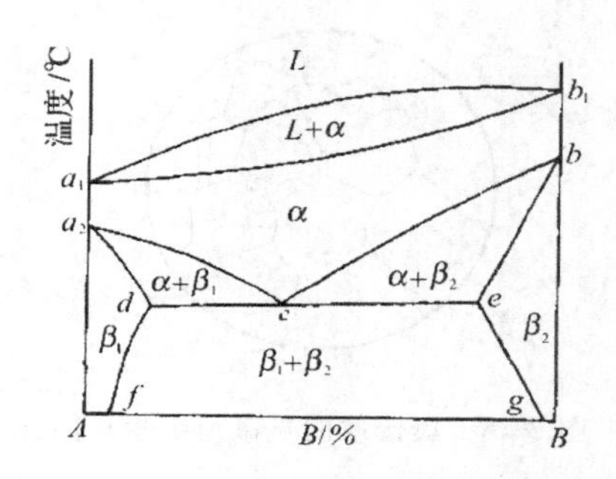

图 2-16　有共析反应的二元合金相图

2.3.1　铁碳合金的基本组织

铁碳合金的基本组织有铁素体、奥氏体、渗碳体、珠光体和莱氏体。

1. 铁素体

碳溶入 α-Fe 中形成的间隙固溶体称为铁素体，用符号 F 表示。铁素体具有体心立方晶格，这种晶格的间隙分布较分散，所以间隙尺寸很小，溶碳能力较差，在 727℃时碳的溶解度最大为 0.0218%，室温时几乎为零。铁素体的塑性、韧性很好，但强度、硬度较低。铁素体的显微组织如图 2-17 所示。

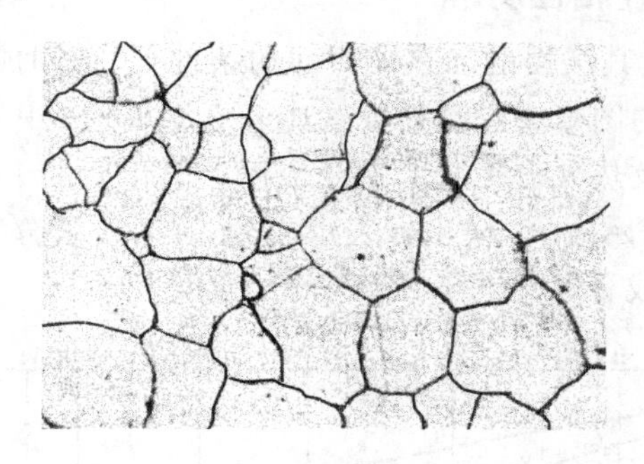

图 2-17　铁素体的显微组织(200×)

2. 奥氏体

碳溶入 γ-Fe 中形成的间隙固溶体称为奥氏体，用符号 A 表示。奥氏体具有面心立方晶格，其致密度较大，晶格间隙的总体积虽较铁素体小，但其分布相对集中，单个间隙的体积较大，所以 γ-Fe 的溶碳能力比 α-Fe 大，727℃时溶解度为 0.77%，随着温度的升高，溶碳量增多，1148℃时其溶解度最大为 2.11%。

奥氏体常存在于 727℃以上，是铁碳合金中重要的高温相，强度和硬度不高，但塑性和韧性很好，易锻压成形。奥氏体的显微组织示意图如图 2-18 所示。

3. 渗碳体

渗碳体是铁和碳相互作用而形成的一种具有复杂晶体结构的金属化合物，常用化学分子式 Fe_3C 表示。渗碳体中碳的质量分数为 6.69%，熔点为 1227℃，硬度很高(800HBW)，塑性和韧性极低，脆性大。渗碳体是钢中的主要强化相，其数量、形状、大小及分布状况对钢的性能影响很大。

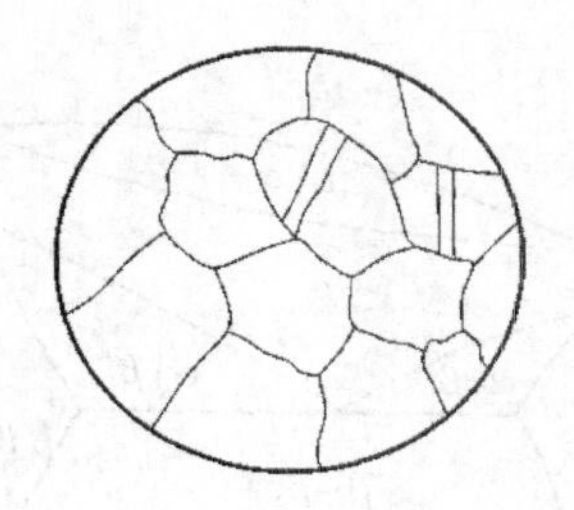

图 2-18　奥氏体的显微组织示意图

4. 珠光体

珠光体是由铁素体和渗碳体组成的多相组织，用符号 P 表示。珠光体中碳的质量分数平均为 0.77%，由于珠光体组织是由软的铁素体和硬的渗碳体组成，因此，它的性能介于铁素体和渗碳体之间，即具有较高的强度和塑性，硬度适中。

5. 莱氏体

碳的质量分数为 4.3%的液态铁碳合金冷却到 1148℃时，同时结晶出奥氏体和渗碳体的多相组织称为莱氏体，用符号 Ld 表示。在 727℃以下莱氏体由珠光体和渗碳体组成，称为低温莱氏体，用符号 Ld' 表示。莱氏体的性能与渗碳体相似，硬度很高，塑性很差。

2.3.2　Fe-Fe_3C 合金相图分析

Fe-Fe_3C 相图是指在极其缓慢的加热或冷却的条件下，不同成分的铁碳合金，在不同温度下所具有的状态或组织的图形。它是研究铁碳合金成分、组织和性能之间关系的理论基础，也是选材、制定热加工及热处理工艺的重要依据。简化后的 Fe-Fe_3C 相图，如图 2-19 所示。Fe-Fe_3C 相图纵坐标表示温度，横坐标表示成分，碳的质量分数由 0～6.69%，左端为纯铁的成分，右端为 Fe_3C 的成分。

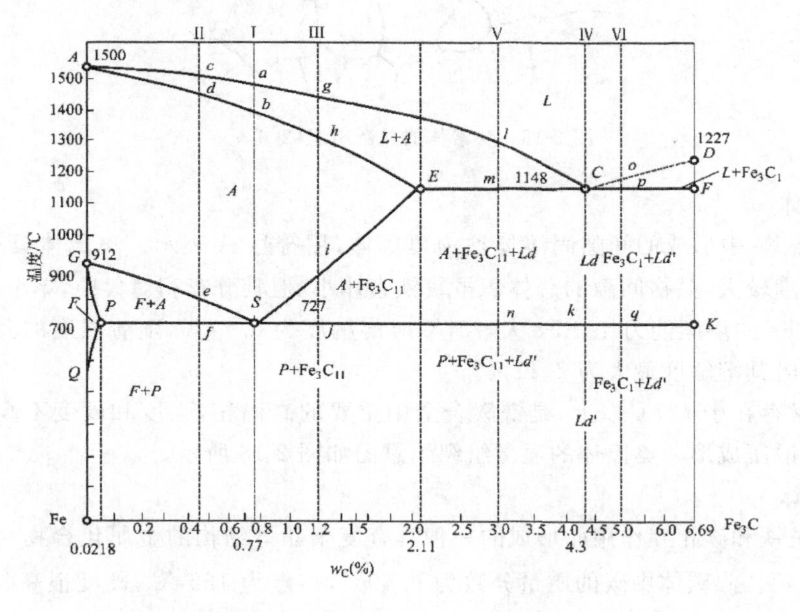

图 2-19　简化的 Fe-Fe_3C 相图

1. 相图中的主要特点

Fe-Fe_3C 相图中主要特点的温度、成分及其含义如表 2-2 所示。

表 2-2　Fe-Fe_3C 相图主要的特点

特点	t℃	w_c%	含　义
A	1538	0	纯铁的熔点
C	1148	4.3	共晶点，$L_e \xrightleftharpoons{1148℃} L_d(Ag+Fe_2C)$
D	1227	6.69	渗碳体的熔点
E	1148	2.11	碳在 γ-Fe 中最大溶解度
G	912	0	$\alpha \xrightleftharpoons{912℃} \gamma$-Fe，纯铁的同素异晶转变点
特性点	t℃	w_c%	含　义
P	727	0.0218	碳在 α-Fe 中的最大溶解度
S	727	0.77	共折点，$A \xrightleftharpoons{727℃} P(Fe+Fe_3C)$
Q	600	0.008	碳在 α-Fe 中的溶解度

2. 相图中的主要特性线

ACD 线为液相线，在 ACD 线以上合金为液态，用符号 L 表示。液态合金冷却到此线时开始结晶，在 AC 线以下结晶出奥氏体，在 CD 线以下结晶出渗碳体，称为一次渗碳体，用符号 $Fe_3C_Ⅰ$ 表示。

$AECF$ 线为固相线，在此线以下合金为固态。液相线与固相线之间为合金的结晶区域，这个区域内液体和固体共存。

ECF 线为共晶线，温度为 1148℃。液态合金冷却到该线温度时发生共晶转变：

$$L_{4.3} \xrightleftharpoons{1148℃} A_{2.10} + Fe_3C_{6.69}$$

即 C 点成分的液态合金缓慢冷却到共晶温度(1148℃)时，从液体中同时结晶出 E 点成分的奥氏体和渗碳体。共晶转变后的产物称为莱氏体，C 点称为共晶点。凡是碳的质量分数为 2.11%～6.69%的铁碳合金均会发生共晶转变。

PSK 线为共析线，又称 A_1 线，温度为 727℃。铁碳合金冷却到该温度时发生共析转变：

$$A_{0.77} \xrightleftharpoons{727℃} F_{0.0218} + Fe_3C_{6.69}$$

即 S 点成分的奥氏体缓慢冷却到共析温度(727℃)时，同时析出 P 点成分的铁素体和渗碳体。共析转变后的产物称为珠光体，S 点称为共析点。凡是碳的质量分数为 0.0218%～6.69%的铁碳合金均会发生共析转变。

ES 线是碳在 γ-Fe 中的溶解度曲线，又称 A_{cm} 线。凡 $w_c>0.77\%$的铁碳合金由 1148℃冷却到 727℃的过程中，都有渗碳体从奥氏体中析出，这种渗碳体称为二次渗碳体，用符号 $Fe_3C_{Ⅱ}$ 表示。

GS 线，又称 A_3 线。是冷却时由奥氏体中析出铁素体的开始线。PQ 线是碳在 α-Fe 中的固态溶解度曲线。

2.3.3 $Fe\text{-}Fe_3C$ 合金的分类

根据碳的质量分数和室温组织的不同，可将铁碳合金分为以下三类：

(1)工业纯铁 $w_c \leqslant 0.0218\%$。

(2)钢 $0.0218\% < w_c \leqslant 2.11\%$。根据室温组织的不同，钢又可分为三种：共析钢($w_c = 0.77\%$)；亚共析钢($w_c = 0.0218\% \sim 0.77\%$)；过共析钢($w_c = 077\% \sim 2.11\%$)。

(3)白口铸铁 $2.11\% < w_c < 6.69\%$。根据室温组织的不同，白口铁又可分为三种：共晶白口铸铁($w_c = 4.3\%$)；亚共晶白口铸铁($w_c = 2.11\% \sim 4.3\%$)；过共晶白口铸铁($w_c = 4.3\% \sim 6.69\%$)。

2.3.4 典型铁碳合金的结晶过程及组织

1. 共析钢的结晶过程及组织

图 2-19 中合金Ⅰ为 $w_c = 0.77\%$的共析钢。共析钢在 a 点温度以上为液体状态(L)。当缓冷到 a 点温度时，开始从液态合金中结晶出奥氏体(A)，并随着温度的下降，奥氏体量不断增加，剩余液体的量逐渐减少，直到 b 点以下温度时，液体全部结晶为奥氏体。$b \sim s$ 点温度间为单一奥氏体的冷却，没有组织变化。继续冷却到 s 点温度(727℃)时，奥氏体发生共析转变形成珠光体(P)。在 s 点以下直至室温，组织基本不再发生变化，故共析钢的室温组织为珠光体(P)。共析钢的结晶过程如图 2-20 所示。

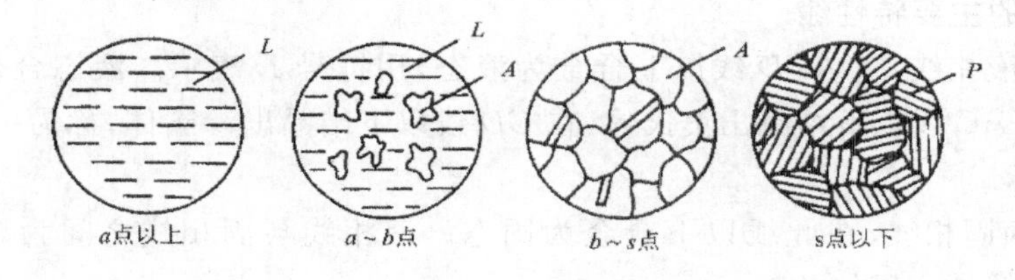

图 2-20 共析钢结晶过程示意图

珠光体的显微组织如图 2-21 所示。在显微镜放大倍数较高时，能清楚地看到铁素体和渗碳体呈片层状交替排列的情况。由于珠光体中渗碳体量较铁素体少，因此渗碳体层片较铁素体层片薄。

图 2-21 珠光体的显微组织(500×)

2. 亚共析钢的结晶过程及组织

图 2-19 中合金Ⅱ为 $w_c = 0.45\%$的亚共析钢。合金Ⅱ在 e 点温度以上的结晶过程与共析钢相同。当降到 e 点温度时，开始从奥氏体中析出铁素体。随着温度的下降，铁素铁量不

断增多，奥氏体量逐渐减少，铁素体成分沿 GP 线变化，奥氏体成分沿 GS 线变化。当温度降到 f 点(727℃)时，剩余奥氏体碳的质量分数达到 0.77%，此时奥氏体发生共析转变，形成珠光体，而先析出铁素体保持不变。这样，共析转变后的组织为铁素体和珠光体组成。温度继续下降，组织基本不变。室温组织仍然是铁素体和珠光体(F+P)。其结晶过程如图 2-22 所示。

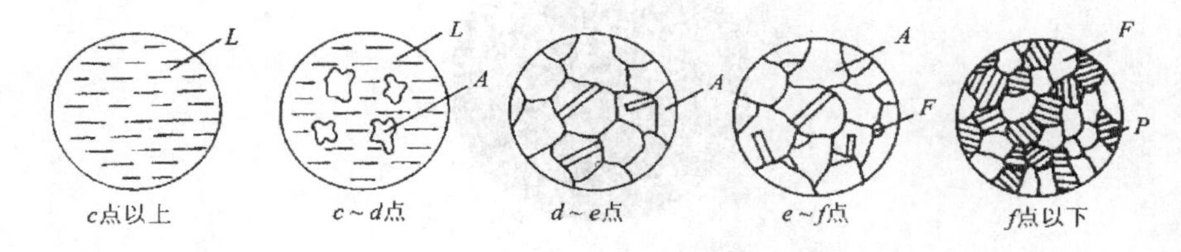

图 2-22　亚共析钢结晶过程示意图

所有亚共析钢的室温组织都是由铁素体和珠光体组成，只是铁素体和珠光体的相对量不同。随着含碳量的增加，珠光体量增多，而铁素体量减少。其显微组织如图 2-23 所示。图中白色部分为铁素体，黑色部分为珠光体，这是因为放大倍数较低，无法分辨出珠光体中的层片，故呈黑色。

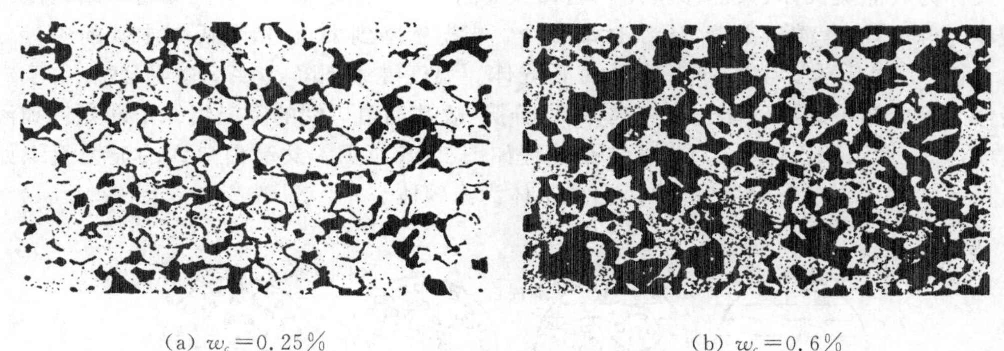

(a) $w_c=0.25\%$　　(b) $w_c=0.6\%$

图 2-23　亚共析钢的显微组织(200×)

3. 过共析钢的结晶过程及组织

图 2-19 中合金Ⅲ为 $w_c=1.2\%$的过共析钢。合金Ⅲ在 i 点温度以上的结晶过程与共析钢相同。当冷却到 *i* 点温度时，开始从奥氏体中析出二次渗碳体。随着温度的下降，析出的二次渗碳体量不断增加，并沿奥氏体晶界呈网状分布，而剩余奥氏体碳含量沿 *ES* 线逐渐减少。当温度降到 *j* 点(727℃)时，剩余的奥氏体碳的质量分数降为 0.77%，此时奥氏体发生共析转变，形成珠光体，而先析出的二次渗碳体保持不变。温度继续下降，组织基本不变。所以，过共析钢的室温组织为珠光体和网状二次渗碳体($P+Fe_3C_{Ⅱ}$)。其结晶过程如图 2-24 所示。

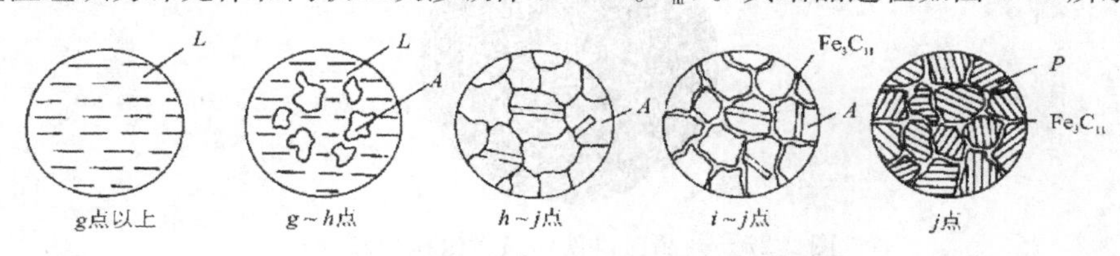

图 2-24　过共析钢结晶过程示意图

所有过共析钢的室温组织都是由珠光体和二次渗碳体组成。只是随着合金中含碳量的增加，组织中网状二次渗碳体的量增多。过共析钢的显微组织如图 2-25 所示。图中层片状黑白相间的组织为珠光体，白色网状组织为二次渗碳体。

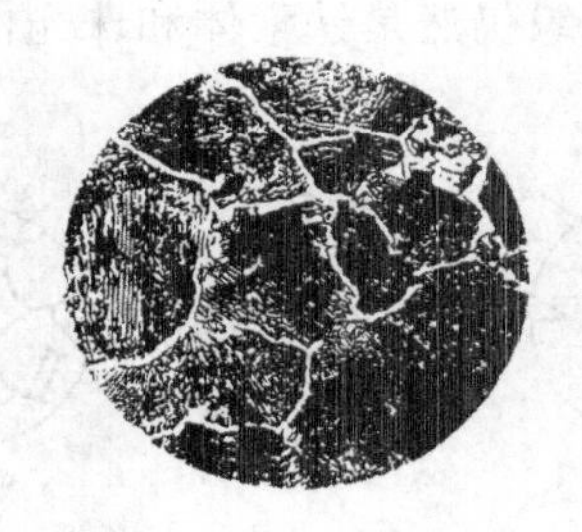

图 2-25　过共析钢的显微组织(500×)

4. 共晶白口铁的结晶过程及组织

图 2-19 中合金Ⅳ为 $w_c=4.3\%$的共晶白口铁。合金Ⅳ在 C 点温度以上为液态，当温度降到 C 点(1148℃)时，液态合金发生共晶转变形成莱氏体，由共晶转变形成的奥氏体和渗碳体又称为共晶奥氏体、共晶渗碳体。随着温度的下降，莱氏体中的奥氏体将不断析出二次渗碳体，奥氏体的含碳量沿着 ES 线逐渐减少。当温度降到 k 点时，奥氏体中碳的质量分数降为 0.77%，奥氏体发生共析转变，形成珠光体。温度继续下降，组织基本不变。由于二次渗碳体与莱氏体中的渗碳体连在一起，难以分辨，故共晶白口铁的室温组织由珠光体和渗碳体组成，称为低温莱氏体(Ld')。其结晶过程如图 2-26 所示。共晶白口铁的显微组织如图 2-27 所示。图中黑色部分为珠光体，白色基体为渗碳体。

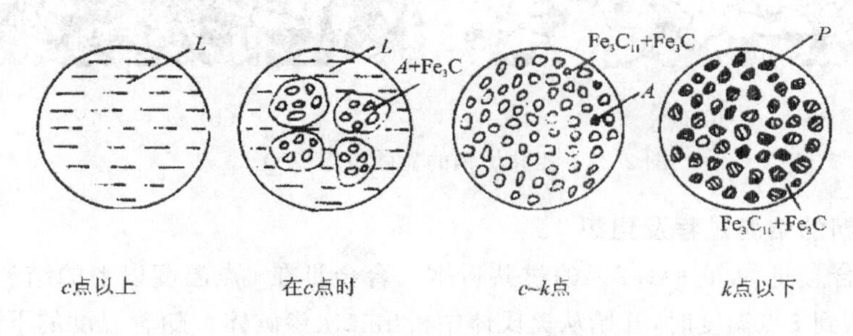

图 2-26　共晶白口铁结晶过程示意图

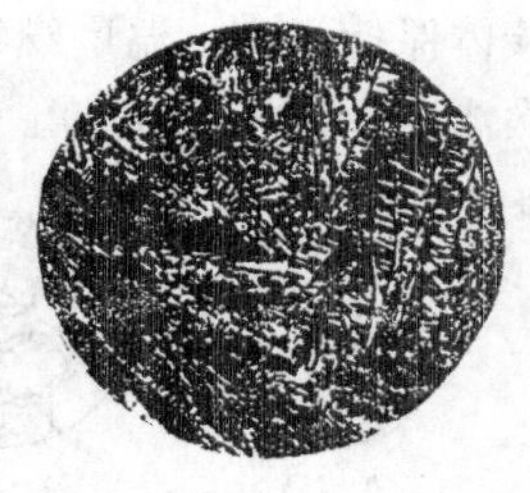

图 2-27　共晶白口铁的显微组织(125×)

5. 亚共晶白口铁的结晶过程及组织

图 2-19 中合金Ⅴ为 $w_c=3.0\%$的亚共晶白口铁。合金在 l 点温度以上为液态，缓冷到 l 点温度时，开始从液体中结晶出奥氏体。随着温度的下降，奥氏体量不断增多，其成分沿 AE 线变化；液体量不断减少，其成分沿 AC 线变化。当温度降到 m 点(1148℃)时，剩余液体碳的质量分数达到 4.3%，发生共晶转变，形成莱氏体。温度继续下降，奥氏体中不断析出二次渗碳体，并在 n 点温度(727℃)时，奥氏体转变成珠光体。同时，莱氏体在冷却过程中转变成变态莱氏体。所以亚共晶白口铁的室温组织为珠光体、二次渗碳体和变态莱氏体($P+Fe_3C_{II}+Ld'$)。其结晶过程如图 2-28 所示。

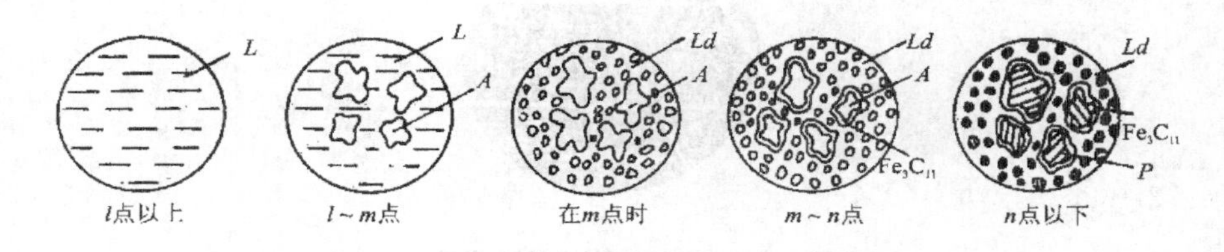

图 2-28 亚共晶白口铁的结晶过程示意图

亚共晶白口铁的显微组织如图 2-29 所示。图中黑色块状或呈树枝状分布的为由初生奥氏体转变成的珠光体，基体为变态莱氏体。组织中的二次渗碳体与共晶渗碳体连在一起，难以分辨。所有亚共晶白口铁的室温组织都是由珠光体和变态莱氏体组成。只是随着含碳量的增加，组织中变态莱氏体量增多。

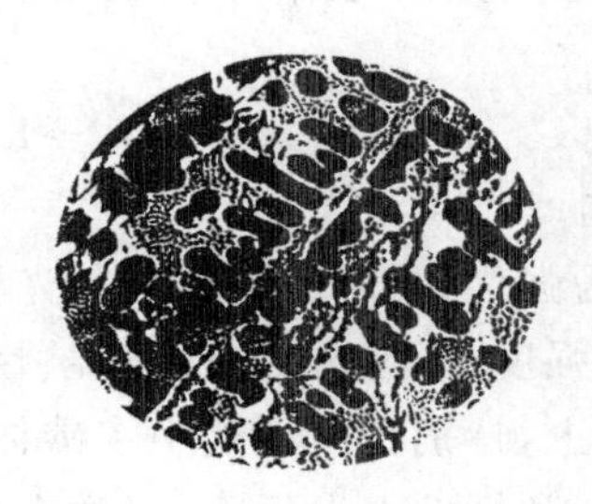

图 2-29 亚共晶白口铁的显微组织(125×)

6. 过共晶白口铁的结晶过程及组织

图 2-19 中合金Ⅵ为 $w_c=5.0\%$的过共晶白口铁。合金在 o 点温度以上为液体，冷却到 o 点温度时，开始从液体中结晶出板条状一次渗碳体。随着温度的下降，一次渗碳体量不断增多，液体量逐渐减小，其成分沿 DC 线变化。当冷却到 p 点温度时，剩余液体的碳的质量分数达到 4.3%，发生共晶转变，形成莱氏体。在随后的冷却中，莱氏体变成变态莱氏体，一次渗碳体不再发生变化，仍为板条状。所以，过共晶白口铁的室温组织为一次渗碳体和低温莱氏体($Ld'+Fe_3C_I$)。其结晶过程如图 2-30 所示。

所有过共晶白口铁室温组织都是由一次渗碳体和低温莱氏体组成。只是随着含碳量的增加，组织中一次渗碳体量增多。过共晶白口铁的显微组织如图 2-31 所示。图中白色板条状为一次渗碳体，基体为低温莱氏体。

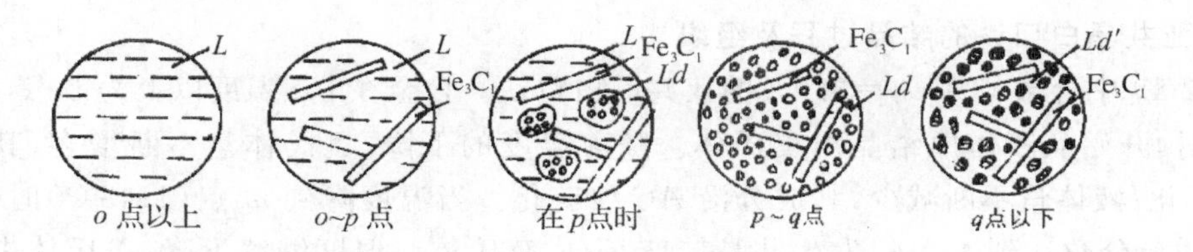

图 2-30 过共晶白口铁的结晶过程示意图

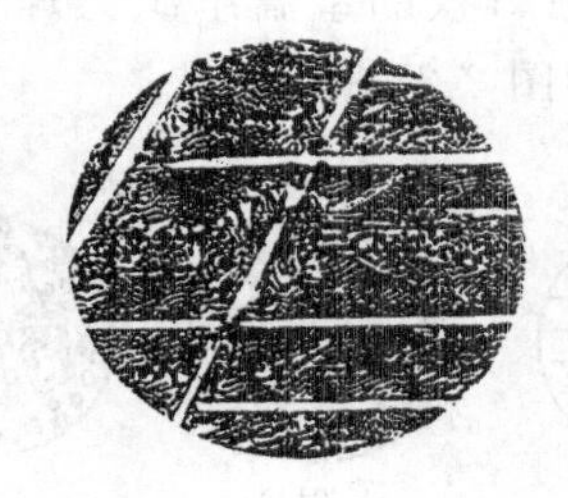

图 2-31 过共晶白口铁的显微组织(125×)

2.3.5 碳含量对铁碳合金组织和性能的影响

1. 碳含量对平衡组织的影响

从上面分析可知,不同成分的铁碳合金在共析温度以下都是由铁素体和渗碳体两相组成。随着含碳量的增加,渗碳体量增加,铁素体量减小,而且渗碳体的形态和分布情况也发生变化,所以,不同成分的铁碳合金室温下具有不同的组织和性能。其室温组织变化情况如下:

$$F+P \rightarrow P \rightarrow P+Fe_3C_{II} \rightarrow P+Fe_3C_{II}+Ld' \rightarrow Ld' \rightarrow Ld'+Fe_3C_{I}$$

2. 含碳量对力学性能的影响

钢中铁素体为基体,渗碳体为强化相,而且主要以珠光体的形式出现,使钢的强度和硬度提高,故钢中珠光体量愈多,其强度、硬度愈高,而塑性、韧性相应降低。但过共析钢中当渗碳体明显地以网状分布在晶界上,特别在白口铁中渗碳体成为基体或以板条状分布在莱氏体基体上,将使铁碳合金的塑性和韧性大大下降,以致合金的强度也随之降低,这就是高碳钢和白口铁脆性高的主要原因。图 2-32 为钢的力学性能随含碳量变化的规律。

由图可见,当钢中碳的质量分数小于 0.9%时,随着含碳量的增加,钢的强度、硬度直线上升,而塑性、韧性不断下降;当钢中碳的质量分数大于 0.9%时,因网状渗碳体的存在,不仅使钢的塑性、韧性进一步降低,而且强度也明显下降。为了保证工业上使用的钢具有足够的强度,并具有一定的塑性和韧性,钢中碳的质量分数一般都不超过 1.4%。碳的质量分数 2.10%的白口铁,由于组织中出现大量的渗碳体,使性能硬而脆,难以切削加工,因此在一般机械制造中应用很少。

$Fe\text{-}Fe_3C$ 相图揭示了铁碳合金的组织随成分变化的规律,根据组织可以大致判断出力学性能,便于合理地选择材料。例如,建筑结构和型钢需要塑性、韧性好的材料,应选用低碳钢($w_c \leqslant 0.25\%$);机械零件需要强度、塑性及韧性都较好的材料,应选用中碳钢;工具需要硬度高、耐磨性好的材料,应选用高碳钢。而白口铁可用于需要耐磨、不受冲击、形状复杂的铸件,如拔丝模、冷轧辊、犁铧等。

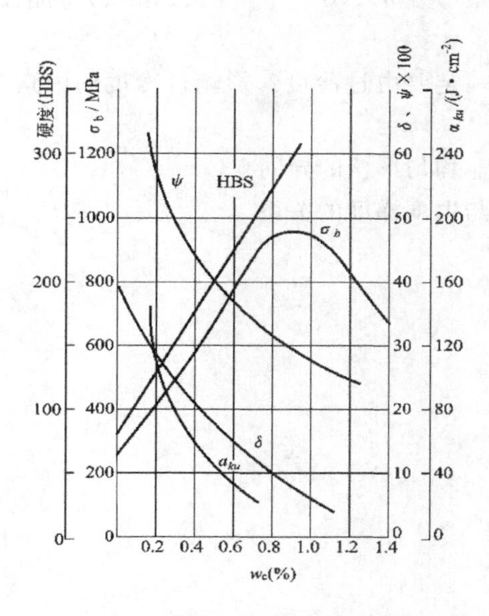

图 2-32 含碳量对钢力学性能的影响

本章小结

本章主要介绍了金属晶体结构的基本知识，合金的结构、组织、性能和结晶过程，铁碳合金相图的分析和使用，要求学生掌握纯金属与合金的结构、组织和性能，掌握铁碳合金基本组织的定义、符号、晶体结构及性能特点，掌握铁碳合金的构成，了解典型合金的结晶过程，掌握碳的质量分数对铁碳合金组织和性能的影响。

思考与习题

1. 常见的金属晶体结构有哪几种？原子排列各有什么特点？α-Fe、Al、Cu、Ni、V、Mg、Zn 各属何种晶体结构？

2. 实际金属晶体中存在有哪些晶体缺陷？它们对性能有什么影响？

3. 金属结晶的条件和过程是什么？细化晶粒的措施有哪些？

4. 什么是同素异晶转变？铁的同素异构体有哪几种？

5. 铁碳合金的基本组织有哪些？根据 Fe-Fe_3C 合金相图，指出下列情况钢所具有的组织状态？

1)25℃下，$w_c=0.25\%$的钢；

2)1000℃下，$w_c=0.77\%$的钢；

3)600℃下，$w_c=4.3\%$的白口铸铁。

6. 作图表示出立方晶系(1 2 3)、(0 －1 －2)、(4 2 1)等晶面和[－1 0 2]、[－2 1 1]、[3 4 6]等晶向。

7. 为什么金属结晶时一定要由过冷度？影响过冷度的因素是什么？固态金属熔化时是否会出现过热？为什么？

8. 试比较均匀形核和非均匀形核的异同点。

9. 说明晶体生长形状与温度梯度的关系。

第3章　钢的热处理

3.1　热处理的基本概念

钢的热处理是指将钢在固态下采用适当的方式进行加热、保温和冷却，通过改变钢的内部组织结构而获得所需性能的工艺方法。钢的热处理工艺包括加热、保温和冷却三个阶段，温度和时间是决定热处理工艺的主要因素，因此热处理工艺可以用温度-时间曲线来表示，如图3-1所示，该曲线称为钢的热处理工艺曲线。通过适当的热处理，不仅可以提高钢的使用性能，改善钢的工艺性能，而且能够充分发挥钢的性能潜力，提高机械产品的产量、质量和经济效益。据统计，在机床制造中有60%～70%的零部件要经过热处理；在汽车、拖拉机制造中有70%～90%的零部件要经过热处理；各种工具和滚动轴承等则100%要进行热处理。

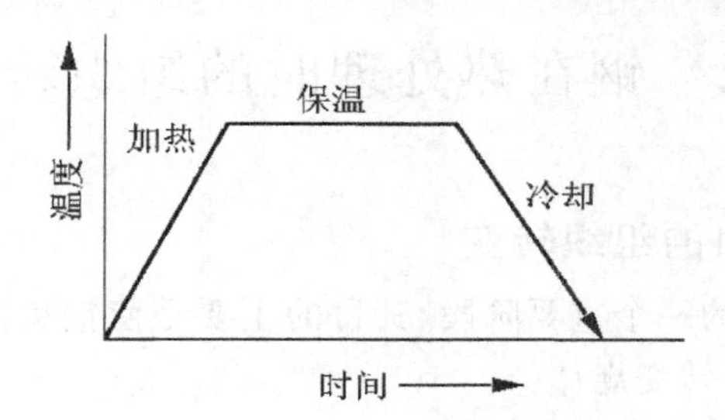

图3-1　热处理工艺曲线

热处理工艺区别于其他加工工艺（如铸造、锻造、焊接等）的特征是不改变工件的形状，只改变材料的组织结构和性能。热处理工艺只适用于固态下能发生组织转变的材料，无固态相变的材料则不能用热处理来进行强化。

根据加热、冷却方式的不同以及钢的组织和性能的变化特征不同，可将热处理工艺进行如下分类：

(1) 普通热处理。退火、正火、淬火、回火。

(2) 表面热处理。表面淬火、化学热处理。

(3) 其他热处理。真空热处理、形变热处理、控制气氛热处理、激光热处理等。

按照热处理工艺在零件生产过程中的位置和作用不同，又可以将热处理工艺分为预备热处理和最终热处理两类。预备热处理是指为后续加工（如切削加工、冲压加工、冷拔加工等）或热处理作准备的热处理工艺；最终热处理是指使工件获得所需性能的热处理工艺。

实际热处理时，加热和冷却相变都是在不完全平衡的条件下进行的，相变温度与Fe-

Fe_3C 相图中的相变点之间存在一定差异。由 Fe-Fe_3C 相图可知，钢在平衡条件下的固态相变点分别为 A_1、A_3 和 A_{cm}。在实际加热和冷却条件下，钢发生固态相变时都有不同程度的过热度或过冷度。因此，为与平衡条件下的相变点相区别，而将在加热时实际的相变点分别称为 A_{c1}、A_{c3}、A_{ccm}，在冷却时实际的相变点分别称为 A_{r1}、A_{r3}、A_{rcm}。如图 3-2 所示。

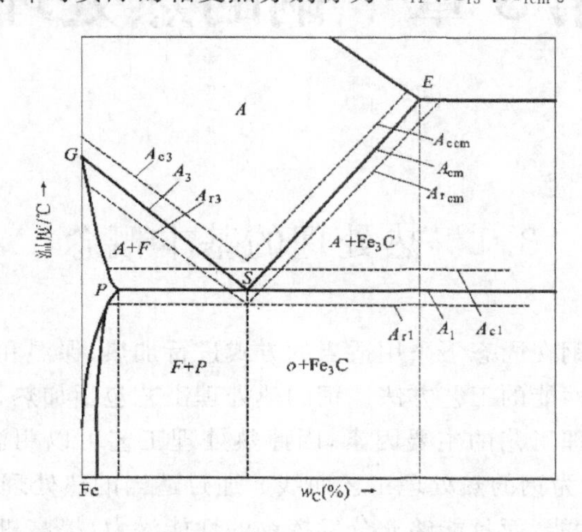

图 3-2 钢在实际加热和冷却时的相变点

3.2 钢在热处理时的组织转变

3.2.1 钢在加热时的组织转变

加热是热处理过程中的一个重要阶段，其目的主要是使钢奥氏体化。下面以共析钢为例，研究钢在加热时的组织转变规律。

1. 奥氏体的形成过程

将共析钢加热至 A_{c1} 温度时，便会发生珠光体向奥氏体的转变，其转变过程也是一个形核和和长大的过程，一般可分为四个阶段，如图 3-3 所示。

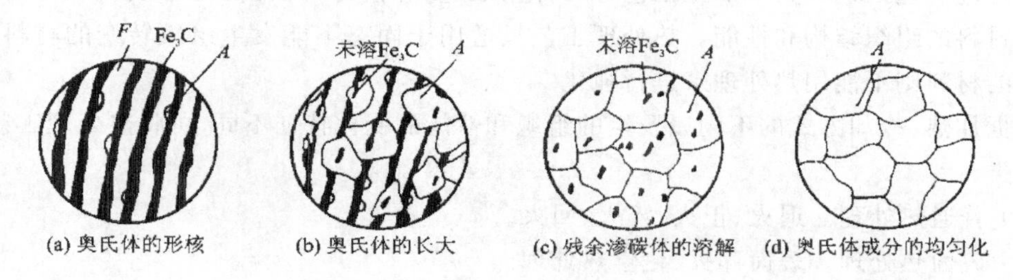

图 3-3 共析钢中奥氏体的形成过程示意图

(1)奥氏体晶核的形成

奥氏体晶核优先在铁素体和渗碳体的两相界面上形成，这是因为相界面处成分不均匀，原子排列不规则，晶格畸变大，能为产生奥氏体晶核提供成分和结构两方面的有利条件。

(2)奥氏体晶核的长大

奥氏体晶核形成后,依靠铁素体的晶格改组和渗碳体的不断溶解,奥氏体晶核不断向铁素体和渗碳体二个方向长大。与此同时,新的奥氏体晶核也不断形成并随之长大,直至铁素体全部转变为奥氏体为止。

(3)残余渗碳体的溶解

在奥氏体的形成过程中,当铁素体全部转变为奥氏体后,仍有部分渗碳体尚未溶解(称为残余渗碳体),随着保温时间的延长,残余渗碳体将不断溶入奥氏体中,直至完全消失。

(4)奥氏体成分均匀化

当残余渗碳体溶解后,奥氏体中的碳成分仍是不均匀的,在原渗碳体处的碳浓度比原铁素体处的要高。只有经过一定时间的保温,通过碳原子的扩散,才能使奥氏体中的碳成分均匀一致。

亚共析钢和过共析钢的奥氏体形成过程与共析钢基本相同,不同的是亚共析钢的平衡组织中除了珠光体外还有先析出的铁素体,过共析钢中除了珠光体外还有先析出的渗碳体。若加热至 A_{c1} 温度,只能使珠光体转变为奥氏体,得到奥氏体+铁素体或奥氏体+二次渗碳体组织,称为不完全奥氏体化。只有继续加热至 A_{c3} 或 A_{ccm} 温度以上,才能得到单相奥氏体组织,即完全奥氏体化。

2. 奥氏体晶粒的大小及其影响因素

奥氏体晶粒的大小对钢冷却后的组织和性能有很大影响。钢在加热时获得的奥氏体晶粒大小,直接影响到冷却后转变产物的晶粒大小(如图 3-4 所示)和力学性能。加热时获得的奥氏体晶粒细小,则冷却后转变产物的晶粒也细小,其强度、塑性和韧性较好;反之,粗大的奥氏体晶粒冷却后转变产物也粗大,其强度、塑性较差,特别是冲击韧度显著降低。

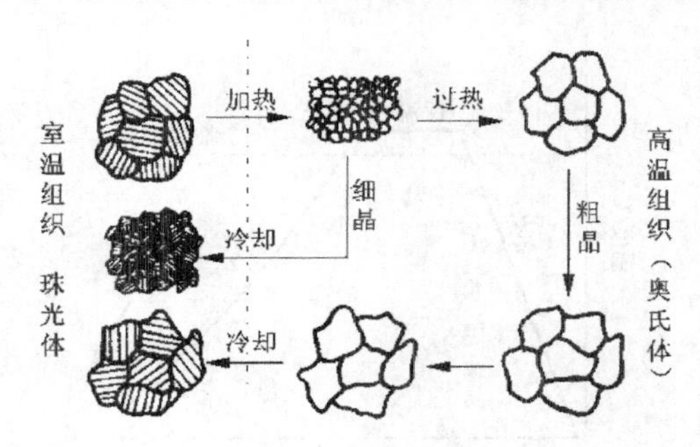

图 3-4 钢在加热和冷却时晶粒大小的变化

(1)奥氏体的晶粒度

晶粒度是表示晶粒大小的一种尺度。奥氏体晶粒的大小用奥氏体晶粒度来表示生产中常采用标准晶粒度等级图,由比较的方法来测定钢的奥氏体晶粒大小。

国家标准 GB6394-86《金属平均晶粒度测定法》将奥氏体标准晶粒度分为 00,0,1,2,……,10 等十二个等级,其中常用的为 1~8 级。1~4 级为粗晶粒,5~8 级为细晶粒。

(2)影响奥氏体晶粒大小的因素

珠光体向奥氏体转变完成后,最初获得的奥氏体晶粒是很细小的。但随着加热的继续,奥氏体晶粒会自发地长大。

1)加热温度和保温时间

奥氏体刚形成时晶粒是细小的,但随着温度的升高,奥氏体晶粒将逐渐长大,温度越高,晶粒长大越明显;在一定温度下,保温时间越长,奥氏体晶粒就越粗大。因此,热处理加热时要合理选择加热温度和保温时间,以保证获得细小均匀的奥氏体组织。

2)钢的成分

随着奥氏体中碳含量的增加,晶粒的长大倾向也增加;若碳以未溶碳化物的形式存在时,则有阻碍晶粒长大的作用。

在钢中加入能形成稳定碳化物的元素(如钛、钒、铌、锆等)和能形成氧化物或氮化物的元素(如适量的铝等),有利于获得细晶粒,因为碳化物、氧化物、氮化物等弥散分布在奥氏体的晶界上,能阻碍晶粒长大;锰和磷是促进奥氏体晶粒长大的元素。

3.2.2 钢在冷却时的组织转变

$Fe\text{-}Fe_3C$ 相图中所表达的钢的组织转变规律是在极其缓慢的加热和冷却条件下测绘出来的,但在实际生产过程中,其加热速度、冷却方式、冷却速度等都有所不同,而且对钢的组织和性能都有很大影响。

钢经加热、保温后能获得细小的、成分均匀的奥氏体,然后以不同的方式和速度进行冷却,以得到不同的产物。在钢的热处理工艺中,奥氏体化后的冷却方式通常有等温冷却和连续冷却两种。等温冷却是将已奥氏体化的钢迅速冷却到临界点以下的给定温度进行保温,使其在该等温温度下发生组织转变,如图 3-5 中的曲线 1 所示;连续冷却是将已奥氏体化的钢以某种冷却速度连续冷却,使其在临界点以下的不同温度进行组织转变,如图 3-5 中的曲线 2 所示。

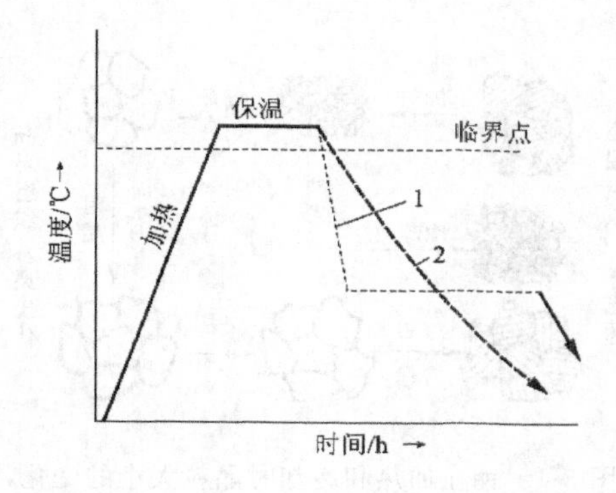

图 3-5　两种冷却方式示意图

1. 过冷奥氏体的转变产物

奥氏体在相变点 A_1 以上是稳定相,冷却至 A_1 以下就成了不稳定相,必然要发生转变。但并不是冷却至 A_1 温度以下就立即发生转变,而是在转变前需要停留一段时间,这段时间称为孕育期。在 A_1 温度以下暂时存在的不稳定的奥氏体称为过冷奥氏体。在不同的过冷度下,过冷奥氏体将发生珠光体型转变、贝氏体型转变、马氏体型转变等三种类型的组织转变。现以共析钢为例进行讨论。

(1)珠光体型转变

过冷奥氏体在 A_1～550℃温度范围等温时，将发生珠光体型转变。由于转变温度较高，原子具有较强的扩散能力，转变产物为铁素体薄层和渗碳体薄层交替重叠的层状组织，即珠光体型组织。等温温度越低，铁素体层和渗碳体层越薄，层间距(一层铁素体和一层渗碳体的厚度之和)越小，硬度越高。为区别起见，这些层间距不同的珠光体型组织分别称为珠光体、索氏体和托氏体，用符号 P、S、T 表示，其显微组织如图 3-6 所示。

图 3-6　珠光体型组织(500×)

(2)贝氏体型转变

过冷奥氏体在 550℃～Ms 温度范围等温时，将发生贝氏体型转变。由于转变温度较低，原子扩散能力较差，渗碳体已经很难聚集长大呈层状。因此，转变产物为由含碳过饱和的铁素体和弥散分布的渗碳体组成的组织，称为贝氏体，用符号 B 来表示。由于等温温度不同，贝氏体的形态也不同，分为上贝氏体($B_{上}$)和下贝氏体($B_{下}$)。上贝氏体组织形态呈羽毛状，强度较低，塑性和韧性较差。上贝氏体的显微组织如图 3-7 所示，在光学显微镜下，铁素体呈暗黑色，渗碳体呈亮白色。下贝氏体组织形态呈黑色针状，强度较高，塑性和韧性也较好，即具有良好的综合力学性能，其显微组织如图 3-8 所示。

图 3-7　上贝氏体组织(500×)

珠光体型组织和贝氏体型组织通常称为过冷奥氏体的等温转变产物，其组织特征及硬度如表 3-1 所示。

图 3-8 下贝氏体组织(500×)

表 3-1 共析钢过冷奥氏体等温转变产物的组织及硬度

组织名称	符号	转变温度(℃)	组织形态	层间距(μm)	分辨所需放大倍数	硬度(HRC)
珠光体	P	A_1～650	粗片状	约 0.3	小于 500	小于 25
索氏体	S	650～600	细片状	0.3～0.1	1000～1500	25～35
托氏体	T	600～550	极细片状	约 0.1	10000～100000	35～40
上贝氏体	$B_上$	550～350	羽毛状	—	大于 400	40～45
下贝氏体	$B_下$	350～Ms	黑色针状	—	大于 400	45～55

(3)马氏体型转变

过冷奥氏体在 M_s 温度以下将产生马氏体型转变。马氏体是碳在 α-Fe 中溶解而形成的过饱和固溶体,用符号 M 表示。马氏体具有体心正方晶格,当发生马氏体型转变时,过冷奥氏体中的碳全部保留在马氏体中,形成过饱和的固溶体,产生严重的晶格畸变。

1)马氏体的组织形态

马氏体的组织形态因其成分和形成条件而异,通常分为板条马氏体和针片状马氏体两种基本类型。板条马氏体的显微组织如图 3-9 所示。它由一束束平行的长条状晶体组成,其单个晶体的立体形态为板条状。在光学显微镜下观察所看到的只是边缘不规则的块状,故亦称为块状马氏体。这种马氏体主要产生于低碳钢的淬火组织中。

图 3-9 板条马氏体组织(500×)

针片状马氏体的显微组织如图 3-10 所示。它由互成一定角度的针状晶体组成，其单个晶体的立体形态呈双凸透镜状，因每个马氏体的厚度与径向尺寸相比很小，所以粗略地说是片状。因在金相磨面上观察到的通常都是与马氏体片成一定角度的截面，呈针状，故亦称为针状马氏体。这种马氏体主要产生于高碳钢的淬火组织中。

图 3-10 针片状马氏体组织(500×)

2)马氏体的力学性能

马氏体具有高的硬度和强度，这是马氏体的主要性能特点。马氏体的硬度主要取决于含碳量，如图 3-11 所示，而塑性和韧性主要取决于组织。板条马氏体具有较高硬度、较高强度与较好塑性和韧性相配合的良好的综合力学性能。针片状马氏体具有比板条马氏体更高的硬度，但脆性较大，塑性和韧性较差。

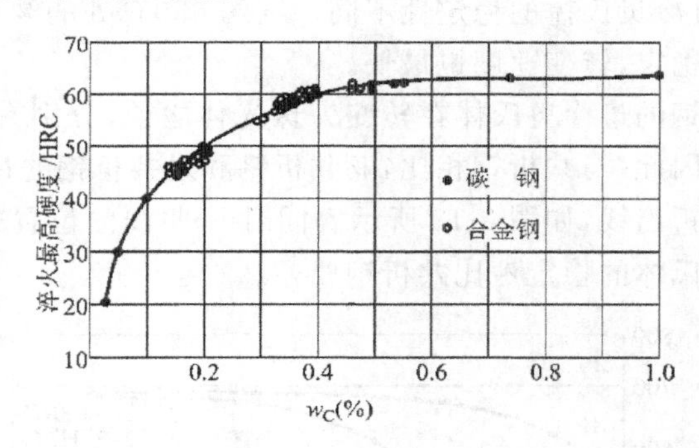

图 3-11 马氏体硬度与碳含量的关系

3)马氏体型转变的特点

马氏体转变也是一个形核和长大的过程，但有着许多独特的特点。

①马氏体转变是在一定温度范围内进行的。在奥氏体的连续冷却过程中，冷却至 M_s 点时，奥氏体开始向马氏体转变，M_s 点称为马氏体转变的开始点；在以后继续冷却时，马氏体的数量随温度的下降而不断增多，若中途停止冷却，则奥氏体也停止向马氏体转变；冷却至 M_f 点时，马氏体转变终止，M_f 点称为马氏体转变的终了点。

②马氏体转变是一个非扩散型转变。由于马氏体转变时的过冷度较大，铁、碳原子的扩散都极其困难，所以相变时只发生从 γ-Fe 到 α-Fe 的晶格改组，而没有原子的扩散，马氏体中的碳含量就是原奥氏体中的碳含量。

③马氏体转变的速度极快，瞬间形核，瞬间长大，其长大速度接近于音速。由于马氏体的形成速度极快，新形成的马氏体可能因撞击作用而使已形成的马氏体产生微裂纹。

④马氏体转变具有不完全性。马氏体转变不能完全进行到底，即使过冷到 M_f 点以下，马氏体转变停止后，仍有少量的奥氏体存在。奥氏体在冷却过程中发生相变后，在环境温度下残存的奥氏体称为残余奥氏体，用符号“A”表示。

2. 过冷奥氏体的转变曲线

过冷奥氏体的转变产物决定于过冷奥氏体的转变温度，而转变温度又与冷却方式和冷却速度有关。在热处理中通常有等温冷却和连续冷却两种冷却方式，为了了解过冷奥氏体的转变量与转变时间的关系，必须了解过冷奥氏体的等温转变曲线和连续冷却曲线。

(1)过冷奥氏体的等温转变曲线

过冷奥氏体等温转变曲线是表示过冷奥氏体在不同过冷度下的等温过程中，转变温度、转变时间与转变产物量之间的关系曲线。因其形状与字母“C”的形状相似，所以又称为“C曲线”，也称为“TTT”曲线。过冷奥氏体等温转变曲线图是用实验方法建立的。

共析钢的过冷奥氏体等温转变曲线如图 3-12 所示。

在图 3-12 中，A_1 为奥氏体向珠光体转变的相变点，A_1 以上区域为稳定奥氏体区。两条 C 形曲线中，左边的曲线为转变开始线，该线以左区域为过冷奥氏体区；右边的曲线为转变终了线，该线以右区域为转变产物区；两条 C 形曲线之间的区域为过冷奥氏体与转变产物共存区。水平线 M_s 和 M_f 分别为马氏体型转变的开始线和终了线。

由共析钢过冷奥氏体的等温转变曲线可知，等温转变的温度不同，过冷奥氏体转变所需孕育期的长短不同，即过冷奥氏体的稳定性不同。在约 550℃处的孕育期最短，表明在此温度下的过冷奥氏体最不稳定，转变速度也最快。

亚共析钢和过共析钢的过冷奥氏体在转变为珠光体之前，分别有先析出铁素体和先析出渗碳体的结晶过程。因此，与共析钢相比，亚共析钢和过共析钢的过冷奥氏体等温转变曲线图多了一条先析相的析出线，如图 3-13 所示。同时 C 曲线的位置也相对左移，说明亚共析钢和过共析钢过冷奥氏体的稳定性比共析钢要差。

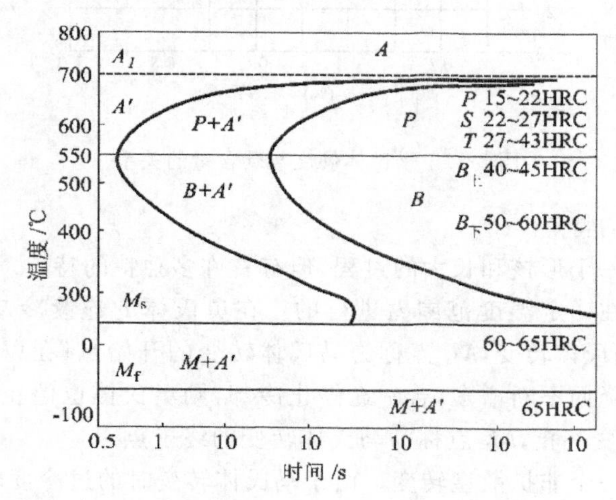

图 3-12　共析钢过冷奥氏体等温转变图

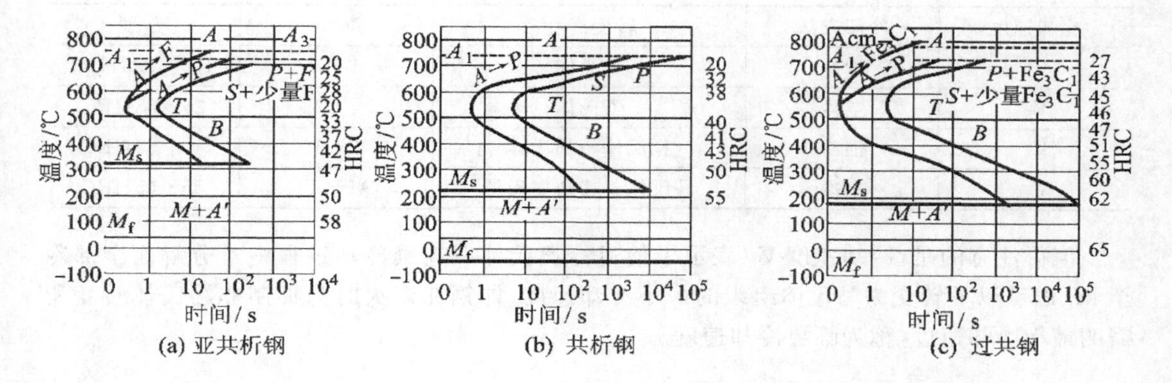

图 3-13　亚共析钢、共析钢和过共析钢过冷奥氏体等温转变曲线图的比较

(2)过冷奥氏体的连续转变曲线

过冷奥氏体的连续转变曲线表示钢经奥氏体化后，在不同冷却速度的连续冷却条件下，过冷奥氏体的转变开始及转变终了时间与转变温度之间关系的曲线。共析钢的过冷奥氏体连续转变曲线图如图 3-14 所示。

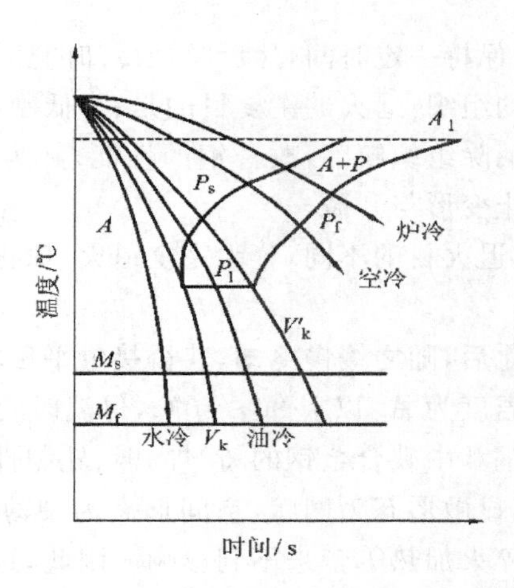

图 3-14　共析钢过冷奥氏体的连续转变曲线

图中 P_s、P_f 线分别为珠光体转变开始和转变终了线，P_k 为珠光体转变中止线。当冷却曲线碰到 P_k 线时，奥氏体向珠光体的转变将被中止，剩余奥氏体将一直过冷至 M_s 以下转变为马氏体组织。与等温转变图相比，共析钢的连续转变曲线图中珠光体转变开始线和转变终了线的位置均相对右下移，而且只有 C 形曲线的上半部分，没有中温的贝氏体型转变区。由于过冷奥氏体连续转变曲线的测定比较困难，所以在生产中常借用同种钢的等温转变曲线图来分析过冷奥氏体连续冷却转变产物的组织和性能。

以共析钢为例，将连续冷却的冷却速度曲线叠画在等温转变图上，如图 3-14 所示。根据各冷却曲线的相对位置，就可大致估计过冷奥氏体的转变情况，如表 3-2 所示。

表 3-2 共析钢过冷奥氏体连续冷却转变产物的组织和硬度

冷却速度	冷却方法	转变产物	符 号	硬 度
V_1	炉冷	珠光体	P	170～220HBS
V_2	空冷	索氏体	S	25～35HRC
V_3	油冷	托氏体＋马氏体	$T+M$	45～55HRC
V_4	水冷	马氏体＋残余奥氏体	$M+A'$	55～65HRC

值得注意的是，冷却速度 V_k 表示了使过冷奥氏体在连续冷却过程中不分解而全部冷至 M_s 温度以下转变为马氏体组织的最小冷却速度，即钢在淬火时为抑制非马氏体转变所需的最小冷却速度，称为临界冷却速度。

3.3 钢的普通热处理

钢的退火与正火是热处理的基本工艺之一，主要用于铸、锻、焊毛坯的预备热处理，以及改善机械零件毛坯的切削加工性能，也可用于性能要求不高的机械零件的最终热处理。

3.3.1 钢的退火

将钢件加热到适当温度，保持一定时间，然后缓慢冷却的热处理工艺称为退火。钢经退火后将获得接近于平衡状态的组织，退火的主要目的是：降低硬度，提高塑性，以利于切削加工或继续冷变形；细化晶粒，消除组织缺陷，改善钢的性能，并为最终热处理作组织准备；消除内应力，稳定工作尺寸，防止变形与开裂。

退火的方法很多，通常按退火目的不同，分为完全退火、球化退火、去应力退火等。

1. 完全退火

将钢加热到完全奥氏体化后，随之缓慢冷却，获得接近平衡状态组织的热处理工艺称为完全退火。完全退火的加热温度为 A_{c3} 以上 30～50℃，保温时间按钢件的有效厚度计算。

完全退火主要用于中碳钢和中碳合金钢的铸、焊、锻、轧制件等。对于过共析钢，因缓冷时沿晶界析出二次渗碳体，其显微形态为网状，空间形态为硬薄壳，会显著降低钢的塑性和韧性，并给以后的切削加工、淬火加热等带来不利影响。因此，过共析钢不宜采用完全退火。

2. 球化退火

使钢中碳化物球状化而进行的退火工艺称为球化退火。钢经球化退火后，将获得由大致呈球形的渗碳体颗粒弥散分布于铁素体基体上的球状组织，称为球状珠光体。球化退火的加热温度为 A_{c1} 以上 20～30℃，保温后的冷却有两种方式。普通球化退火时采用随炉缓冷至 500～600℃出炉空冷；等温球化退火则先在 A_{r1} 以下 20℃等温足够时间，然后再随炉缓冷至 500～600 出炉空冷。

球化退火主要用于共析钢和过共析钢的锻轧件。若原始组织中存在有较多的渗碳体网，则应先进行正火消除渗碳体网后，再进行球化退火。

3. 去应力退火

为了去除由于塑性变形加工、焊接等而造成的应力以及铸件内存在的残余应力而进行的退火称为去应力退火。去应力退火的加热温度一般为 500～600℃，保温后随炉缓冷至室

温。由于加热温度在 A_1 以下，退火过程中一般不发生相变。去应力退火广泛用于消除铸件、锻件、焊接件、冷冲压件以及机加工件中的残余应力，以稳定钢件的尺寸，减少变形，防止开裂。

3.3.2 钢的正火

将钢件加热到 A_{c3}（或 A_{ccm}）以上 30～50℃，保温适当的时间后，在静止的空气中冷却的热处理工艺称为正火。

正火的目的与退火相似，如细化晶粒，均匀组织，调整硬度等。与退火相比，正火冷却速度较快，因此，正火组织的晶粒比较细小，强度、硬度比退火后要略高一些。正火的主要应用范围：

（1）消除过共析钢中的碳化物网，为球化退火作好组织准备；

（2）作为低、中碳钢和低合金结构钢消除应力，细化组织，改善切削加工性和淬火前的预备热处理；

（3）用于某些碳钢、低合金钢工件在淬火返修时，消除内应力和细化组织，以防止重新淬火时产生变形和裂纹；

（4）对于力学性能要求不太高的普通结构零件，正火也可代替调质处理作为最终热处理使用。常用退火和正火的加热温度范围和工艺曲线如图 3-15 所示。

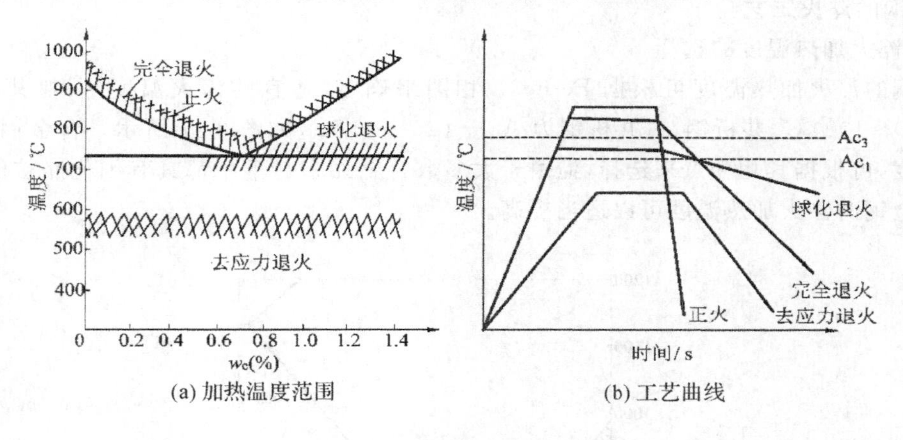

图 3-15　常用退火和正火工艺示意图

退火与正火同属于钢的预备热处理，它们的工艺及其作用有许多相似之处，因此，在实际生产中有时两者可以相互替代，选用时主要从如下三个方面考虑。

1. 切削加工性考虑

一般地说钢的硬度在 170～260HBS 范围内时，切削加工性能较好。各种碳钢退火和正火后的硬度范围（图中影线部分为切削加工性能较好的硬度范围），如图 3-16 所示。

由图可见，碳的质量分数小于 0.50％的结构钢选用正火为宜；碳的质量分数大于 0.50％的结构钢选用完全退火为宜；而高碳工具钢则应选用球化退火作为预备热处理。

2. 从零件的结构形状考虑

对于形状复杂的零件或尺寸较大的大型钢件，若采用正火冷却速度太快，可能产生较大内应力，导致变形和裂纹，因此宜采用退火。

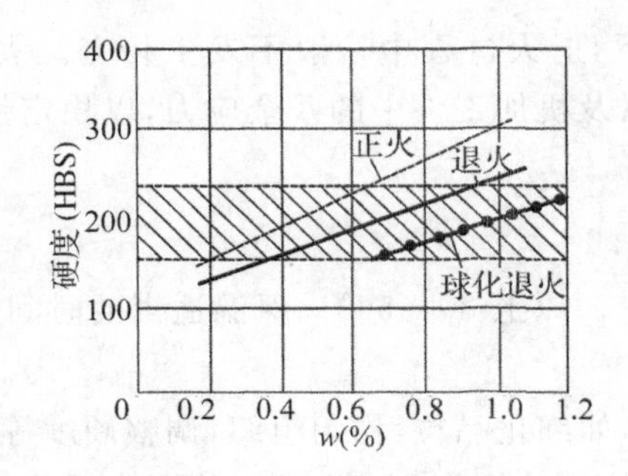

图 3-16 碳钢退火和正火后的硬度范围

3. 从经济性考虑

因正火比退火的生产周期短,成本低,操作简单,故在可能条件下应尽量采用正火,以降低生产成本。

3.3.3 钢的淬火

将钢件加热到 A_{c3} 或 A_{c1} 以上某一温度,保持一定时间,然后以适当的方式冷却获得马氏体或下贝氏体组织的热处理工艺称为淬火。

1. 钢的淬火工艺

(1)淬火加热温度的选择

碳钢的淬火加热温度可根据 Fe-Fe3C 相图来确定,适宜的淬火温度是:亚共析钢为 $A_{c3}+(30\sim100)$℃,共析钢、过共析钢为 $A_{c1}+(30\sim70)$℃,如图 3-17 所示。合金钢的淬火加热温度,可根据其相变点来选择,但由于大多数合金元素在钢中都具有细化晶粒的作用,因此合金钢的淬火加热温度可以适当提高。

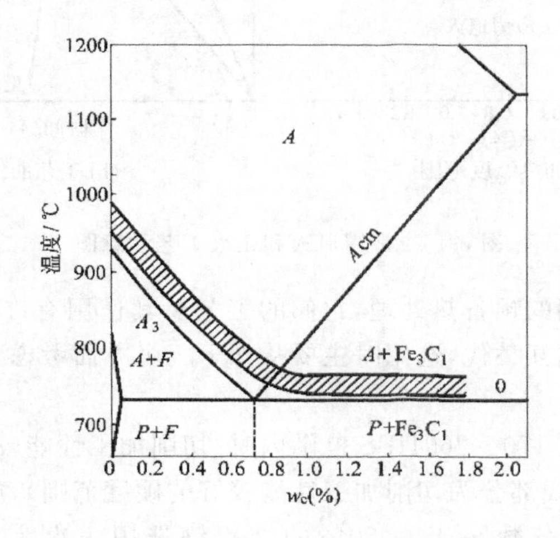

图 3-17 碳钢的淬火加热温度范围图

(2)淬火介质

钢件进行淬火冷却时所使用的介质称为淬火介质。淬火介质应具有足够的冷却能力、良好的冷却性能和较宽的使用范围,同时还应具有不易老化、不腐蚀零件、不易燃、易清洗、

无公害、价廉等特点。由碳钢的过冷奥氏体等温转变曲线图可知，为避免珠光体型转变，过冷奥氏体在C曲线的鼻尖处（550℃左右）需要快冷，而在650℃以上或400℃以下（特别是在M_s点附近发生马氏体转变时）并不需要快冷。钢在淬火时理想的冷却曲线如图3-18所示。能使工件达到这种理想的冷却曲线的淬火介质称为理想淬火介质。

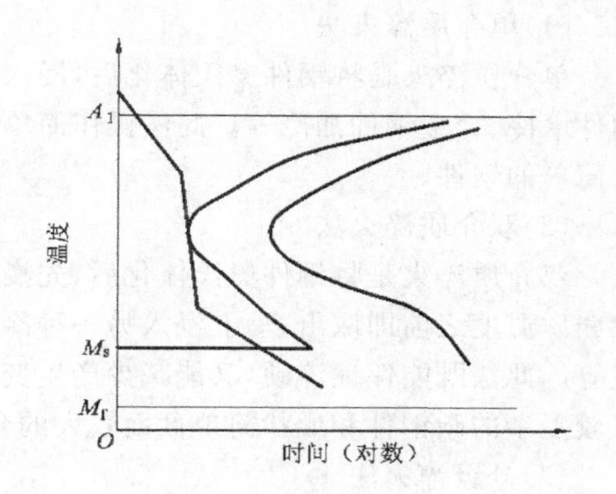

图3-18　钢在淬火时理想的冷却曲线

目前生产中常用的淬火介质有水、水溶性的盐类和碱类、矿物油等，尤其是水和油最为常用。为保证钢件淬火后得到马氏体组织，淬火介质必须使钢件淬火冷却速度大于马氏体临界冷却速度）。但过快的冷却速度会产生很大的淬火应力，引起变形和开裂。因此，在选择冷却介质时，既要保证得到马氏体组织，又要尽量减少淬火应力。

水在650～400℃范围内冷却速度较大，这对奥氏体稳定性较小的碳钢来说极为有利；但在300～200℃的温度范围内，水的冷却速度仍然很大，易使工件产生大的组织应力，而产生变形或开裂。在水中加入少量的盐，只能增加其在650～400℃范围内的冷却能力，基本上不改变其在300～200℃时的冷却速度。

油在300～200℃范围内的冷却速度远小于水，对减少淬火工件的变形与开裂很有利，但在650～400℃范围内的冷却速度也远比水要小，所以不能用于碳钢，而只能用于过冷奥氏体稳定性较大的合金钢的淬火。

熔盐的冷却能力介于油和水之间，它在高温区的冷却能力比油高，比水低；在低温区则比油低。可见熔盐是最接近理想的淬火冷却介质，但其使用温度高，操作时工作条件差，通常只用于形状复杂和变形要求严格的小件的分级淬火和等温淬火。常用淬火介质的冷却能力如表3-3所示。

表3-3　常用淬火介质的冷却能力

淬火冷却介质	冷却能力(℃/s)	
	650～550℃	300～200℃
水(18℃)	600	270
10%NaCl水溶液(18℃)	1000	300
10%NaOH水溶液(18℃)	1200	300
10%Na_2CO_2水溶液(18℃)	800	270
矿物机油	150	30
菜籽油	200	35
硝熔盐(200℃)	350	10

2. 淬火方法

为保证钢件淬火后得到马氏体，同时又防止产生变形和开裂，生产中应根据钢件的成分、形状、尺寸、技术要求以及选用的淬火介质的特性等，选择合适的淬火方法。

(1)单介质淬火法

单介质淬火是将钢件奥氏体化后，浸入某一种淬火介质中连续冷却到室温的淬火，如碳钢件水冷、合金钢件油冷等。此法操作简单，但容易产生淬火变形与裂纹，主要适用于形状较简单的钢件。

(2)双介质淬火法

双介质淬火是将钢件奥氏体化后，先浸入一种冷却能力强的介质，在钢件还未到达该淬火介质温度之前即取出，马上浸入另一种冷却能力弱的介质中冷却，如先水后油、先水后空气等。此法既能保证淬硬，又能减少产生变形和裂纹的倾向。但操作较难掌握，主要用于形状较复杂的碳钢件和形状简单截面较大的合金钢件。

(3)分级淬火法

分级淬火法是把加热好的钢件先放入温度稍高于 M_s 点的盐浴或碱浴中，保持一定的时间，使钢件内外的温度达到均匀一致，然后取出钢件在空气中冷却，使之转变为马氏体组织。这种淬火方法可大大减少钢件的热应力和组织应力，明显地减少变形和开裂，但由于盐浴或碱浴的冷却能力较小，故此法只适用于截面尺寸比较小(一般直径或厚度小于 10mm)的工件。

(4)等温淬火法

等温淬火法是将钢件加热奥氏体化后，随即快冷到贝氏体转变温度区间(260～400℃)等温，使奥氏体转变为贝氏体的淬火工艺。此法产生的内应力很小，所得到的下贝氏体组织具有较高的硬度和韧性，但生产周期较长，常用于形状复杂，强度、韧性要求较高的小型钢件，如各种模具、成型刀具等。

3. 钢的淬透性与淬硬性

(1)淬透性的概念

钢件淬火时，其截面上各处的冷却速度是不同的。表面的冷却速度最大，越到中心冷却速度越小，如图 3-19(a)所示。如果钢件中心部分低于临界冷却速度，则中心部分将获得非马氏体组织，即钢件没有被淬透，如图 3-19(b)所示。

在规定条件下，决定钢材淬硬深度和硬度分布的特性称为钢的淬透性，通常以钢在规定条件下淬火时获得淬硬深度的能力来衡量。所谓淬硬深度，就是从淬硬的工作表面量至规定硬度处的垂直距离。

(2)影响淬透性的因素

钢的淬透性主要取决于过冷奥氏体的稳定性。因此，凡影响过冷奥氏体稳定性的诸因素，都会影响钢的淬透性。

1)钢的化学成分　碳钢中含碳量越接近于共析成分，钢的淬透性越好。合金钢中绝大多数合金元素溶于奥氏体后，都能提高钢的淬透性。

2)奥氏体化温度及保温时间　适当提高钢的奥氏体化温度或延长保温时间，可使奥氏体晶粒更粗大，成分更均匀，增加过冷奥氏体的稳定性，提高钢的淬透性。

(3)淬透性的实用意义

淬透性对钢热处理后的力学性能有很大影响。若钢件被淬透，经回火后整个截面上的性能均匀一致；若淬透性差，钢件未被淬透，经回火后钢件表里性能不一，中心部分强度和韧性均较低。因此，钢的淬透性是一项重要的热处理工艺性能，对于合理选用钢材和正确制定

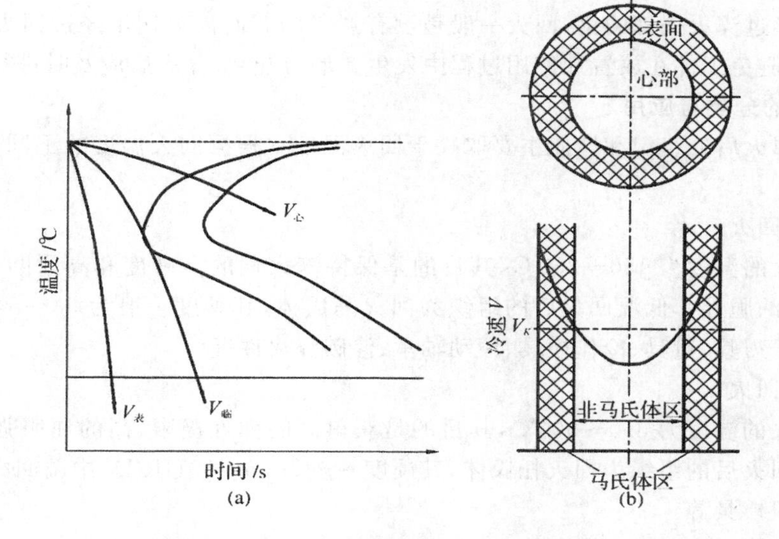

图 3-19 钢件淬硬深度、硬度分布与冷却速度的关系

热处理工艺均具有重要意义。

对于多数的重要结构件,如发动机的连杆和连杆螺钉等,为获得良好的使用性能和最轻的结构重量,调质处理时都希望能淬透,需要选用淬透性足够的钢材;对于形状复杂、截面变化较大的零件,为减少淬火应力和变形与裂纹,淬火时宜采用冷却较缓和的淬火介质,也需要选用淬透性较好的钢材;而对于焊接结构件,为避免在焊缝热影响区形成淬火组织,使焊接件产生变形和裂纹,增加焊接工艺的复杂性,则不应选用淬透性较好的钢材。

(4)淬硬性的概念

淬硬性是钢在理想条件下进行淬火硬化所能达到的最高硬度的能力。钢的淬硬性主要取决于钢在淬火加热时固溶于奥氏体中的含碳量,奥氏体中含碳量愈高,则其淬硬性越好。淬硬性与淬透性是两个意义不同的概念,淬硬性好的钢,其淬透性并不一定好。

3.3.4 钢的回火

1. 回火的目的

将淬火钢件重新加热到 A_1 以下的某一温度,保温一定的时间,然后冷却到室温的热处理工艺称为回火。

钢件经淬火后虽然具有高的硬度和强度,但脆性较大,并存在较大的淬火应力,一般情况下必须经过适当的回火后才能使用。回火的目的主要有以下几个方面:

(1)降低脆性,减少或消除内应力,防止工件的变形和开裂。

(2)稳定组织,调整硬度,获得工艺所要求的力学性能。

(3)稳定工件尺寸,满足各种工件的使用性能要求。淬火马氏体和残余奥氏体都是非平衡组织,具有不稳定性,会自发地向稳定的平衡组织(铁素体和渗碳体)转变,从而引起工件的尺寸和形状改变。通过回火可使淬火马氏体和残余奥氏体转变为较稳定的组织,以保证工件在使用过程中不发生尺寸和形状的变化。

(4)对于某些高淬透性的合金钢,空冷时即可淬火成马氏体组织,通过回火可使碳化物聚集长大，降低钢的硬度，以利于切削加工。

对于未经过淬火处理的钢，回火一般是没有意义的。而淬火钢不经过回火是不能直接使用的，为了避免工件在放置和使用过程中发生变形与开裂，淬火后应及时进行回火。

2. 回火的分类与应用

淬火钢回火后的组织和性能主要取决于回火温度。根据回火温度的不同，可将回火分为以下三类：

（1）低温回火

低温回火的温度为150～250℃，其目的是保持淬火钢的高硬度和高耐磨性，降低淬火应力，减少钢的脆性。低温回火后的组织为回火马氏体，其硬度一般为58～64HRC。低温回火主要用于刃具、量具、冷作模具、滚动轴承、渗碳淬火件等。

（2）中温回火

中温回火的温度为350～500℃，其目的是获得高的弹性极限、高的屈服强度和较好的韧性。中温回火后的组织为回火托氏体，其硬度一般为35～50HRC。中温回火主要用于弹性零件及热锻模具等。

（3）高温回火

高温回火的温度为500～650℃，其目的是获得良好的综合力学性能，即在保持较高强度和硬度的同时，具有良好的塑性和韧性。通常把钢件淬火及高温回火的复合热处理工艺称为“调质处理”，简称“调质”。高温回火后的组织为回火索氏体，其硬度一般为220～330HBS。高温回火主要用于各种重要的结构零件，如螺栓、连杆、齿轮及轴类等。

3. 回火脆性

淬火钢在某些温度区间回火或从回火温度缓慢冷却通过该温度区间时产生的冲击韧度显著降低的现象称为回火脆性，如图3-20所示。

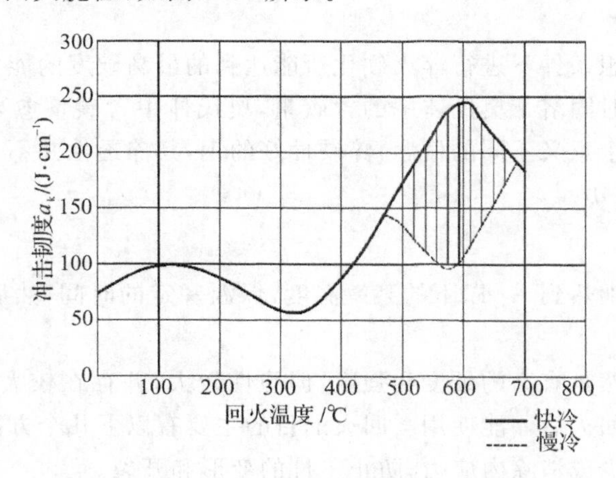

图3-20　冲击韧度值与回火温度的关系

淬火钢在250～350℃回火时所产生的回火脆性称为第一类回火脆性，也称为低温回火脆性，几乎所有的淬火钢在该温度范围内回火时，都产生不同程度的回火脆性。第一类回火脆性一旦产生就无法消除，因此生产中一般不在此温度范围内回火。

淬火钢在450～650℃温度范围内回火后出现的回火脆性称为第二类回火脆性，也称为

高温回火脆性。这类回火脆性主要发生在含有 Cr、Ni、Mn、Si 等元素的合金钢中，当淬火后在上述温度范围内长时间保温或以缓慢的速度冷却时，便发生明显的回火脆性。但回火后采取快冷时，这种回火脆性的发生就会受到抑制或消失。

3.4 钢的表面热处理

某些在冲击载荷、交变载荷及摩擦条件下工作的机械零件，如主轴、齿轮、曲轴等，其某些工作表面要承受较高的应力，要求工件的这些表面层具有高的硬度、耐磨性及疲劳强度，而工件的心部要求具有足够的塑性和韧性。为此，生产中常常采用表面热处理的方法，以达到强化工件表面的目的。仅对工件表层进行热处理以改变其组织和性能的工艺称为表面热处理，常用的表面热处理方法包括表面淬火和化学热处理两类。

3.4.1 钢的表面淬火

将工件的表层迅速加热到淬火温度进行淬火的工艺方法称为表面淬火。工件经表面淬火后，表层得到马氏体组织，具有高的硬度和耐磨性，而心部仍为淬火前的组织，具有足够的强度和韧性。

根据加热方法的不同，常用的表面淬火有感应加热表面淬火、火焰加热表面淬火、激光加热表面淬火、电接触加热表面淬火等，其中以感应加热表面淬火和火焰加热表面淬火应用最广泛。

1. 感应加热表面淬火

利用感应电流通过工件所产生的热效应，使工件表面迅速加热并进行快速冷却的淬火工艺称为感应加热表面淬火。

碳的质量分数为 0.4%～0.5%的碳素钢与合金钢是最适合于感应加热表面淬火的材料，如 45 钢、40Cr 等。但也可以用于高碳工具钢、低合金工具钢以及铸铁等材料。为满足各种工件对淬硬层深度的不同要求，生产中可采用不同频率的电流进行加热。

2. 火焰加热表面淬火

火焰加热表面淬火是采用氧——乙炔(或其他可燃气体)火焰，喷射在工件的表面上，使其快速加热，当达到淬火温度时立即喷水冷却，从而获得预期的硬度和有效淬硬层深度的一种表面淬火方法。

火焰加热表面淬火工件的材料，常选用中碳钢(如 35、40、45 钢等)和中碳低合金钢(如 40Cr、45Cr 等)。若碳的质量分数太低，则淬火后硬度较低；若碳和合金元素的质量分数过高，则易淬裂。火焰加热表面淬火法还可用于对铸铁件(如灰铸铁、合金铸铁等)进行表面淬火。火焰加热表面淬火的有效淬硬深度一般为 2～6mm，若要获得更深的淬硬层，往往会引起工件表面的严重过热，而且容易使工件产生变形或开裂现象。

火焰淬火操作简单，无需特殊设备，但质量不稳定，淬硬层深度不易控制，故只适用于单件或小批量生产的大型工件，以及需要局部淬火的工具或工件，如大型轴类、大模数齿轮、锤子等。

3. 激光加热表面淬火

激光加热表面淬火是将激光束照射到工件表面上，在激光束能量的作用下，使工件表面迅速加热到奥氏体化状态，当激光束移开后，由于基体金属的大量吸热而使工件表面获得急速冷却，以实现工件表面自冷淬火的工艺方法。

激光是一种高能量密度的光源，能有效地改善材料表面的性能。激光能量集中，加热点准确，热影响区小，热应力小；可对工件表面进行选择性处理，能量利用率高，尤其适合于大尺寸工件的局部表面加热淬火；可对形状复杂或深沟、孔槽的侧面等进行表面淬火，尤其适合于细长件或薄壁件的表面处理。

激光加热表面淬火的淬硬层一般为 0.2～0.8mm。激光淬火后，工件表层组织由极细的马氏体、超细的碳化物和已加工硬化的高位错密度的残余奥氏体组成，工件表层与基体之间为冶金结合，状态良好，能有效防止表层脱落。淬火后形成的表面硬化层，硬度高且耐磨性良好，热处理变形小，表面存在有高的残余压应力，疲劳强度高。

3.4.2 钢的化学热处理

化学热处理是将工件置于一定温度的活性介质中保温，使一种或几种元素渗入它的表层，以改变其化学成分、组织和性能的热处理工艺。化学热处理的方法很多，包括渗碳、渗氮、碳氮共渗以及渗金属等。

1. 钢的渗碳

渗碳是为了增加钢件表层的含碳量和一定的碳浓度梯度，将钢件在渗碳介质中加热并保温使碳原子渗入表层的化学热处理工艺。渗碳的目的是提高工件表面的硬度、耐磨性及疲劳强度，并使其心部保持良好的塑性和韧性。

(1)渗碳用钢　为保证工件渗碳后表层具有高的硬度和耐磨性，而心部具有良好的韧性，渗碳用钢一般为碳的质量分数为 0.1%～0.25%的低碳钢和低碳合金钢。

(2)渗碳方法　根据采用的渗碳剂不同，渗碳方法可分为固体渗碳、液体渗碳和气体渗碳三种。其中气体渗碳的生产率高，渗碳过程容易控制，在生产中应用最广泛。

(3)渗碳后的组织　工件经渗碳后，含碳量从表面到心部逐步减少，表面碳的质量分数可达 0.80%～1.05%，而心部仍为原来的低碳成分。若工件渗碳后缓慢冷却，从表面到心部的组织为珠光体＋网状二次渗碳体、珠光体、珠光体＋铁素体。

(4)渗碳后的热处理　工件渗碳后的热处理工艺通常为淬火及低温回火。根据工件材料和性能要求的不同，渗碳后的淬火可采用直接淬火或一次淬火，如图 3-21 所示。工件经渗碳淬火及低温回火后，表层组织为回火马氏体和细粒状碳化物，表面硬度可高达 58～

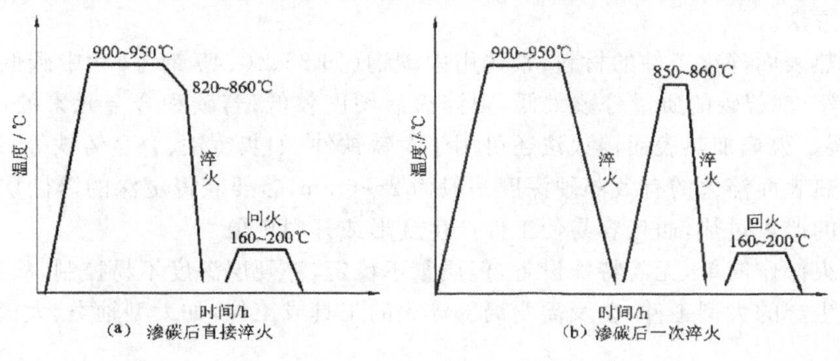

图 3-21　渗碳工件的热处理工艺

64HRC；心部组织决定于钢的淬透性，常为低碳马氏体或珠光体＋铁素体组织，硬度较低，体积膨胀较小，会在表层产生压应力，有利于提高工件的疲劳强度。因此，工件经渗碳淬火及低温回火后表面具有高的硬度和耐磨性，而心部具有良好的韧性。

2. 钢的渗氮

渗氮也称氮化，是在一定温度下（一般在 A_{c1} 温度以下）使活性氮原子渗入工件表面的化学热处理工艺。渗氮的目的是提高工件的表面硬度、耐磨性以及疲劳强度和耐蚀性。

（1）渗氮用钢　对于以提高耐蚀性为主的渗氮，可选用优质碳素结构钢，如 20、30、40 钢等；对于以提高疲劳强度为主的渗氮，可选用一般合金结构钢，如 40Cr、42CrMo 等；而对于以提高耐磨性为主的渗氮，一般选用渗氮专用钢 38CrMoAlA。

渗氮用钢主要是合金钢，Al、Cr、Mo、V、Ti 等合金元素极易与氮形成颗粒细小、分布均匀、硬度很高而且稳定的氮化物，如 AlN、CrN、MoN、VN、TiN 等，这些氮化物的存在，对渗氮钢的性能起着重要的作用。

（2）渗氮方法　常用的渗氮方法有气体渗氮和离子渗氮等，其中在工业生产中应用最广泛的是气体渗氮法。

（3）渗氮的特点与应用　与渗碳相比，渗氮后工件无需淬火便具有高的硬度、耐磨性和热硬性，良好的抗蚀性和高的疲劳强度，同时由于渗氮温度低，工件的变形小。但渗氮的生产周期长，一般要得到 0.3～0.5mm 的渗氮层，气体渗氮时间约需 30～50 小时，成本较高；渗氮层薄而脆，不能承受冲击。因此，渗氮主要用于要求表面高硬度，耐磨、耐蚀、耐高温的精密零件，如精密机床主轴、丝杆、镗杆、阀门等。

3. 钢的碳氮共渗与氮碳共渗

碳氮共渗是在一定温度下同时将碳、氮渗入工件表层奥氏体中并以渗碳为主的化学热处理工艺。碳氮共渗有气体碳氮共渗和液体碳氮共渗两种，目前常用的是气体碳氮共渗。气体碳氮共渗工艺与渗碳基本相似，常用渗剂为煤油＋氨气等，加热温度为 820～860℃。与渗碳相比，碳氮共渗加热温度低，零件变形小，生产周期短，渗层具有较高的硬度、耐磨性和疲劳强度，常用于汽车变速箱齿轮和轴类零件。

氮碳共渗即低温碳氮共渗，是使工件表层渗入氮和碳并以渗氮为主的化学热处理工艺。它所用渗剂为尿素，加热温度为 560～570℃，时间仅为 1～4 小时。与一般渗氮相比，渗层硬度较低，脆性小，故也称为软氮化。氮碳共渗不仅适用于碳钢和合金钢，也可用于铸铁，常用于模具、高速钢刃具以及轴类零件。

本章小结

本章主要介绍了钢的热处理的基本概念，钢在加热和冷却时的组织转变的基本规律，钢的普通热处理工艺和表面热处理工艺，要求学生在理解钢的热处理原理的基础上，掌握退火、正火、淬火、回火的目的和应用场合，了解钢的表面淬火和化学热处理。

思考与习题

1. 什么是钢的热处理？常见的热处理方法有哪几种，其目的是什么？
2. 指出共析钢加热时奥氏体形成所经历的阶段。
3. 共析钢过冷奥氏体在各等温区间转变产物的组织形态和性能如何？
4. 分析下列工件的使用性能要求，请选择淬火后所需要的回火方法：
   1)45 钢的小尺寸轴；
   2)60 钢的弹簧；
   3)T12 钢的锉刀。
5. 什么是退火、正火、淬火、回火和调质？说明各自的工序位置。
6. 淬透性和淬硬性有什么不同？其主要影响因素是什么？
7. 表面热处理的方法有哪几种？它们有何区别？
8. 渗碳的目的是什么？渗碳后需要进行哪些热处理？

第 4 章 工业用钢

碳的质量分数小于2.11%的铁碳合金称为碳素钢，简称碳钢。碳钢容易冶炼，价格低廉，易于加工，性能上能满足一般机械零的使用要求，因此是工业中用量最大的金属材料。

4.1 钢的分类和牌号

4.1.1 钢的分类

钢的分类方法很多，常用的分类方法如下：

1. 按钢中碳的含量分类

根据钢中含碳量的不同，可分为：

(1)低碳钢 $w_c \leqslant 0.25\%$；

(2)中碳钢 $0.25\% < w_c \leqslant 0.6\%$；

(3)高碳钢 $w_c > 0.6\%$。

2. 按钢的质量分类

根据钢中有害杂质硫、磷含量的多少，可分为：

(1)普通质量钢 钢中硫、磷含量较高($w_s \leqslant 0.050\%$，$w_p = 0.045\%$)；

(2)优质钢 钢中硫、磷含量较低($w_s \leqslant 0.035\%$，$w_p = 0.035\%$)；

(3)高级优质钢 钢中硫、磷含量很低($w_s \leqslant 0.020\%$，$w_p \leqslant 0.030\%$)。

3. 按钢的用途分类

根据钢的用途不同，可分为：

(1)结构钢 主要用于制造各种机械零件和工程结构。这类钢一般属于低、中碳钢。

(2)工具钢 主要用于制造各种刃具、量具和模具。这类钢含碳量较高，一般属于高碳钢。

(3)特殊性能钢 包括不锈钢和耐热钢。

4.1.2 钢的牌号、性能和用途

1. 碳素结构钢

碳素结构钢的牌号由代表钢屈服点的字母、屈服点数值、质量等级符号、脱氧方法等符号四部分按顺序组成。其中质量等级共有四级，分别用A($w_s \leqslant 0.050\%$，$w_p \leqslant 0.045\%$)、B($w_s \leqslant 0.045\%$，$w_p \leqslant 0.045\%$)、C($w_s \leqslant 0.040\%$，$w_p \leqslant 0.040\%$)、D($w_s \leqslant 0.035\%$，$w_p \leqslant 0.035\%$)表示。脱氧方法符号用汉语拼音字母表示。“F”表示沸腾钢；“b”表示半镇静钢；“Z”表示镇静钢；“TZ”表示特殊镇静钢，在钢号中“Z”和“TZ”符号可省略。例如：Q235AF，

牌号中“Q”代表屈服点“屈”字汉语拼音首位字母，“235”表示屈服点 $\sigma_s \geqslant 235$MPa，“A”表示质量等级为 A 级，“F”表示沸腾钢(冶炼时脱氧不完全)。碳素结构钢的牌号、含碳量和力学性能如表 4-1 所示。

由表可见，Q195、Q215、Q235 属低碳钢，有良好的塑性和焊接性能，并具有一定的强度，通常轧制成型材、板材和焊接钢管等用于桥梁、建筑等工程结构，在机械制造中用作受力不大的零件，如螺钉、螺帽、垫圈、地脚螺钉、法兰以及不太重要的轴、拉杆等，其中以 Q235 应用最广。Q235C、Q235D 质量好，用作重要的焊接结构件。Q255、Q275 强度较高，可用作受力较大的机械零件。碳素结构钢一般不进行热处理，以供应状态直接使用，但也可根据需要进行热加工和热处理。

表 4-1　碳素结构钢的牌号、化学成分、力学性能及用途(摘自 GB700—88)

牌号	等级	w_c/%	力学性质		
			σ_1/MPa	σ_2/MPa	δ/%
Q195	—	0.06～0.12	195	315～390	33
Q215	A	0.09～0.15	215	335～410	31
	B				
Q235	A	0.14～0.22	235	375～460	26
	B	0.12～0.20			
	C	0.18			
	≤0.17				
Q255	A	0.18～0.28	255	410～510	24
	B				
Q275	—	0.28～0.38	275	490～610	20

2. 优质碳素结构钢

这类钢中有害杂质元素硫、磷含量较低，主要用于制造重要的机械零件，一般都要经过热处理之后使用。优质碳素结构钢的牌号用两位数字表示，这两位数字表示钢中平均碳的质量分数的万倍数。例如 45 钢，表示钢中平均碳的质量分数为 0.45%。若钢中锰的含量较高，则在两位数字后面加锰元素的符号“Mn”。例如 65Mn 钢，表示钢中平均碳的质量分数为 0.65%，含锰量较高(w_{Mn}=0.9%～1.2%)。若为沸腾钢，在两位数字后面加符号“F”，例如 08F 钢。优质碳素结构钢的牌号、化学成分和力学性能如表 4-2 所示。

表 4-2　优质碳素结构钢的牌号、化学成分和力学性能(GB699-88)

钢号	化学成分/%					力学性能						
	C	Si	Mn	P	S	屈服点/MPa	抗拉强度/MPa	伸长率/%	断面收缩率/%	冲击制度/(J·cm^{-3})	硬度(HBS≤)	
						不小于					热轧钢	退火钢
05F	≤0.06	≤0.05	≤0.04	≤0.035	≤0.040	—	—	—	—	—	—	—
08F	0.05～0.11	≤0.03	0.25～0.50	≤0.040	≤0.040	180	300	35	60	—	131	—
08	0.05～0.12	0.17～0.37	0.35～0.65	≤0.035	≤0.040	220	330	33	60	—	131	—
10F	0.07～0.14	≤0.07	0.25～0.50	≤0.040	≤0.040	190	320	33	55	—	137	—
10	0.07～0.14	0.17～0.37	0.35～0.65	≤0.035	≤0.040	210	340	31	55	—	137	—

续表

钢号	化学成分/%					力学性能						
	C	Si	Mn	P	S	屈服点/MPa	抗拉强度/MPa	伸长率/%	断面收缩率/%	冲击制度/(J·cm⁻³)	硬度(HBS≤)	
						不小于					热轧钢	退火钢
15F	0.12～0.19	≤0.07	0.25～0.50	≤0.040	≤0.040	210	360	29	55	—	143	—
15	0.12～0.19	0.17～0.37	0.35～0.65	≤0.040	≤0.040	230	380	27	55	—	143	—
20F	0.17～0.24	≤0.07	0.25～0.50	≤0.040	≤0.040	240	390	27	55	—	156	—
20	0.17～0.24	0.17～0.37	0.35～0.65	≤0.040	≤0.040	250	420	26	55	—	156	—
25	0.22～0.30	0.17～0.37	0.50～0.80	≤0.040	≤0.040	280	460	23	50	90	170	—
30	0.27～0.35	0.17～0.37	0.50～0.80	≤0.040	≤0.040	300	500	21	50	80	179	—
35	0.32～0.40	0.17～0.37	0.50～0.80	≤0.040	≤0.040	320	540	20	45	70	187	—
40	0.37～0.45	0.17～0.37	0.50～0.80	≤0.040	≤0.040	340	580	19	45	60	217	187
45	0.42～0.50	0.17～0.37	0.50～0.80	≤0.040	≤0.040	360	610	16	40	50	241	197
50	0.47～0.55	0.17～0.37	0.50～0.80	≤0.040	≤0.040	380	640	14	40	40	241	207
55	0.52～0.60	0.17～0.37	0.50～0.80	≤0.040	≤0.040	390	640	13	35	—	255	217

由表可见，优质碳素结构钢随含碳量的增加，其强度、硬度提高，塑性、韧性降低。不同牌号的优质碳素结构钢具有不同的性能特点及用途。

08F 钢是一种含碳量很低的沸腾钢，强度很低，塑性很好。一般由钢厂轧成薄钢板或钢带供应，主要用于制造冷冲压件，如外壳、容器、罩子等。

10～25 钢属低碳钢，强度、硬度低，塑性、韧性好，并具有良好的冷冲压性能和焊接性能。常用于制造冷冲压件和焊接构件，以及受力不大、韧性要求高的机械零件，如螺栓、螺钉、螺母、轴套、法兰盘、焊接容器等。还可用作尺寸不大，形状简单的渗碳件。

30～55 钢属中碳钢，经调质处理后，具有良好的综合力学性能，主要用于制造齿轮、连杆、轴类零件等，其中以 45 钢应用最广。

60、65 钢属高碳钢，经适当热处理后，有较高的强度和弹性，主要用于制作弹性零件和耐磨零件，如弹簧、弹簧垫圈、轧辊等。

3. 碳素工具钢

碳素工具钢碳的质量分数为 0.65%～1.35%。根据有害杂质硫、磷含量的不同又分为优质碳素工具钢(简称为碳素工具钢)和高级优质碳素工具钢两类。碳素工具钢的牌号冠以“碳”的汉语拼音字母“T”，后面加数字表示钢中平均碳的质量分数的千倍数，如为高级优质碳素工具钢，则在数字后面再加上“A”。例如 T8 钢表示平均碳的质量分数为 0.8%的优质碳素工具钢。T10A 钢表示平均碳的质量分数为 1.0%的高级优质碳素工具钢。

碳素工具钢的牌号、化学成分、性能和用途如表 4-3 所示。

4. 铸钢

某些形状复杂的零件，工艺上难以用锻压的方法进行生产，性能上用力学性能较低的铸铁材料又难以满足要求，此时常采用铸钢件。工程上常采用碳素铸钢制造，其碳的质量分数一般为 0.15%～0.60%。碳素铸钢的牌号用“铸钢”两字汉语拼音的第一个字母“ZG”加两组数字表示，第一组数字为最小屈服强度值，第二组数字为最小抗拉强度值。如 ZG310—570 表示最小屈服强度为 310MPa，最小抗拉强度为 570MPa 的碳素铸钢。工程用碳素铸钢的牌号、化学成分、力学性能和用途如表 4-4 所示。

表 4-3　碳素工具钢的牌号、化学成分、性能和用途(摘自 GB1298—86)

编号	化学成分/%			硬度			用途举例
				退火状态	试样淬火		
	C	Mn	Si	硬度(HBS≤)	淬火温度/℃和冷却剂	硬度(HRC≤)	
T7 T7A	0.65～0.74	≤0.40	≤0.35	187	800～820 水	62	淬火、回火后，常用于制造能承受振动、冲击，并且在硬度适中情况下有较好韧性的工具，如凿子、冲头、木工工具、大锤等
T8 T8A	0.75～0.84	≤0.40	≤0.35	≤187	780～800 水	62	淬火、回火后，常用于制造要求有较高硬度和耐磨性的工具，如冲头、木工工具、剪切金属用剪刀等
T8Mn T8MnA	0.80～0.90	0.40～0.60	≤0.35	≤187	780～800 水	62	性能和用途与 T8 相似，但由于加入锰，提高渗透性，故可用于制造截面较大的工具
T9 T9A	0.85～0.94	≤0.40	≤0.35	398	760～780 水	62	用于制造一定硬度和韧性的工具，如冲模、冲头、凿岩石用凿子等

表 4-4　工程用铸钢的牌号、化学成分、力学性能和用途

牌　号	主要化学成分/%					室温力学性质					用途举例
	C	Si	Mn	P	S	$\sigma_s(\sigma_{0.2})$ /MPa	σ_b /MPa	δ/%	ψ/%	A_{gv}/J(σ_{kv}) /(J · m^{-2})	
	不大于					不小于					
ZG200～400	0.20	0.50	0.80	0.04		200	400	25	40	30(60)	有良好的塑性、韧性和焊接性。用于受力不大，要求韧性好的各种机械零件，如机座、变速箱壳等
ZG230～450	0.30	0.50	0.90	0.04		230	450	22	32	25(45)	有一定的强度和较好的塑性、铸造性良好，焊接性尚好，切削性好。用作轧钢机机架、轴承座、连杆、箱体、曲轴、缸体等
ZG270～500	0.40	0.50	0.90	0.04		270	500	18	25	23(35)	有较高的强度和较好的塑性，铸造性良好，焊接性尚好，切削性好。用作轧钢机机架、轴承、连杆、箱体、曲轴、缸体等

续表

牌 号	主要化学成分/%					室温力学性质					用途举例
	C	Si	Mn	P	S	$\sigma_s(\sigma_{0.2})$ /MPa	σ_b /MPa	δ/%	ψ/%	A_{kv}/J(σ_{kv})/(J·m^{-2})	
	不大于					不小于					
ZG310～570	0.50	0.60	0.90	0.04		310	570	15	21	15(30)	强度和切削性良好，塑性、韧性较低。用于载荷较高的零件，如大齿轮、缸体、制造轮、辊子等
ZG340～640	0.60	0.60	0.90	0.04		340	640	10	18	10(20)	有高的强度、硬度和耐磨性，切削性良好，焊接性较差、流动性好，裂纹敏感性较大，用作齿轮、棘轮

注：1. 牌号、成分和力学性能摘自 GB 10352—89《一般工程用铸造碳钢件》。

2. 表列性能适用于厚度为 100mm 以下的铸件。

4.2 钢中杂质与合金元素

4.2.1 杂质元素对钢性能的影响

实际使用的碳钢并不是单纯的铁碳合金，其中还含有少量的锰、硅、硫、磷等杂质元素，它们的存在对钢的性能有一定的影响。

1. 锰的影响

锰来自于生铁和脱氧剂，在钢中是一种有益的元素，其含量一般在 0.8%以下。锰能溶入铁素体中形成固溶体，产生固溶强化，提高钢的强度和硬度；少部分的锰则溶于 Fe_3C，形成合金渗碳体；锰能增加组织中珠光体的相对量，并使其变细；锰还能与硫形成 MnS，以减轻硫的有害作用。

2. 硅的影响

硅也是来自于生铁和脱氧剂，在钢中也是一种有益的元素，其含量一般在 0.4%以下。硅和锰一样能溶入铁素体中，产生固溶强化，使钢的强度、硬度提高，但使塑性和韧性降低。当硅含量不多，在碳钢中仅作为少量杂质存在时，对钢的性能影响亦不显著。

3. 硫的影响

硫是由生铁和燃料带入的杂质元素，在钢中是一种有害的元素。硫在钢中不溶于铁，而与铁化合形成化合物 FeS，FeS 与 Fe 能形成低熔点共晶体，熔点仅 985℃，且分布在奥氏体的晶界上。当钢材在 1000～1200℃进行压力加工时，共晶体已经熔化，并使晶粒脱开，钢材变脆，这种现象称为热脆性，为此，钢中硫的含量必须严格控制。在钢中增加锰含量，使之与硫形成 MnS（熔点 1620℃），可消除硫的有害作用，避免热脆现象。

4. 磷的影响

磷是由生铁带入钢中的有害杂质元素。磷在钢中能全部溶入铁素体，使钢的强度、硬度有所提高，但却使室温下钢的塑性、韧性急剧降低，使钢变脆。这种情况在低温时更为严重，因此称为冷脆性。所以，钢中的磷含量也应严格控制。

4.2.2 合金元素在钢中的作用

1. 合金元素对钢中基本相的影响

在退火、正火及调质状态下，碳钢中的基本相均为铁素体和渗碳体。加入的少量合金元素一部分溶于铁素体内形成合金铁素体，而另一部分溶于渗碳体内形成合金渗碳体。

凡是溶于铁素体的合金元素都使其力学性能发生变化，但各元素的影响程度不同，合金元素对铁素体力学性能的影响如图 4-1 所示。Mn、Si、Ni 等含金元素的原子半径与铁的原子半径相差较大，而且其晶体结构与铁素体不同，所以对铁素体的强化效果较 Cr、W、Mo 等元素显著。合金元素对铁素体韧性的影响较为复杂，当 Si 的质量分数在 0.6%以下、Mn 的质量分数在 1.5%以下时，其韧性并不低，当超过此值时则有下降趋势；Cr、Ni 在适当的质量分数范围内（$w_{Cr} \leqslant 2\%$，$w_{Ni} \leqslant 5\%$）可对铁素体的韧性有所提高。

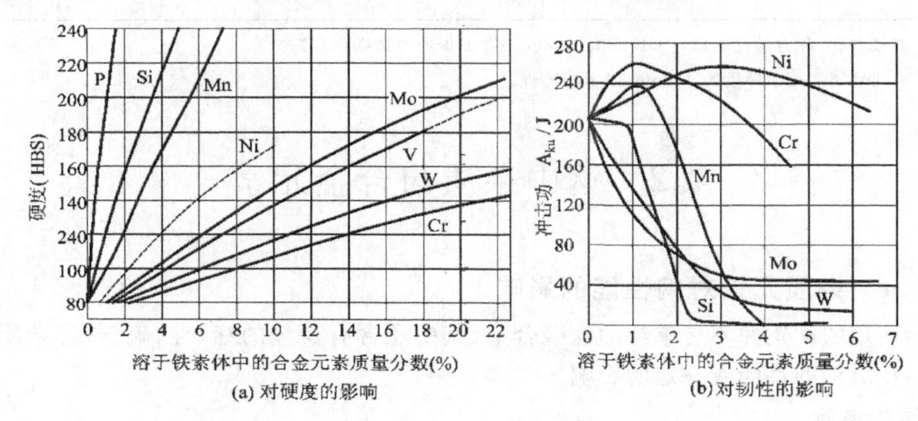

图 4-1 合金元素对铁素体力学性能的影响

2. 合金元素对铁碳相图的影响

合金元素对 $Fe\text{-}Fe_3C$ 相图的影响也大致区分为扩大 γ 区和缩小 γ 区两类。

凡是能扩大 γ 区的合金元素均使 A_4 点上升，A_3 点下降（钴例外，当其质量分数小于 45%时使 A_3 点上升，大于 45%时使 A_3 点下降），并使 $Fe\text{-}Fe_3C$ 相图中的奥氏体稳定存在的区域扩大。含有高镍或高锰的钢有可能在室温下获得稳定的奥氏体组织而被称为奥氏体钢，其原因即在于高含量的镍或锰与铁作用，扩大了 γ 区，使 A_3 降至室温以下所致，如图 4-2(a)、(b)所示。

凡是能缩小并封闭 γ 区的合金元素会使 A_4 点下降，A_3 上升（铬元素稍有例外，其质量分数小于 7%时 A_3 点下降，大于 7%时 A_3 点上升），并使 $Fe\text{-}Fe_3C$ 相图中的奥氏体稳定存在的区域缩小并封闭。含高铬或高硅的钢有可能在室温下获得稳定的铁素体组织而被称为铁素体钢，其原因在于高含量的铬或硅与铁作用，缩小并封闭了 γ 区，最后使 γ 区消失所致，如图 4-2(a)、(b)所示。

由于合金元素对 $Fe\text{-}Fe_3C$ 相图中 S 点和 E 点的影响，造成合金钢的平衡组织与其碳的质量分数之间的关系有所变化。例如，出现共析组织的合金钢碳的质量分数不再是0.77%，

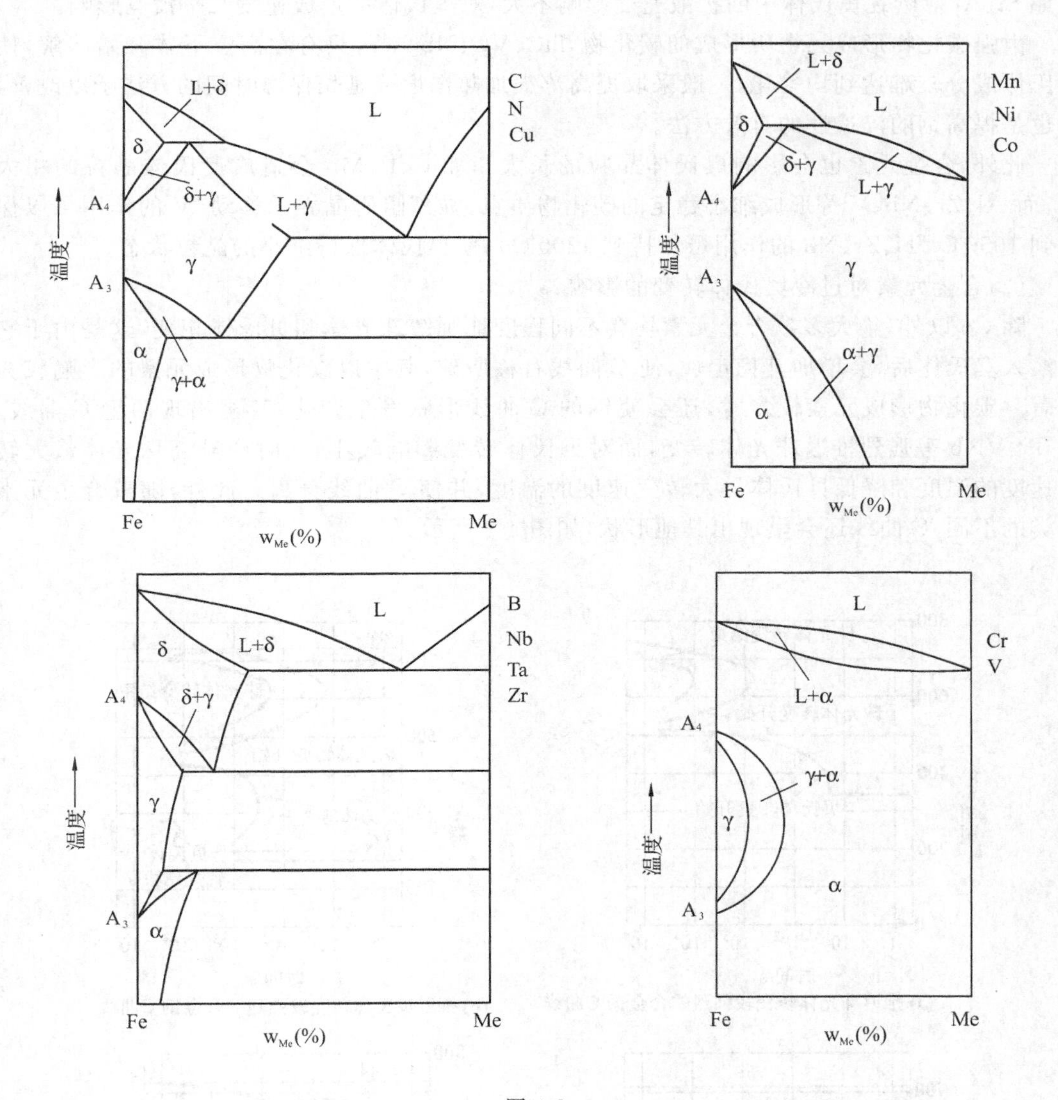

图 4-2

而是在 0.77%以下；出现共晶组织（莱氏体）的最低碳的质量分数也不再是 2.10%，而是在 2.10%以下。试验表明，当钢中加入 12%的铬时，该钢的共析点碳的质量分数约为 0.3%左右。此时含碳≥0.4%、含铬 12%的铬钢将属于过共析钢；而含碳 1.6%、含铬 12%的钢中，则出现共晶组织，称为莱氏体钢。

3. 合金元素对钢热处理的影响

(1)合金元素对奥氏体形成速度的影响

合金钢的奥氏体形成过程基本上与碳钢相同，但由于合金元素的加入改变了碳在钢中的扩散速度，从而影响奥氏体的形成速度。非碳化物形成元素 Co 和 Ni 能提高碳在奥氏体中的扩散速度，从而增大奥氏体的形成速度；碳化物形成元素 Cr、Mo、W、To、V 等与碳有较强的亲和力，显著减慢了碳在奥氏体中的扩散速度，使奥氏体的形成速度大大降低；其他元素如 Si、Al 对碳在奥氏体中的扩散速度影响不大，对奥氏体的形成速度几乎没有影响。

由强碳化物形成元素所形成的碳化物 TiC、VC、NbC 等，只有在高温下才开始溶解，使奥氏体成分较难达到均匀化，一般采取提高淬火加热温度或延长保温时间的方法予以改善，这也是提高钢的淬透性的有效方法。

此外，合金元素也会影响奥氏体晶粒的长大。如 C、P、Mn 会造成奥氏体晶粒的粗大化，而 Al、Zr、Nb、V 等形成细小稳定的碳化物质点，强烈阻碍晶界的移动（V 的作用可以保持到 1050℃，Ti、Zr、Nb 的作用可保持到 1200℃），使奥氏体保持细小的晶粒状态。

（2）合金元素对过冷奥氏体转变的影响

除 Co 以外，绝大多数合金元素均会不同程度地延缓珠光体和贝氏体相变，这是由于它们溶入奥氏体后，会增加其稳定性，使 C 曲线右移所致，其中以碳化物形成元素的影响较为显著。碳化物形成元素较多时，还会使钢的 C 曲线形状发生变化，甚至出现两组 C 曲线。如 Ti、VNb 等强烈推迟珠光体转变，而对贝氏体转变影响较小，同时会升高珠光体最大转变速度的温度和降低贝氏体最大转变速度的温度，并使 C 曲线分离。此外，随着合金元素种类的不同，C 曲线还会呈现出其他形状，如图 4-3 所示。

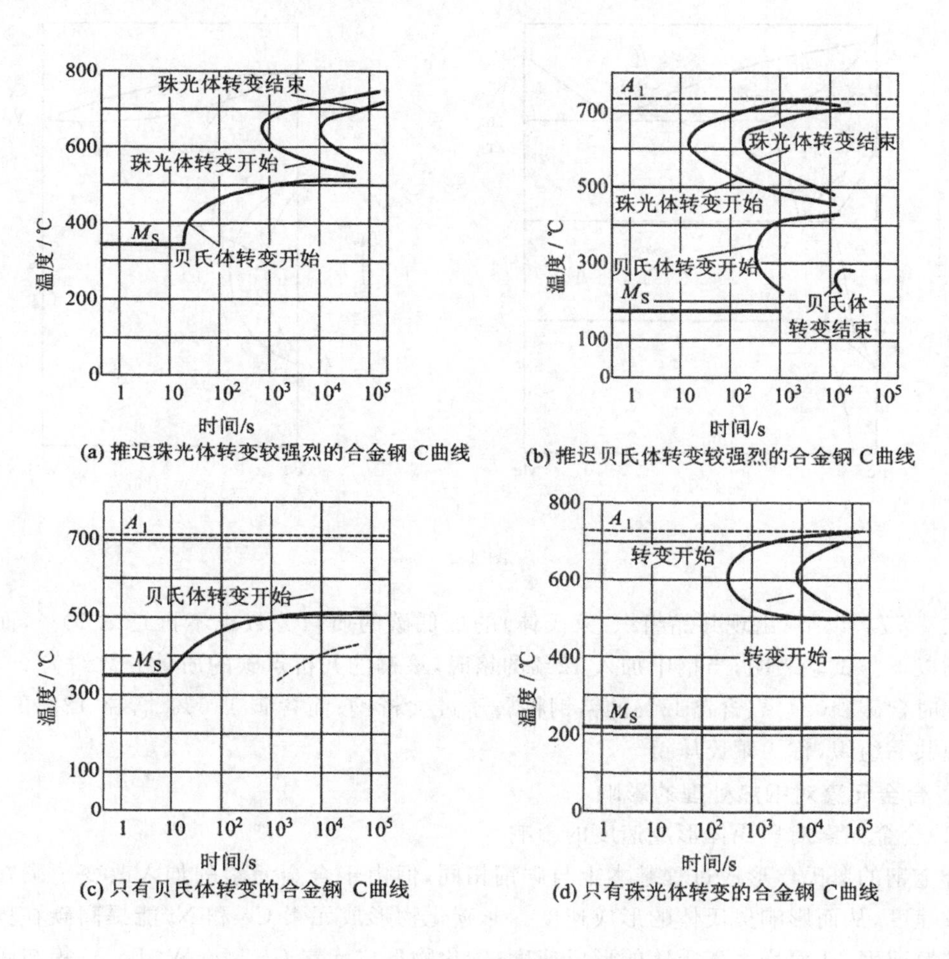

图 4-3 其他常见类型的 C 曲线

Cr、Mn 等元素强烈推迟贝氏体转变，而含 Ni 较多的低碳和中碳铬镍钼钢或铬镍钨钢只有贝氏体转变而不出现珠光体转变。稳定碳化物形成元素的含量与碳的质量分数比值较高的钢，如 3Cr13、4Cr13 等高铬不锈钢在过冷奥氏体转变曲线上只有珠光体转变。除 Co 和 Al 外，大多数合金元素总是不同程度地降低马氏体转变温度，并增加残余奥氏体量。

(3)合金元素对回火转变的影响

合金元素能使淬火钢在回火过程中的组织分解和转变速度减慢，增加回火抗力，提高回火稳定性，从而使钢的硬度随回火温度的升高而下降的程度减弱。

合金元素一般都能提高残余奥氏体转变的温度范围。在碳化物形成元素含量较高的高合金钢中，淬火后残余奥氏体十分稳定，甚至加热到 500～600℃仍不分解，而是在冷却过程中部分地转变为马氏体，使钢的硬度反而增加，这种现象称为“二次硬化”。

合金元素对淬火后力学性能的不利影响是回火脆性。回火脆性一般是在 250～450℃和 450～650℃两个温度范围内回火时出现，它使钢的韧性显著降低，前者称为低温回火脆性或第一类回火脆性；后者称为高温回火脆性或第二类回火脆性。在钢中加入 W、Mo 可防止第二类回火脆性，这对于需要调质处理后的大型件有重要意义。

4.3 结构钢

4.3.1 低合金结构钢

低合金结构钢是一种低碳结构用钢，合金元素含量较少，一般在 3%以下，主要起细化晶粒和提高强度的作用。这类钢的强度显著高于相同碳含量的碳素钢，所以常称其为低合金高强度钢。它还具有较好的韧性、塑性以及良好的焊接性和耐蚀性。最初用于桥梁、车辆和船舶等行业，现在它的应用范围已经扩大到锅炉、高压容器，油管、大型钢结构及汽车、拖拉机、挖土机械等产品方面。

采用低合金结构钢的目的主要是为了减轻结构重量，保证使用可靠、耐久。这类钢具有良好的力学性能，特别是具有较高的屈服强度。例如低合金结构钢的 σ_s＝300～400MPa。而碳素结构钢(Q235 钢)的 σ_s＝240～260MPa，所以若用低合金结构钢来代替碳素结构钢就可在相同载荷条件下使结构件重量减轻 20%～30%。低合金结构钢具有良好的塑性(δ>20%)，便于冲压成型。此外，还具有比碳素结构钢更低的冷脆临界温度。这对在北方高寒地区使用的构件及运输工具，具有十分重要的意义。

低合金结构钢一般是在热轧退火(或正火)状态下使用。焊接后不再进行热处理，由于对加工性能和焊接性的要求，决定了它的碳含量不能超过 0.2%。这类钢的使用性能主要依靠加入少量的 Mn、Ti、V、Nb、Cu、P 等合金元素来满足。Mn 是强化基体元素，其含量一般在 1.8%以下，含量过高将显著降低钢的塑性和韧性，也会影响其焊接性能。Ti、V、Nb 等元素在钢中能形成微细碳化物，起细化晶粒和弥散强化作用，提高钢的屈服极限、强度极限以及低温冲击韧性。Cu、P 可提高钢对大气的抗蚀能力，比碳素结构钢约高 2～3 倍。表 4-5 列出了我国生产的几种常用低合金结构钢的成分、性能及用途。

表 4-5 普通低合金钢的成分、性能及用途

钢号	化学成分/%				钢材厚度/mm	机械性能			用途
	C	Si	Mn	其他		σ_b/MPa	σ_s/MPa	δ/%	
09Mn2	≤0.12	0.20~0.60	1.40~1.80	—	4~10	450	300	21	油槽、油罐、机车车辆、梁柱等
14MnNb	0.12~0.20	0.20~0.60	0.80~1.20	0.015~0.050Nb	≤16	500	360	20	油罐、锅炉、桥梁等
16Mn	0.12~0.18	0.20~0.60	1.20~1.60	—	≤16	520	350	21	桥梁、船舶、车辆、压力容器、建筑构件等
16MnCu	0.12~0.20	0.20~0.60	1.25~1.50	0.20~0.35Cu	≤16	520	350	21	桥梁、船舶、车辆、压力容器、建筑构件等
15MnTi	0.12~0.18	0.20~0.60	1.25~1.50	0.12~0.20Ti	≤25	540	400	19	船舶、压力容器、电站设备等
15MnV	0.12~0.18	0.20~0.60	1.25~1.50	0.04~0.14V	≤25	540	400	18	压力容器、桥梁、船舶、车辆、启重机械等

4.3.2 渗碳钢

1. 渗碳钢的化学成分

用于制造渗碳零件的钢称为渗碳钢，常用的渗碳钢如表 4-6 所示。渗碳钢的碳含量一般在 0.10%~0.25%之间，属于低碳钢。低的碳含量可保证渗碳零件心部具有足够的韧性和塑性。合金渗碳钢中所含的主要合金元素有铬(<2%)、镍(<4%)、锰(<2%)和硼(<0.005%)等，其主要作用是提高钢的淬透性，改善渗碳零件心部组织和性能，同时还能提高渗碳层的性能(如强度、韧性及塑性)，其中镍的作用最为显著。除上述合金元素外，在合金渗碳钢中，还加入少量的钒(<0.2%)、钨(<1.2%)、钼(<0.6%)、钛(0.1%)等碳化物形成元素，具有细化晶粒、抑制钢件在渗碳时产生过热的作用。

表 4-6 常用渗碳钢的化学成分举例

钢号	化学成分/%								
	C	Si	Mn	P	S	Cr	Ni	Mo	其他
15	0.12~0.19	0.17~0.37	0.85~0.65	≤0.040	≤0.040	≤0.25	≤0.25		
20	0.17~0.24	0.17~0.37	0.35~0.65	≤0.040	≤0.040	≤0.25	≤0.25		
15Mn2	0.12~0.18	0.20~0.40	2.00~2.40	≤0.040	≤0.040	≤0.35	≤0.35		
20Mn2	0.17~0.24	0.20~0.40	1.40~1.80	≤0.040	≤0.040	≤0.35	≤0.35		V0.07~0.12
20MnV	0.17~0.24	0.20~0.40	1.30~1.60	≤0.040	≤0.040	≤0.35	≤0.35		V0.07~0.12

续表

钢　号	化学成分/%							
	C	Si	Mn	P	S	Cr	Ni	Mo	其他
20MnVB	0.17～0.24	0.20～0.40	1.20～1.60	≤0.040	≤0.040	≤0.35	≤0.35		B0.001～0.004
15Cr	0.12～0.18	0.20～0.40	0.40～0.70	≤0.040	≤0.040	0.70～1.00	≤0.35		
20Cr	0.17～0.24	0.20～0.40	0.50～0.80	≤0.040	≤0.040	0.70～1.00	≤0.35		
20CrMn	0.17～0.24	0.20～0.40	0.90～1.20	≤0.040	≤0.040	0.90～1.20	≤0.35		
20CrMnTi	0.17～0.24	0.20～0.40	0.80～1.10	≤0.040	≤0.040	1.00～1.30	≤0.35		Ti0.06～0.12
30CrMnTi	0.24～0.32	0.20～0.40	0.80～1.10	≤0.040	≤0.040	1.00～1.30	≤0.35		Ti0.06～0.12
20CrMo	0.17～0.24	0.20～0.40	0.40～0.70	≤0.040	≤0.040	0.80～1.10	≤0.35	0.15～0.25	
15CrMnMo	0.12～0.18	0.20～0.40	0.90～1.20	≤0.040	≤0.040	0.90～1.20	≤0.35	0.20～0.30	
20CrMnMo	0.17～0.24	0.20～0.40	0.90～1.20	≤0.040	≤0.040	1.10～1.40	≤0.35	0.20～0.30	
20CrNi	0.17～0.24	0.20～0.40	0.40～0.70	≤0.040	≤0.040	0.45～0.75	1.00～1.40		
12CrNi3	0.10～0.17	0.20～0.40	0.30～0.60	≤0.040	≤0.040	0.60～0.90	2.75～3.25		
12Cr2Ni4	0.10～0.17	0.20～0.40	0.30～0.60	≤0.040	≤0.040	1.25～1.75	3.25～3.75		
20Cr2Ni4	0.17～0.24	0.20～0.40	0.30～0.60	≤0.040	≤0.040	1.25～1.75	3.25～3.75		
18Cr2Ni4W	0.13～0.19	0.20～0.40	0.30～0.60	≤0.040	≤0.040	1.35～1.65	4.00～4.50		W0.80～1.20

2. 渗碳钢的热处理特点

表 4-7 为常用渗碳钢的热处理工艺规范以及在出厂时钢材力学性能的检验指标。由表可见，渗碳钢的一般热处理工艺规范是在渗碳之后进行淬火和低温回火，以获得“表硬里韧”的性能。

低淬透性合金渗碳钢，如 15Cr、20Cr、15Mn2、20Mn2 等，经渗碳、淬火与低温回火后心部强度较低，强度与韧性配合较差。一般可用作受力不太大，不需要高强度的耐磨零件，如柴油机的凸轮轴、活塞销、滑块、小齿轮等。低淬透性合金渗碳钢渗碳时，心部晶粒容易长大，特别是锰钢，如性能要求较高时，可在渗碳后进行两次淬火处理。

表 4-7　常用渗碳钢(900～950℃渗碳)的热处理工艺规范及机械性能指标

钢号	毛坯尺寸/mm	热处理					机械性能				
		淬火温度/℃		冷却介质	回火温度/℃	冷却介质	σ_b/MPa	σ_s/MPa	δ_5/%	Ψ%	A_k/J
		第一次	第二次				不小于				
15	25	900		空气			380	230	27	55	
20	25	880		空气			420	250	25	55	
15Mn2	15	900		空气			600	350	17	40	
20Mn2	15	850		水 油	200	水 空气	800	600	10	40	48
20MnVB	15	860		油	200	水 空气	1000	900	10	45	56
15CrMn	15	880		油	200	水 空气	800	600	12	50	48
20CrMn	15	850		油	200	水 空气	950	750	10	45	48
20CrMnTi	15	880	870	油	200	水 空气	1000	850	10	45	56
30CrMnTi	15	880	850	油	200	水 空气	1500		9	40	48
20CrMo	15	880		水 油	500	水 油	900	700	12	50	80
15CrMnMo	15	860		油	200	水 空气	950	700	10	50	72
20CrMnMo	15	850		油	200	水 空气	1200	900	10	45	56
15Cr	15	880	800	水 油	200	水 空气	750	500	10	45	56
20Cr	15	880	800	水 油	200	水 空气	850	550	10	40	18
20CrNi	25	850		水 油	460	水 油	800	600	10	50	64
12CrNi3	15	860	780	油	200	水 空气	950	700	10	50	72
12Cr2Ni4	15	860	780	油	200	水 空气	1000	850	10	50	72
18Cr2Ni4W	15	950	850	空气	200	水 空气	1200	850	10	45	80

中淬透性合金渗碳钢，如 20CrMnTi、12CrNi3A、20CrMnMo、20MnVB 等，合金元素的总含量≤4%，其淬透性和力学性能均较高。常用作承受中等动载荷的受磨零件，如变速齿轮、齿轮轴、十字销头、花键轴套、气门座、凸轮盘等。由于含有 Ti、V、Mo 等合金元素，渗碳

时奥氏体晶粒的长大倾向较小，渗碳后预冷到870℃左右直接淬火，经低温回火后具有较好的力学性能。

高淬透性合金渗碳钢，如12Cr2Ni4A，18Cr2Ni4W等，合金元素总含量约在4%～6%之间，淬透性很大，经渗碳、淬火与低温回火后心部强度高，强度与韧性配合好。常用作承受重载和强烈磨损的大型、重要零件，如内燃机车的主动牵引齿轮、柴油机曲轴、连杆及缸头精密螺栓等。

4.3.3 渗氮钢

渗氮是用氮饱和钢的表面，提高工件的耐磨和耐蚀，渗氮工艺一般是在600℃以下进行。结构钢的氮化目的在于提高其硬度、耐磨性、热稳定性和耐蚀性，在氮化前需经过调质处理。

渗氮钢扩散层的结构主要取决于氮化温度。当渗氮温度低于590℃时，扩散层的性能取决于钢的成分、加热温度和时间以及氮化后的冷却速度。渗氮钢的高硬度和高耐磨性主要由合金氮化物(MoN、AlN)来保证。合金元素对渗氮层深度和表面硬度有较大的影响，合金元素在降低C在铁素体中的扩散系数的同时，将减少渗氮层的深度。

各国广泛使用的渗氮钢主要有38Cr2MoAlA(相当我国的38CrMoAlA)，近年还开发了一系列渗氮用钢，如38Cr2WVAlA、30CrNi2WVA、30Cr3WA等。

有些渗氮工件并不需要过高的表面硬度，因为脆性的表层会给研磨造成困难。此时可选用低Al钢或无铝钢，如38Cr2WVAlA、40CrV、40Cr等。如果把渗氮层的表面硬度从900～1000HV降低到650～900HV，则可提高其耐磨性和脆性破断抗力，此工艺可用于机床的主轴、滚动支架、丝杆等零件。对于在循环弯曲或接触载荷下工作的零件，可使用30Cr3WA钢制造。

4.3.4 调质钢

1. 调质钢的一般特点

调质钢是指经过调质处理后使用的碳素结构钢和合金结构钢。多数调质钢属于中碳钢，调质处理后，其组织为回火索氏体。调质钢具有高的强度、良好的塑性与韧性，即具有良好的综合力学性能，常用于制造汽车、拖拉机、机床及其他要求具有良好综合力学性能的各种重要零件，如柴油机连杆螺栓、汽车底盘上的半轴以及机床主轴等。

2. 调质钢的化学成分特点

常用调质钢的化学成分如表4-8所示。调质钢的碳含量介于0.27%～0.50%之间。碳含量过低时不易淬硬，回火后不能达到所要求的强度；碳含量过高时韧性不足。

合金调质钢中含有Cr、Ni、Mn、Ti等的合金元素，其主要作用是提高钢的淬透性，并使调质后的回火索氏体组织得到强化。Mo所起的主要作用是防止合金调质钢在高温回火时产生第二类向火脆性；V的作用是阻碍高温奥氏体晶粒长大；Al的主要作用是能加速合金调质钢的氮化过程；微量的B能强烈地使等温转变曲线向右移，显著提高合金调质钢的淬透性。

3. 调质钢的热处理特点

调质钢热处理的第一步是淬火，即将钢件加热至约850℃左右的温度然后进行淬火。具体的加热温度需由钢的成分来决定。处于淬火状态的钢，内应力大、很脆，不能直接使用，必须进行回火，以便消除应力，增加韧性，调整强度。回火是使调质钢的力学性能定型的重要工序，为了使调质钢具有最为良好的综合力学性能，调质钢零件一般采用 500～650℃高温回火，回火的具体温度则由钢的成分及对性能的要求而定。

调质钢在高温回火后，虽能获得优良的综合力学性能，但对于某些合金钢(如 Cr-Ni、Cr-Mn 等钢)来说，自高温回火温度缓慢冷却时，往往会出现第二类回火脆性。调质钢一般制成大截面的零件，采取快冷的方法抑制回火脆性是有困难的，在实际生产中常采用加入 Mo(w_{Mo}=0.15%～0.30%)、W(w_{w}=0.8%～1.2%)等合金元素的方法加以解决。

表 4-8　常用调质钢钢号及成分举例

钢　号	化学成分/%								
	C	Si	Mn	P	S	Cr	Ni	Mo	其他
40	0.37～0.45	0.17～0.37	0.50～0.80	≤0.040	≤0.040	≤0.25	≤0.25	—	—
45	0.42～0.50	0.17～0.37	0.50～0.80	≤0.040	≤0.040	≤0.25	≤0.25	—	—
42Mn2V	0.38～0.45	0.20～0.40	1.60～1.90	≤0.040	≤0.040	≤0.35	≤0.35	—	V0.07～0.12
40MnVB	0.37～0.44	0.20～0.40	1.10～1.40	≤0.040	≤0.040	≤0.35	≤0.35	—	B0.001～0.004
V0.05～0.10									
40Cr	0.37～0.45	0.20～0.40	0.50～0.80	≤0.040	≤0.040	0.80～1.10	≤0.35	—	—
40CrMn	0.37～0.45	0.20～0.40	0.90～1.20	≤0.040	≤0.040	0.90～1.20	≤0.35	—	—
40CrMo	0.38～0.45	0.20～0.40	0.50～0.80	≤0.040	≤0.040	0.90～1.20	≤0.35	0.15～0.25	—
40CrNi	0.37～0.44	0.20～0.40	0.50～0.80	≤0.040	≤0.040	0.45～0.75	1.00～1.40	—	—
30CrMnSi	0.27～0.34	0.90～1.20	0.80～1.10	≤0.040	≤0.040	0.80～1.10	≤0.35	—	—
35CrMo	0.32～0.40	0.20～0.40	0.40～0.70	≤0.040	≤0.040	0.80～1.10	≤0.35	0.15～0.25	—
37CrNi3	0.34～0.41	0.20～0.40	0.30～0.60	≤0.040	≤0.040	1.20～1.60	3.00～3.50	—	—
40CrNiMo	0.37～0.44	0.20～0.40	0.50～0.80	≤0.040	≤0.040	0.60～0.90	1.25～1.75	0.15～0.25	—
40CrMnMo	0.37～0.45	0.20～0.40	0.90～1.20	≤0.040	≤0.040	0.90～1.20	≤0.35	0.20～0.30	—

表 4-9 常用合金调质钢的调质处理及力学性能指标

钢号	热处理				机械性能				
	淬火温度/℃	冷却介质	回火温度/℃	冷却介质	σ_b/MPa	σ_s/MPa	δ_5/%	Ψ%	A_k/J
					不小于				
42Mn2V	860	油	600	水	1000	850	10	45	48
40MnVB	850	油	500	水,油	1000	800	10	45	48
40Cr	850	油	500	水,油	1000	800	9	45	48
40CrMn	840	油	520	水,油	1000	850	9	45	48
42CrMo	850	油	580	水,油	1000	950	12	45	64
40CrNi	820	油	500	水,油	1000	800	10	45	56
30CrMnSi	880	油	520	水,油	1000	900	10	45	40
30CrMo	850	油	550	水,油	1000	850	12	45	64
37CrNi3	820	油	500	水,油	1050	1000	10	50	48
40CrNiMo	850	油	600	水,油	1000	850	12	55	80
40CrMnMo	850	油	600	水,油	1000	800	10	45	64

一般的调质钢零件,除了要求有良好的综合力学性能外,往往还要求表层具有良好的耐磨性能。所以经过调质处理的零件一般还要进行感应加热表面淬火,如果对耐磨性能的要求极高,则需要选用专门的调质钢进行特殊的化学热处理,如 38CrMoAlA 钢的渗氮处理等。

根据实际需要,调质钢也可在中、低温回火状态下使用,其组织为回火屈氏体、回火马氏体,比回火索氏体组织具有更高的强度,但冲击韧度值较低。例如模锻锤杆、套轴等采用中温回火;凿岩机活塞、球头销等采用低温回火。为了保证必需的韧性和减少残余应力,一般仅使用碳含量≤0.30%的合金调质钢进行低温回火。

4. 常用调质钢的性能特点及用途

40、45 钢等中碳钢经调质热处理后,其力学性能大致为 $\sigma_b=620\sim700$MPa,$\sigma_s=450\sim500$MPa,$\delta=20\%\sim17\%$,$\psi=50\%\sim45\%$,$A_K=72\sim64$J。碳素调质钢的力学性能不高,只适用于尺寸较小、负荷较轻的零件;合金调质钢适用于尺寸较大、负荷较重的零件。表 4-9 所示为常用合金调质钢(加工成直径为 25mm 的毛坯,全部淬透),经调质处理后的力学性能数据。

由表可见,所列钢中以 42CrMo、37CrNi3 钢的综合力学性能较为良好,尤其是强度较高,比相同碳含量的碳素调质钢高出 30%左右,其原因主要是由于这两种钢中合金元素对铁素体的强化效果较为显著所致。

各种调质钢的性能特点和应用如表 4-10 所示。其中 40Cr 钢是合金调质钢中最常用的一种。

表 4-10　各种调质钢的性能特点和用途

钢号	淬透性		性能特点	用途举例
	淬透性值	油淬临界直径/mm		
45	$J\frac{43}{1.5\sim3.5}$	<5～20（水淬）	小截面零件调质后具有较高的综合机械性能。水淬有时开裂，形状复杂零件可水油淬	制造齿轮、轴，压缩机、泵的运动零件等
42Mn2V	$J\frac{46}{9}$	约 25	强度比 40Mn2 高，接近 40CrNi	制造小截面的高负荷重要零件，蠕螺栓、轴、进气阀等。可用作表面淬火零件代 40Cr 或 45Cr，表面淬火后硬度和耐磨性较好
40MnVB	$J\frac{44}{9\sim22}$	25～67	综合机械性能较 40Cr 好	可代 40Cr 或部分代 42CrMo 与 40CrNi 制重要的调质零件，蠕柴油机汽缸头螺柱、组合曲轴连接螺钉、机床齿轮花键轴等
40Cr	$J\frac{44}{7\sim17}$	18～48	强度比碳钢高约 20%，疲劳强度较高	制造重要的调质零件，蠕齿轮、轴、套筒，连杆螺钉，螺栓，进气阀等，可进行表面淬火机碳氮共渗
40CrMn	$J\frac{44}{8\sim16}$	20～47	淬透性比 40Cr 好，强度高，在某些用途中可以和 42CrMo，40CrNi 互换，制较大调质件回火脆性倾向较大	制造在高速与高弯曲负荷下工作的轴，连杆，以及在高速高负荷（无强力冲击负荷）下的齿轮轴、齿轮、水泵转子，离合器，小轴等
40CrNi	$J\frac{44}{10\sim32}$	28～90	具有高强度，高韧性，淬透性好，油回火脆性倾向	制造截面较大，受载荷较重的零件，如曲轴、连杆、齿轮轴、螺栓等
42CrMo	$J\frac{46}{13\sim42}$	39～120	强度、淬透性比 35CrMo 更高	制造较 35CrMo 强度更高或截面更大的调质零件，如机车牵引用的大齿轮，增压器传动齿轮、后轴、受负荷很大的连杆
35CrMo	$J\frac{42}{11\sim32}$	31～90	强度高，韧性高，淬透性好，在 500℃以下有高的高温强度	制造在高负荷下工作的重要结构零件，特别是受冲击、震动、弯曲、扭转负荷的零件，如车轴、发动机传动机件、汽轮发电机主轴、叶轮紧固零件、连杆、在 480℃以下工作的螺栓
30CrMnSi	$J\frac{40}{16}$	约 45	断面小于或等于 25mm 的零件最好采用等温淬火，得到下贝氏体组织，使强度与塑性得到良好配合，使韧性大大提高，而且变形最小，一般在调质或低温回火后使用	制造重要用途零件，在震动负荷下工作的焊接件和铆接件，如高压鼓风机叶片、阀板、告诉负荷砂轮轴、齿轮、链轮、紧固件、轴套等，还制造用于温度不高而要求耐磨的零件
37CrNi3		约 200	具有高的强度、冲击韧性及淬透性	制造重要零件，如轴、齿轮等
40CrNiMo	$J\frac{44}{7.5\sim19}$	21～85	一般情况回火脆性不敏感，大截面零件回火后应油冷，冲击韧性不致降低；具有良好的室温及低温冲击韧性（-70℃时 $A_K=48$J）	制造要求塑性好，强度高，重要的和较大截面的零件，如中间轴、半轴、曲轴、联轴器等
40CrMnMo	$J\frac{44}{15\sim45}$	43～150	40CrNiMo 的代用钢	制造重要负荷的轴、偏心轴、齿轮轴、齿轮、连杆及汽轮机零件等

4.3.5 弹簧钢

1. 弹簧钢的一般特点

弹簧是各种机械和仪表中的重要零件，主要利用弹性变形时所储存的能量来起到缓和机械上的震动和冲击作用。由于弹簧一般是在动负荷条件下使用，因此要求弹簧钢必须具有高的抗拉强度、高的屈强比，高的疲劳强度(尤其是缺口疲劳强度)，并有足够的塑性、韧性以及良好的表面质量，同时还要求有较好的淬透性和低的脱碳敏感性，在冷热状态下容易绕卷成型。弹簧大体上可分为热成型弹簧与冷成型弹簧两大类。

2. 弹簧钢的化学成分

为了获得弹簧所要求的性能，弹簧钢的碳含量比调质钢高，一般在 0.6%～0.9%之间。由于碳素弹簧钢(如 65、75 钢等)的淬透性较差，其截面尺寸超过 12～15mm 在油中就不能淬透，若用水淬，则容易产生裂纹。因此，对于截面尺寸较大，承受较重负荷的弹簧都由合金弹簧钢制造。

合金弹簧钢的碳含量在 0.45%～0.75%之间，所含的合金元素有 Si、Mn、Cr、W、V 等，主要作用是提高钢的淬透性和回火稳定性，强化铁素体和细化晶粒，有效地改善弹簧钢的力学性能，提高弹性极限、屈强比。

3. 弹簧钢及其热处理特点

弹簧钢按生产方法可分为热轧钢和冷拉(轧)钢两类。

(1)热轧弹簧钢及其热处理特点　热轧弹簧钢采取加热成型制造弹簧的工艺路线大致如下(以板簧为例)：扁钢剪断→加热压弯成型后淬火→中温回火→喷丸→装配。

弹簧钢的淬火温度一般为 830～880℃，温度过高易发生晶粒粗大和脱碳，使其疲劳强度大为降低。因此在淬火加热时，炉气要严格控制，并尽量缩短弹簧在炉中停留的时间，也可在脱氧较好的盐浴炉中加热。淬火加热后在 50～80℃油中冷却，冷至 100～150℃时即可取出进行中温回火。回火温度根据弹簧的性能要求加以确定，一般为 480～550℃。回火后的硬度约为 39～52HRC。对剪切应力较大的弹簧回火后硬度应为 48～52HRC，板簧回火后的硬度应为 39～47HRC。

弹簧的表面质量对使用寿命影响很大，微小的表面缺陷可造成应力集中，使钢的疲劳强度降低。因此，弹簧在热处理后还要用喷丸处理以强化表面，使弹簧表面层产生残余压应力，以提高其疲劳强度。试验表明，采用 60Si2Mn 钢制作的汽车板簧经喷丸处理后，使用寿命可提高 5～6 倍。

(2)冷拉(轧)弹簧钢及其热处理特点　直径较细或厚度较薄的弹簧一般用冷拉弹簧钢丝或冷轧弹簧钢带制成。冷拉弹簧钢丝按制造工艺不同可分为三类：

1)铅浴等温处理冷拉钢丝　这种钢丝生产工艺的主要特点是钢丝在冷拉过程中，经过一道快速等温冷却的工序，然后冷拉成所要求的尺寸。这类钢丝主要是 65、65Mn 等碳素弹簧钢丝，冷卷后进行去应力退火。

2)油淬回火钢丝　冷拔到规定尺寸后连续进行淬火回火处理的钢丝，抗拉强度虽然不及铅浴等温处理冷拉钢丝，但性能比较均匀，抗拉强度波动范围小，广泛用于制造各种动力机械阀门弹簧，冷卷成型后，只进行去应力退火。

3)退火状态供应的合金弹簧钢丝　这类钢丝制成弹簧后，需经淬火、回火处理，才能达到所需要的力学性能，主要有 50CrVA、60Si2MnA、55Si2Mn 钢丝等。

4.3.6 滚动轴承钢

1. 工作条件及性能要求

用于制造滚动轴承的钢称为滚动轴承钢。根据滚动轴承的工作条件，要求滚动轴承钢具有高而均匀的硬度和耐磨性，高的弹性极限和接触疲劳强度，足够的韧性和淬透性，同时在大气或润滑剂中具有一定的抗蚀能力。

2. 滚动轴承钢的化学成分

通常所说的滚动轴承钢都是指高碳铬钢，其碳含量约为0.95%～1.10%，铬含量为0.50%～1.60%，尺寸较大的轴承则可采用铬锰硅钢。表4-11为常用铬轴承钢的化学成分。

表4-11 常用铬轴承钢的化学成分

钢 号	化学成分/%								
	C	Si	Mn	P	S	Cr	Ni	Mo	其他
GCr6	1.05～1.15	0.15～0.35	0.20～0.40	≤0.027	≤0.020	0.40～0.70	≤0.30	—	≤0.25
GCr9	1.00～1.10	0.15～0.35	0.20～0.40	≤0.027	≤0.020	0.90～1.20	≤0.30	—	≤0.25
GCr9SiMn	1.00～1.10	0.40～0.70	0.90～1.20	≤0.027	≤0.020	0.90～1.20	≤0.30	—	≤0.25
GCr15	0.95～1.05	0.15～0.35	0.20～0.40	≤0.027	≤0.020	1.30～1.65	≤0.30	—	≤0.25
GCr15SiMn	0.95～1.05	0.40～0.65	0.90～1.20	≤0.027	≤0.020	1.30～1.65	≤0.30	—	≤0.25

为了保证滚动轴承钢的高硬度、高耐磨性和高强度，碳含量应较高。加入0.40%～1.66%的铬是为了提高钢的淬透性。含铬1.50%时，厚度为25mm以下零件在油中可淬透。铬与碳所形成的$(Fe,Cr)_3C$合金渗碳体比一般Fe_3C稳定，能阻碍奥氏体晶粒长大，减小钢的过热敏感性，使淬水后能获得细针状或隐晶马氏体组织，而增加钢的韧性。Cr还有利于提高低温回火时的回火稳定性。含Cr量过高(如>1.65%)时，会增加淬火钢中残余奥氏体量和碳化物分布不均匀性，其结果影响了轴承的使用寿命和尺寸稳定性。因此，铬轴承钢中含铬量以0.40%～1.65%范围为宜。

对于大型轴承(如直径>30～50mm的钢珠)，在GCr15基础上，还可加入适量的Si(0.40%～0.65%)和Mn(0.90%～1.20%)，以便进一步改善淬透性，提高钢的强度和弹性极限，而不降低韧性。

此外，在滚动轴承钢中，对杂质含量要求很严，一般规定硫的含量应小于0.02%，磷的含量应小于0.027%，非金属夹杂物(氧化物、硫化物、硅酸盐等)的含量必须很低，而且要分布在一定的级别范围之内。

从化学成分看，滚动轴承钢属于工具钢范畴，有时也用它制造各种精密量具、冷变形模具、丝杆和高精度轴类零件。

3. 滚动轴承钢的热处理工艺特点

滚动轴承钢的热处理工艺主要为球化退火、淬火和低温回火。

球化退火是预备热处理，其目的是获得粒状珠光体，使钢锻造后的硬度降低，以利于切削加工，并为零件的最后热处理作组织准备。

淬火和低温回火是最后决定轴承钢性能的重要热处理工序，GCr15 钢的淬火温度要求十分严格，如果淬火加热温度过高（≥850℃），将会使残余奥氏体量增多，并会因过热而淬得粗片状马氏体，使钢的冲击韧度和疲劳强度急剧降。淬火后应立即回火，回火温度为 150～160℃，保温 2～3 小时，经热处理后的金相组织为极细的回火马氏体、分布均匀的细粒状碳化物及少量的残余奥氏体，回火后硬度为 61～65HRC。低温回火以后磨削加工，而后进行一次消除磨削应力退火，称为稳定化处理或时效处理。

4.4 工具钢

用于制造刃具、模具、量具等工具的钢称为工具钢。主要讨论工具钢的工作条件、性能要求、成分特点及热处理特点等。

4.4.1 刃具钢

1. 工作条件及性能要求

刃具钢主要指制造车刀、铣刀、钻头等切削刃具的钢种。根据刃具工作条件，对刃具钢提出如下性能要求：

(1)高硬度　只有刃具的硬度高于被切削材料的硬度时，才能顺利地进行切削。切削金属材料所用刃具的硬度，一般都在 60HRC 以上。刃具钢的硬度主要取决于马氏体中的含碳量，因此，刃具钢的碳含量都较高，一般为 0.6%～1.5%。

(2)高耐磨性　耐磨性实际上是反映一种抵抗磨损的能力，当磨损量超越所规定的尺寸公差范围时，刃部就丧失了切削能力，刃具不能继续使用。因此，耐磨性亦可被理解为抵抗尺寸公差损耗的能力，耐磨性的高低，直接影响着刃具的使用寿命。硬度愈高、其耐磨性愈好。在硬度基本相同

情况下，碳化物的硬度、数量、颗粒大小、分布情况对耐磨性有很大影响。实践证明，一定数量的硬而细小的碳化物均匀分布在强而韧的金属基体中，可获得较为良好的耐磨性。

(3)高热硬性　所谓热硬性是指刃部受热升温时，刃具钢仍能维持高硬度（大于 60HRC)的能力，热硬性的高低与回火稳定性和碳化物的弥散程度等因素有关。在刃具钢中加入 W、V、Nb 等，将显著提高钢的热硬性，如高速钢的热硬性可达 600℃左右。

此外，刃具钢还要求具有一定的强度、韧性和塑性，以免刃部在冲击、震动载荷作用下，突然发生折断或剥落。

2. 碳素工具钢及低合金刃具钢

(1)碳素工具钢　常用的碳素工具钢有 T7A、T8A、T10A、T12A 等，其碳含量约为 0.65%～1.3%。碳素工具钢经适当的热处理后，能达到 60HRC 以上的硬度和较高的耐磨性。此外，碳素工具钢加工性能良好，容易锻造和切削加工，价格低廉，因此，在工具生产中占有较大的比重，其生产量约占全部工具的 60%。碳素工具钢用途广泛，不仅用作刃具，还可用作模具和量具。表 4-12 为常用碳素工具钢的牌号、热处理及大致用途。

表 4-12　碳素工具钢的牌号、热处理及用途

钢号	热处理					用途举例
	淬火			回火		
	温度/℃	介质	硬度HRC	温度/℃	硬度HRC	
T7 T7A	760～780	水	61～63	180～200	60～62	制造承受震动或冲击及需要在适当硬度下具有较大韧性的工具，如凿子、打铁用模、各种锤子、木工木具、石钻（软岩石用）等
T8 T8A	760～780	水	61～63	180～200	60～62	制造承受震动及需要足够韧性而具有较高硬度的工具，如简单模子、冲头、剪切金属用剪刀、木工工具、煤用凿等
T9 T9A	760～780	水	62～64	180～200	60～62	制造具有一定硬度及韧性的冲头、冲模、木工工具、凿岩用凿子等
T10 T10A	760～780	水，油	62～64	180～200	60～62	制造不受震动及锋利刃口上有少许韧性的工具，如刨刀、拉丝模、冷冲模、手锯锯条、硬岩用钻子等
T12 T12A	760～780	水，油	62～64	180～200	60～62	制造不受震动及需要极高硬度和耐磨性的各种工具，如丝锥、锋利的外科刀具、锉刀、刮刀等

碳素工具钢的缺点是淬透性低，须用水作淬火介质（水淬火可以淬透 Ø15～18，而油淬火仅能淬透 Ø5～7），容易产生淬火变形，特别是形状复杂的工具，应该特别注意；其次是回火稳定性小，热硬性差，刃部受热至 200～250℃时，其硬度和耐磨性已迅速下降。因此，碳素工具钢只能用于制造刃部受热程度较低的手用工具、低速及小走刀量的机用工具。

（2）低合金刃具钢　常用的低合金刃具钢有 9SiCr、9Mn2V、CrWMn 等，其化学成分、热处理及用途举例如表 4-13 所示。

表 4-13　常用低合金刃具钢的化学成分、热处理及用途

钢号	化学成分（%）					淬火			回火		用途举例
	C	Mn	Si	Cr	其他	温度/℃	介质	HRC（不低于）	温度/℃	HRC	
9SiCr	0.85～0.95	0.3～0.6	1.2～1.6	0.95～1.25		850～870	油	62	190～200	60～63	板牙，丝锥，绞刀，搓丝板，冷冲模等
CrWMn	0.9～1.05	0.8～1.1	0.15～0.35	0.9～1.2	1.2～1.6W	820～840	油	62	140～160	62～65	长丝锥，长绞刀，板牙，拉刀，量具，冷冲模等
CrMn	1.3～1.5	0.45～0.75	≤0.40	1.3～1.6		840～860	油	62	130～140	62～65	长丝锥，拉刀，量具等
9Mn2V	0.85～0.95	1.7～2.0	≤0.40		0.01～0.25V	780～820	油	62	150～200	58～63	丝锥，板牙，样板，量规，中小型模具，磨床主轴，精密丝杠等

表 4-14　常用高速钢的化学成分、热处理、特性及用途

名称	钢号	主要化学成分(%) C	W	Mo	Cr	V	Al或Co	热处理温度/℃ 退火	淬火	回火	硬度 退火后HB	回火后HRC	热硬性HRC*	用途
钨高速钢	W18Cr4V (18-4-1)	0.70～0.80	17.50～19.00	≤0.30	3.80～4.40	1.00～1.40	—	860～880	1260～1300	550～570	207～255	63～66	61.5～62	制造一般高速切削用车刀、刨刀、钻头、铣刀等
高碳钨高速钢	95W18Cr4V	0.90～1.00	17.50～19.00	≤0.30	3.80～4.40	1.00～1.40	—	860～880	1260～1280	570～580	241～269	67.5	64～65	在切削不锈钢及其他硬或韧的材料时，可显著提高刀具寿命与被加工零件的光洁度
钨钼高速钢	W6Mo5Cr4V2 (6-5-4-2)	0.80～0.90	5.75～6.75	4.75～5.75	3.80～4.40	1.80～2.20	—	840～860	1220～1240	550～570	≤241	63～66	60～61	制造要求耐磨性和韧性很好配合的高速切削刀具，如丝锥、钻头等；并适用于采用轧制、扭制热变形加工成形新工艺来制造钻头等刀具
高钒的钨钼高速钢	W6Mo5Cr4V3 (6-5-4-3)	1.10～1.25	5.75～6.75	4.75～5.75	3.80～4.40	2.80～3.30	—	840～885	1200～1240	550～570	≤255	>65	64	制造要求耐磨性和热硬性较高的，耐磨性和韧性较好配合的，形状稍为复杂的刀具，如拉刀、铣刀等
超硬高速 高碳高钒高速钢	W12Cr4V4Mo	1.25～1.40	10.50～13.00	0.90～1.20	3.80～4.40	3.80～4.40	—	840～860	1240～1270	550～570	≤262	>65	64～64.5	只宜制造形状简单的刀具或仅需很少磨削的刀具。优点：硬度热硬性高，耐磨性优越，切削性能良好，使用寿命长；缺点：韧性有所降低，可磨削性和可锻性均差
超硬高速 含钴高速钢	W6Mo5Cr4V2Co8	0.80～0.90	5.5～6.70	4.8～6.20	3.80～4.40	1.80～2.20	7.00～9.00 (Co)	870～900	1220～1260	540～590	≤269	64～66	64	制造形状简单截面较粗的刀具，如直径在15mm以上的钻头，某几种车刀；而不宜制造形状复杂的薄刃成型刀具或承受单位载荷较高的小截面刀具。
超硬高速 含钴高速钢	W18Cr4VCo10	0.70～0.80	18.00～19.00	—	3.80～4.40	1.00～1.40	9.00～10.00 (Co)	870～900	1270～1320	540～590	≤277	66～68	64	用于加工难切削材料，例如高温合金、难熔金属、超高强度钢、钛合金以及奥氏体不锈钢等，也用于切削硬度≤HB300-350合金调质钢
超硬高速 含铝高速钢	W6Mo5Cr4V2Al	1.10～1.20	5.75～6.75	4.75～5.75	3.80～4.40	1.80～2.20	1.00～1.30 (Al)	850～870	1220～1250	550～570	255～267	67～69	65	在加工一般材料时刀具使用寿命为18-4-1的二倍，在切削难加工的超高速强度钢，耐热钢，耐热合金时，其使用寿命接近钴高速钢
超硬高速 含铝高速钢	W10Mo4Cr4V3Al (5F-6)	1.30～1.45	9.00～10.50	3.50～4.50	3.50～4.50	2.70～3.20	0.70～1.20 (Al)	845～855	1230～1260	540～560	≤269	67～69	65.5～67.5	

* 将淬火后试样在 600℃加热四次，每次 1h。

在低合金工具钢中常加入的合金元素有 Cr、Si、Mn、Mo、V 等，为避免碳化物的不均匀性，其总量一般不超过 4%。9SiCr 钢是一种常用的合金刃具钢，也经常作为冷冲模具钢使用。9SiCr 钢相当于在 T9 钢的基础上加入 1.2%～1.6%的硅和 0.95%～1.25%铬。由于硅和铬的加入，使钢的临界点有所升高。9SiCr 钢生产中的应用很广，特别是用于制造各种薄刃刀具，如板牙、丝锥等。

3. 高速钢

高速钢是一种高合金工具钢，含有 W、Mo、Cr、V 等合金元素，其总量超过 10%。

高速钢的主要特性是具有良好的热硬性，当切削温度高达 600℃左右时硬度仍无明显下降，能以比低合金工具钢更高的切削速度进行切削加工。高速钢的品种有几十种之多，它们具有不同的性能、适用于制造各种用途和不同类型的高速切削刀具。表 4-14 为常用的几种高速钢的化学成分、热处理、硬度、热硬性及用途。

现以应用较广泛的 W18Cr4V 钢为例，说明合金元素的作用及热处理特点。W18Cr4V 钢简称 18-4-1，各合金元素的作用如下：

(1)碳　一方面要保证能与钨、铬、钒形成足够数量的碳化物，另一方面又要有一定的碳溶于高温奥氏体，获得过饱和的马氏体，以保证高硬度、高耐磨性，以及高的热硬性。

(2)钨　钨是保证高速钢热硬性的主要元素，它与钢中的碳形成钨的碳化物。

(3)铬　铬的主要作用是提高钢的淬透性，改善耐磨性和提高硬度。

(4)钒　钒的主要作用是细化晶粒，同时提高钢的硬度和耐磨性。

W18Cr4V 钢的应用很广，适于制造一般高速切削用车刀、刨刀、钻头、铣刀等。下面就以 W18Cr4V 钢制造的盘形齿轮铣刀为例，说明其热处理工艺方法的选定和工艺路线的安排。

盘形齿轮铣刀的主要用途是铣制齿轮，在工作过程中，齿轮铣刀往往会磨损、变钝而失去切削能力，因此要求齿轮铣刀经淬火回火后，应保证具有高硬度(刃部硬度要求为 63～66HRC)、高耐磨性及热硬性，盘形齿轮铣刀生产过程的工艺路线如下：

下料→锻造→退火→机加工→淬火→回火→喷砂→磨加工→成品

锻造后必须经过退火，以降低硬度(退火后硬度为 207～255HBS)，消除内应力，并为随后淬火、回火处理作好组织准备。为了缩短退火时间，高速钢的退火一般采用等温退火，其退火工艺为 860～880℃加热，740～750℃等温 6h，炉冷至 500～550℃后出炉空冷。退火后可直接进行机械加工，但为了使齿轮铣刀在铲削后齿面有较高的表面质量，需要在铲削前增加调质处理，即在 900～920℃加热，油中冷却，然后在 700～720℃回火 1～8h。调质后的组织为回火索氏体+碳化物，其硬度为 26～33HRC。

W18Cr4V 钢制齿轮铣刀的淬火工艺如图 4-3 所示。由图可见，W18Cr4V 钢盘形齿轮铣刀在淬火之前先要进行一次预热(800～840℃)。由于高速钢导热性差、塑性低，而淬火温度又很高，假如直接加热到淬火温度就很容易产生变形与裂纹，所以必须预热。对于大型或形状复杂的工具，还要采用两次预热。

高速钢的热硬性主要取决于马氏体中合金元素的含量，对热硬性影响最大的元素 W 及 V，在奥氏体中的溶解度只有在 1000℃以上时才有明显的增加。在 1270～1280℃时，奥氏体中约含有 7%～8%的钨，4%的铬，1%的钒，温度再高，奥氏体晶粒就会迅速长大，淬火状态下残余奥氏体的量也会迅速增多，降低高速钢的性能，所以其淬火温度一般为 1270～

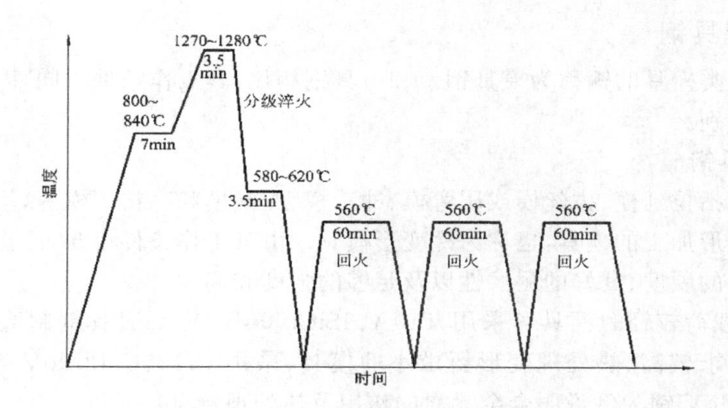

图 4-3 W18Cr4V 钢制齿轮铣刀的淬火工艺

1280℃。高速钢刀具淬火加热时间一般按 8～15s/mm(厚度)计算,淬火方法根据具体情况确定,本例采用 580～620℃在中性盐中进行一次分级淬火,可以减小工件的变形与开裂,对于小型或形状简单的刀具也可采用油淬。

W18Cr4V 钢的硬度与回火温度之间的关系如图 4-4 所示。由图可知,在 550～570℃回火时硬度最高。因为在此温度范围内,钨及钒的碳化物(W_2C,VC)呈细小分散状从马氏体中弥散沉淀析出,这些碳化物很稳定,难以聚集长大,从而提高了钢的硬度,这就是所谓"弥散硬化";在此温度范围内,一部分碳及合金元素也从残余奥氏体中析出,降低了残余奥氏体中碳及合金元素含量,提高了马氏体转变温度,当随后冷却时,就会有部分残余奥氏体转变为马氏体,使钢的硬度得到提高。

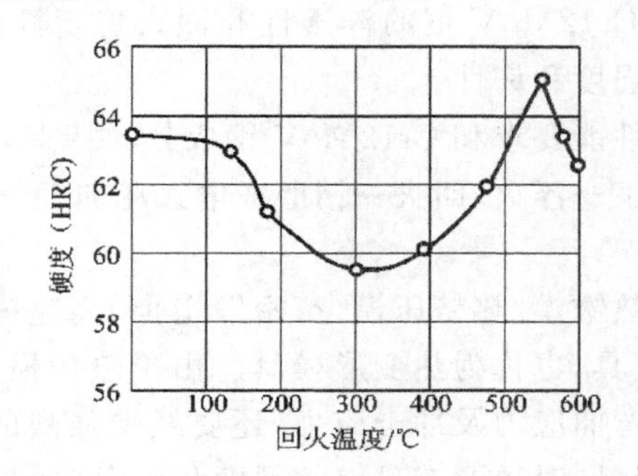

图 4-4 W18Cr4V 钢硬度与回火温度的关系

由于 W18Cr4V 钢在淬火状态约有 20%～25%的残余奥氏体,一次回火难以全部消除,经三次回火后才可使残余奥氏体减至最低量(一次回火后约剩 15%,二次回火后约剩 3%～5%,三次回火后约剩 1%～2%)。并且后一次回火还可以消除前一次回火中由于奥氏体转变为马氏体所产生的内应力。回火后的组织由回火马氏体+少量残余奥氏体+碳化物所组成。

W6Mo5Cr4V2 为生产中广泛应用的另一种高速钢,其热塑性、使用状态的韧性、耐磨性等均优于 W18Cr4V 钢,热硬性不相上下,并且碳化物细小,分布均匀,密度小,价格便宜,但磨削加工性稍差,脱碳敏感性较大。W6Mo5Cr4V2 的淬火温度为 1220～1240℃,可用于制造要求耐磨性和韧性配合良好的高速切削刀具如丝锥、钻头等。

4.4.2 模具钢

用于制造各类模具的钢称为模具钢。和刃具钢相比，其工作条件不同，因而对模具钢性能要求也有所区别。

1. 冷作模具钢

冷作模具包括拉延模、拔丝模或压弯模、冲裁模、冷镦模和冷挤压模等，均属于在室温冷下对金属进行变形加工的模具，也称为冷变形模具。由其工作条件可知，冷作模具钢所要求的性能主要是高的硬度、良好的耐磨性以及足够的强度和韧性。

尺寸较小、载荷较轻的模具可采用 T10A、9SiCr、9Mn2V 等刃具钢制造；尺寸较大的、重载的或性能要求较高、热处理变形要求小的模具，采用 Cr12、Cr12MoV 等 Cr12 型钢制造。现以 Cr12MoV 钢为例说明合金元素的作用及热处理特点。

Cr12MoV 钢的化学成分为 $w_c=1.45\sim1.70\%$、$w_{Cr}=10.00\%\sim12.50\%$、$w_{Mo}=0.40\%\sim0.60\%$、$w_v=0.15\%\sim0.30\%$，各合金元素的作用如下：

(1)碳　既要保证与铬、钼、钒等形成足够数量的碳化物；又要保证马氏体中存在一定的碳过饱和度，以获得高硬度、高耐磨性以及较高的热硬性。

(2)铬　是钢中的主要合金元素，与碳所形成的 Cr7C3 或(Cr，Fe)7C3 具有极高的硬度(约为 1820HV)，极大地增加了钢的耐磨性，使 Cr12MoV 成为一种具有高耐磨性的模具钢。铬在 Cr12MoV 钢中，提高了钢的淬透性，可使截面厚度为≤300～400mm 的模具在油中能全部淬透，而获得高的强度。此外，由于 Cr12MoV 钢在淬火后存在有较多的残余奥氏体，用 Cr12MoV 钢制成的模具具有微变形特征。铬还能提高钢的回火稳定性以及产生“二次硬化现象。

(3)钼和钒　除能改善 Cr12MoV 钢的淬透性和回火稳定性外，还可细化晶粒、改善碳化物的不均匀性，提高钢的强度和韧性。

根据冲孔落料模规格、性能要求和 Cr12MoV 钢成分的特点，制定其生产过程的工艺路线如下：锻造→退火→机加工→淬火、回火→精磨或电火花加工→成品。

2. 热作模具钢

热作模具包括热锻模、热镦模、热挤压模、精密锻造模、高速锻模等，均属于在受热状态下对金属进行变形加工的模具，也称为热变形模具。由于热作模具是在非常苛刻的条件下工作，承受压应力、张应力、弯曲应力及冲击应力，还要经受强烈的摩擦，因此必须具有高的强度以及与韧性的良好配合，同时还要有足够的硬度和耐磨性；工作时经常与炽热的金属接触，型腔表面温度高达 400～600℃，因此必须具有高的回火稳定性；工作中反复受到炽热金属的加热和冷却介质冷却的交替作用，极易引起“龟裂”现象，即所谓“热疲劳”，因此还必须具有抗热疲劳能力。此外，由于热作模具一般尺寸较大，因而还要求热作模具钢具有高的淬透性和热导性。

综上所述，一般的碳素工具钢和低合金工具钢是不能满足性能要求的，一般中、小型热锻模具(高度小于 250mm 为小型模具；高度在 250～400mm 为中型模具)均采用 5CrMnMo 钢来制造；而大型热锻模具则采用 5CrNiMo 钢制造，因为它的淬透性比较好，强度和韧性亦比较高。

钢中各合金元素的作用如下：

(1)碳　钢中的碳含量为 0.50%～0.60%。从热锻模的工作条件出发，碳含量不能过

高，以免降低钢的热导性和韧性；钢中碳含量也不能过低，否则无法保证强度、硬度和耐磨性的要求。

(2)铬　钢中的铬是提高淬透性的重要元素，同时还能提高钢的回火稳定性。

(3)镍　在5CrNiMo钢中，镍与铬能显著提高钢的淬透性；镍固溶于铁素体中，在强化铁索体的同时，还可以增加钢的韧性，使5CrNiMo钢获得良好的综合力学性能。因此，5CrNiMo钢适用于大型热锻模具。

(4)锰　在5CrMnMo钢中，锰能显著提高钢的淬透性，但锰固溶于铁索体中，在强化铁索体的同时使韧性有所降低。因此5CrMnMo钢只适用于中、小型热锻模具。

(5)钼　在两种钢中均含有0.16%～0.30%的钼，其主要作用在于防止产生第二类回火脆性。同时，钼还有细化晶粒、提高淬透性、提高回火稳定性等作用。

5CrMnMo钢的应用很广，特别适用于各种中、小型热锻模。

4.4.3　量具钢

1. 对量具钢的要求

根据量具的工作性质，其工作部分应有高的硬度(≥56HRC)与耐磨性，某些量具要求热处理变形小，在存放和使用的过程中，尺寸不能发生变化，始终保持其高精度，并要求有好的加工工艺性。

2. 量具用钢及热处理

高精度的精密量具如塞规、块规等，常采用热处理变形较小的钢制造，如CrMn、CrWMn、GCr15钢等；精度较低、形状简单的量具，如量规、样套等可采用T10A、T12A、9SiCr等钢制造，也可选用10、15钢经渗碳热处理或50、55、60、60Mn、65Mn钢经高频感应加热处理后制造精度要求不高，但使用频繁，碰撞后不致拆断的卡板、样板、直尺等量具。

4.5　特殊性能钢

所谓特殊性能钢是指不锈钢、耐热钢、耐磨钢等一些具有特殊化学和物理性能的钢。

4.5.1　不锈钢

1. 金属腐蚀的基本概念

腐蚀是金属制件失效的主要方式之一。腐蚀分为化学腐烛和电化学腐蚀两种。钢在高温下的氧化属于典型的化学腐蚀，而钢在常温下的氧化主要是属于电化学腐蚀。金属抵抗高温氧化性气氛腐蚀的能力称为抗氧化性，含有铝、铬、硅等元素的合金钢在高温时能形成比较致密的氧化铝、氧化铬、氧化硅等氧化膜，能阻挡外界氧原子的进一步扩散，提高了钢的抗氧化性。有时利用渗铝、渗铬等表面化学热处理方法，可使碳钢获得良好的抗氧化性。

在化学腐蚀过程中不发生电化学反应(即在化学反应过程中无电流产生)，而在电化学腐蚀过程中有电化学反应发生(即在化学反应过程中有电流产生)，形成了原电池或微电池，使金属在电解质溶液中产生电化学作用而遭到腐蚀。

2. 常用不锈钢

(1)铬不锈钢　主要有1Cr13、2Cr13、3Cr13，4Cr13、1Cr17等，其化学成分、热处理、机

械性能及用途如表 4-15 所示。

表 4-15　常用铬不锈钢的主要成分、热处理、组织、机械性能及用途

类别	钢号	化学成分(%)		热处理工艺	组织	机械性能						用途
		C	Cr			σ_b/MPa	σ_s/MPa	δ/%	ψ/%	A_k/J	硬度HRC	
马氏体型	1Cr13	0.08～0.15	12～14	1000～1050℃油或水淬 700～790℃回火	回火索氏体	≥600	≥420	≥20	≥60	≥72	HB 187	制作能抗弱腐蚀性介质、能承受冲击负荷的零件，如汽轮机叶片、水压机阀、结构架、螺栓、螺帽等
	2Cr13	0.16～0.24	12～14	1000～1050℃油或水淬 700～790℃回火	回火索氏体	≥600	≥450	≥16	≥55	≥64	—	
	3Cr13	0.25～0.34	12～14	1000～1050℃油淬 200～300℃回火	回火马氏体						48	制作具有较高硬度和耐磨性的医疗工具、量具、滚珠轴承
	4Cr13	0.35～0.45	12～14	1000～1050℃油淬 200～390℃回火	回火马氏体						50	同上
铁素体型	1Cr17	≤0.12	16～18	750～800℃空冷	铁素体	≥400	≥250	≥20	≥50			制作硝酸工厂设备，如吸收塔、热交换器、酸槽、输送管道，及食品工厂设备等

Cr13 型不锈钢中得平均含铬量为 13%，主要作用是提高钢的耐蚀性。1Cr13、2Cr13 钢常用来制造汽轮机叶片、水压机阀、结构架、螺栓、螺帽等零件，但 2Cr13 钢的强度稍高，而耐蚀性差些。

3Cr13 钢常用于制造要求弹性较好的夹持器械，如各种手术钳及医用镊子等；而 4Cr13 钢由于其含碳量稍高，适合于制造要求较高硬度和耐磨性的外科刃具，如手术剪、手术刀等。

(2)铬镍不锈钢(18-8 型)　18-8 型镍铬不锈钢相当于我国标准钢号中的 18-9 型铬镍不锈钢，在国标中共有 5 个钢号：0Cr18Ni9、1Cr18Ni9、2Cr18Ni9、0Cr18Ni9Ti 和 1Cr18Ni9Ti。其化学成分、热处理，力学性能及用途如表 4-16 所示。

铬镍不锈钢属于奥氏体型不锈钢钢，其强度、硬度均很低，无磁性，塑性、韧性及耐蚀性均较 Cr13 型不锈钢为好；适合于冷作成型，焊接性较好，一般采取冷加工变形强化措施来提高其强度；与 Cr13 型钢比较，切削加工性较差，在一定条件下会产生晶间腐蚀，应力腐蚀倾向较大。

表 4-16　18-8 型不锈钢的化学成分、热处理、力学性能及用途

钢号	化学成分(%)				热处理	机械性能				特性及用途
	C	Cr	Ni	Ti		σ_b/MPa	σ_s/MPa	δ_5/%	ψ/%	
0Cr18Ni9	≤0.08	17～19	8～12		1050～1000℃ 水淬（固溶处理）	≥490	≥180	40	≥60	具有良好的耐蚀及耐晶间腐蚀性能，为化学工业用的良好耐蚀材料
1Cr18Ni9	≤0.14	17～19	8～12		1050～1050℃ 水淬（固溶处理）	≥550	≥200	≥45	≥50	制作耐硝酸、冷磷酸、有机酸及盐、碱溶液腐蚀的设备零件
0Cr18Ni9Ti	≤0.08	17～19	8～10	5×(C%－0.02)～0.8	1050～1050℃ 水淬（固溶处理）	≥550	≥200	≥40	≥55	耐酸容器及设备衬里，输送管道等设备和零件，抗磁仪表，医疗器械，具有较好的耐晶间腐蚀性
1Cr18Ni9Ti	≤0.12	17～19	8～10	5×(C%－0.02)～0.8						

4.5.2　耐热钢

1. 耐热性的一般概念

耐热钢就是在高温下不发生氧化，并对机械负荷作用具有较高抗力的钢，包括抗氧化钢和耐热钢。

(1)金属的抗氧化性　金属的抗氧化性是保证零件长期在高温下工作的重要条件。抗氧化能力的高低主要由材料的成分决定。在钢中加入足够的 Cr、Si、Al 等元素，可使钢件表面在高温下与氧接触时，能生成致密的高熔点氧化膜，严密地覆盖住钢的表面，保护钢件免于高温气体的继续腐蚀。例如钢中含有 15%的铬时，其抗氧化温度可高达 900℃；若含有 20%～25%的铬，则抗氧化温度可达 1000℃。

(2)金属的高温强度　金属在高温下所表现出的力学性能与室温下的力学性能有很大区别。当温度超过再结晶温度时，除受机械力的作用产生塑性变形和加工硬化外，同时还可发生再结晶和软化的过程。当工作温度高于金属的再结晶温度、工作应力超过金属在该温度下的弹性极限时，随着时间的延长，金属将发生极其缓慢的变形，这种现象称为“蠕变”。金属的蠕变抗力愈大，即表示金属高温强度愈高。

2. 抗氧化钢

在高温下有较好的抗氧化性、又有一定强度的钢称为抗氧化钢。多用于制造炉用零件和热交换器，如燃气轮机燃烧室、锅炉吊挂、加热炉底板和辊道以及炉管等。

抗氧化钢大多是在铬钢、铬镍钢或铬锰氮钢基础上添加硅或铝而配制成的。常用抗氧化钢举例如表 4-17 所示。

表中所列 3Cr18Ni25Si2 是早期使用的钢，因含镍量过高不符合我国资源情况，现已逐渐采用前两种钢代替，但抗氧化性稍差。在室温下，2Cr20Mn9 和 3Cr18Mn12Si2N 钢的 lixue 性能并不比 3Cr18Ni25Si2 钢差，而且还具有良好的铸造性能，所以经常制成铸件使用。这三种钢属于奥氏体类型，不仅具有良好抗氧化性，而且有抗硫腐蚀和抗渗碳能力，还能进行剪切、冷热冲压和焊接。

3. 热强钢

所谓热强钢是指在高温下具有一定的抗氧化能力、较高的强度以及良好的组织稳定性的钢。汽轮机、燃气机的转子和叶片、锅炉过热器、高温工作的螺栓、内燃机进、排气阀等均用此类钢制造。

常用的热强钢有珠光体钢、马氏体钢、贝氏体钢、奥氏体钢等几种。

(1)珠光体钢　这类钢在 600℃以下温度范围内使用，所含合金元素最少，其总量一般不超过 3%～5%，广泛用于动力、石油等工业部门作为锅炉用钢及管道材料。常用的珠光体钢有 15CrMo、12Cr1MoV 等，其化学成分、热处理、力学性能及用途见表 4-18。

(2)马氏体钢　前面提到的 Cr13 型马氏体不锈钢除具有较高的抗蚀性外，还具有一定的耐热性，所以 1Cr13 及 2Cr13 等钢既可作为不锈钢，又可作为热强钢来使用。1Cr13 钢的碳含量较低，其热强性比 2Cr13 钢稍优，常用作汽轮机叶片。1Cr13 可在 450～475℃使用，而 2Cr13 只能用到 400～450℃。

1Cr10MoV 和 1Cr12WMoV 钢是在 1Cr13 和 2Cr13 钢基础上发展起来的马氏体钢，这类热强钢具有较好的热强性、组织稳定性及工艺性。1Cr10MoV 钢适宜于制造 540℃以下汽轮机叶片、燃气轮机叶片、增压器叶片；1Crl2WMoV 钢适宜于制造 680℃以下汽轮机叶片、燃气轮机叶片。这两种热强钢的化学成分、热处理、力学性能见表 4-19。

(3)贝氏体钢　贝氏体钢中钼、钨、钒的作用与珠光体钢中相似，钢中硅的作用主要是提高钢的抗氧化性，代替铬的作用，但硅不能提高钢的热强性，当硅的含量超过 3%时，会导致室温塑性急剧降低并损害钢在高温下的塑性变形能力。贝氏体钢虽然与珠光体钢一样也用于制造锅炉钢管，但贝氏体钢所制造的锅炉钢管能承受更高的温度和压力。

(4)奥氏体钢　这类热强钢在 600～700℃温度范围内使用，含大量的合金元素，尤其是含有较多的 Cr 和 Ni 元素，其总量大大超过 10%。广泛应用于汽轮机、燃气轮机、航空、舰艇、火箭、电炉石油及化工等工业部门中，常用的奥氏体钢有 1Cr18Ni9Ti、4Cr14Ni14W2Mo 等。1Cr18Ni9Ti 既是奥氏体不锈钢，又是一种广泛应用的奥氏体热强钢，其抗氧化性可达 700～900℃，600℃左右有足够的热强性，在锅炉及汽轮机制造方面常用来生产 610℃以下的过热器管道及构件等。

4.5.3　耐磨钢

耐磨钢主要指在冲击载荷作用下产生冲击硬化的高锰钢，主要化学成分是含碳 1.0%～1.3%，含锰 10%～14%。由于这种钢机械加工比较困难，基本上都是铸造成型，因而将其钢号写成 ZGMn13。在高锰钢铸件的铸态组织中存在着大量的碳化物，因而表现出硬而脆、耐磨性差的特性，不能实际应用。实践证明，高锰钢只有在全部获得奥氏体组织时才呈现出最为良好的韧性和耐磨性。

高锰钢广泛应用于既耐磨损又耐冲击的零件。在铁路交通方面，高锰钢可用于铁道上的撤叉、撤尖、转辙器及小半经转弯处的轨条等。因为高锰钢件不仅具有良好的耐磨性，而

且由于其材质坚韧，不会突然折断；即使有裂纹产生，由于加工硬化作用，也会抵抗裂纹的继续扩展，使裂纹扩展缓慢而易被发觉。另外，高锰钢在寒冷气候条件下，还有良好的力学性能，不会发生冷脆；高锰钢用于挖掘机的铲斗、各式碎石机的颚板、衬板，显示出了非常优越的耐磨性；高锰钢在受力变形时，能吸收大量的能量，受到弹丸射击时也不易穿透，因此高锰钢也常用于制造防弹钢板以及保险箱钢板等；高锰钢还大量用于挖掘机、拖拉机、坦克等的履带板、主动轮、从动轮和履带支承滚轮等；由于高锰钢是非磁性的，也可用于既耐磨损又抗磁化的零件，如吸料器的电磁铁罩。

表 4-17　常用抗氧化钢的主要成分、热处理、性能及用途

钢　号	化学成分（%）						热处理	室温机械性能				用途举例
	C	Si	Mn	Cr	Ni	N		σ_b/MPa	σ_s/MPa	δ_5/%	ψ/%	
3Cr18Mn12Si2N	0.22～0.30	1.40～2.20	10.50～12.50	17.0～19.0	—	0.22～0.30	1000～1050℃油、水或空冷（固溶处理）	70	40	35	45	锅炉吊钩，渗碳炉构件，最高使用温度约为 1000℃
2Cr20Mn9Ni2Si2N	0.17～0.26	1.80～2.70	8.50～10.0	18.0～21.0	2.0～3.0	0.20～0.30	同上	65	40	35	45	
3Cr18Ni25Si2	0.30～0.40	1.50～2.50	≤1.50	17.0～20.0	23.0～26.0	—	同上	65	35	25	40	各种热处理炉、坩埚炉构件和耐热铸件，可使用到 1000℃

表 4-18　常用珠光体热强钢的化学成分、热处理、力学性能及用途

钢　号	化学成分（%）				热处理	室温机械性能				高温机械性能/MPa	用途举例
	C	Cr	Mo	V		σ_b/MPa	σ_s/MPa	δ_5/%	A_k/J		
15CrMo	0.12～0.18	0.80～1.10	0.40～0.55		930～960℃正火，680～730℃回火	240	450	21	48	500℃：$\sigma_{105}=100\sim140$ $\sigma_{1/105}=80$ 550℃：$\sigma_{105}=50\sim70$ $\sigma_{1/105}=45$	壁温≤550℃的过热器，≤510℃的高中压蒸汽导管和锻件，亦用于炼油工业
12Cr1MoV	0.08～0.15	0.90～1.20	0.25～0.35	0.15～0.30	980～1020℃正火，720～760℃回火	260	480	21	48	520℃：$\sigma_{105}=160$ $\sigma_{1/105}=130$ 580℃：$\sigma_{105}=80$ $\sigma_{1/105}=60$	壁温≤580℃过热器，≤540℃导管

表 4-19 1Cr10MoV 及 1Cr12WMoV 钢的化学成分、热处理及力学性能

钢号	化学成分(%)					热处理	室温机械性能					高温机械性能/MPa
	C	Cr	Mo	W	V		σ_b/MPa	σ_s/MPa	δ_5/%	ψ/%	A_k/J	
1Cr10MoV	0.10～0.18	10.0～10.5	0.50～0.70	—	0.25～0.40	1050℃油淬720～740℃空冷或油冷	700	500	16	55	48	550℃: σ_{105}=152～170 $\sigma_{1/105}$=63
1Cr12WMoV	0.12～0.18	10.0～13.0	0.50～0.70	0.70～1.10	0.15～0.35	1000℃油冷680～700℃空冷或油冷	750	600	15	45	48	580℃: σ_{105}=120 $\sigma_{1/105}$=55

本章小结

本章主要介绍了低合金钢和合金钢的分类、性能、热处理和应用，要求了解合金元素在钢中的作用，掌握工业用钢的分类、牌号、性能和选用。

思考与习题

1. 钢按化学成分分为几类？其中碳及合金元素的质量分数范围怎样？
2. 按用途写出下列钢号的名称，并说明牌号中数字和字母的含义：
   T12，40Cr，60Si2Mn，GCr15，ZGMn13，W18Cr4V
3. 常用刃具钢有哪几类？W18Cr4V 钢中合金元素的作用是什么？
4. 量具钢有哪些性能要求？
5. 不锈钢为什么不锈？

第5章 铸 铁

铸铁是wC>2.11%的铁碳合金。它是以铁、碳、硅为主要组成元素,并比碳钢含有较多的锰、硫、磷等杂质元素的多元合金。铸铁件生产工艺简单,成本低廉,并且具有优良的铸造性、切削加工性、耐磨性和减振性等。因此,铸铁件广泛应用于机械制造、冶金、矿山及交通运输等部门。按质量百分比统计,在各类机械中,铸铁件约占40%~70%,在机床和重型机械中,则达到60%~90%。

5.1 概 述

5.1.1 铸铁的成分和性能特点

1. 成分与组织特点

工业上常用铸铁的成分(质量分数)一般为含碳2.5%~4.0%、含硅1.0%~3.0%、含锰0.5%~1.4%、含磷0.01%~0.5%、含硫0.02%~0.2%。为了提高铸铁的力学性能或某些物理、化学性能,还可以添加一定量的Cr、Ni、Cu、Mo等合金元素,得到合金铸铁。

铸铁中的碳主要是以石墨(G)形式存在的,所以铸铁的组织是由钢的基体和石墨组成的。铸铁的基体有珠光体、铁素体、珠光体加铁素体三种,它们都是钢中的基体组织。因此,铸铁的组织特点,可以看作是在钢的基体上分布着不同形态的石墨。

2. 铸铁的性能特点

铸铁的力学性能主要取决于铸铁的基体组织及石墨的数量、形状、大小和分布。石墨的硬度仅为3~5HBS,抗拉强度约为20MPa,伸长率接近于零,故分布于基体上的石墨可视为空洞或裂纹。由于石墨的存在,减少了铸件的有效承载面积,且受力时石墨尖端处产生应力集中,大大降低了基体强度的利用率。因此,铸铁的抗拉强度、塑性和韧性比碳钢低。

由于石墨的存在,使铸铁具有了一些碳钢所没有的性能,如良好的耐磨性、消振性、低的缺口敏感性以及优良的切削加工性能。此外,铸铁的成分接近共晶成分,因此铸铁的熔点低,约为1200℃左右,液态铸铁流动性好,此外由于石墨结晶时体积膨胀,所以铸造收缩率低,其铸造性能优于钢。

5.1.2 铸铁的石墨化及影响因素

1. 铁碳合金双重相图

碳在铸件中存在的形式有渗碳体(Fe3C)和游离状态的石墨(G)两种。渗碳体是由铁原子和碳原子所组成的金属化合物,它具有较复杂的晶格结构。若将渗碳体加热到高温,则可分解为铁素体或奥氏体与石墨,即Fe3C→F(A)+G。这表明石墨是稳定相,而渗碳体仅是介(亚)稳定相。因此。描述铁碳合金结晶过程的相图应有两个,即前述的 Fe-Fe3C 相图和 Fe-G 相图。为了便于比较和应用,习惯上把这两个相图合画在一起,称为铁碳合金双重相图,如图 5-1 所示。图中实线表示 Fe-Fe3C 相图,虚线表示 Fe-G 相图,凡虚线与实线重合的线条都用实线表示。

2. 石墨化过程

(1)石墨化方式　铸铁组织中石墨的形成过程称为石墨化过程。铸铁的石墨化有以下两种方式:

①按照 Fe-G 相图,从液态和固态中直接析出石墨。在生产中经常出现的石墨飘浮现象,就证明了石墨可从铁液中直接析出。

②按照 Fe-Fe3C 相图结晶出渗碳体,随后渗碳体在一定条件下分解出石墨。

(2)石墨化过程　现以过共晶合金的铁液为例,当它以极缓慢的速度冷却,并全部按 Fe-G 相图进行结晶时,则铸铁的石墨化过程可分为三个阶段:

第一阶段(液相—共晶阶段):从液体中直接析出石墨,包括过共晶液相沿着液相线 C'D'冷却时析出的一次石墨 GI,以及共晶转变时形成的共晶石墨 G 共晶。

第二阶段(共晶—共析阶段):过饱和奥氏体沿着 E'S'线冷却时析出的二次石墨 GⅡ。

第三阶段(共析阶段):在共析转变阶段,由奥氏体转变为铁素体和共析石墨 G 共析。

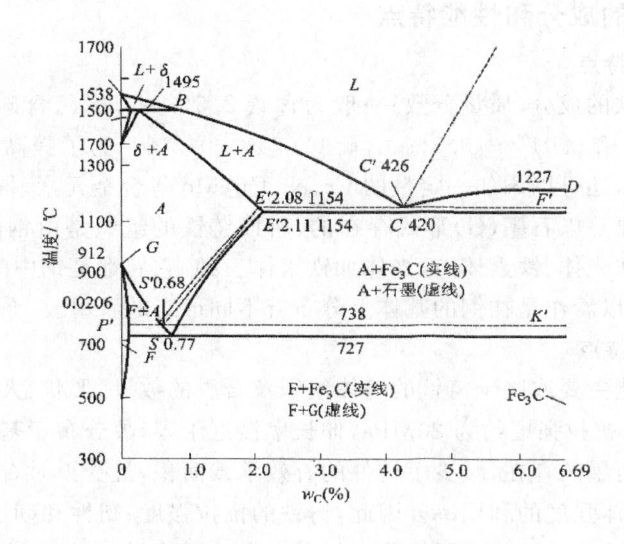

图 5-1　铁碳合金双重相图

上述成分的铁液若按 Fe-Fe3C 相图进行结晶,然后由渗碳体分解出石墨,则其石墨化过程同样可分为三个阶段:

第一阶段:一次渗碳体和共晶渗碳体在高温下分解而析出石墨;

第二阶段:二次渗碳体分解而析出石墨;

第三阶段:共析渗碳体分解而析出石墨。

石墨化过程是原子扩散过程,所以石墨化的温度愈低,原子扩散愈难,因而愈不易石墨化。显然,由于石墨化程度的不同,将获得不同基体的铸铁组织。

3. 影响石墨化的因素

影响铸铁石墨化的主要因素是化学成分和结晶过程中的冷却速度。

(1)化学成分的影响　主要为碳、硅、锰、硫、磷的影响,具体影响如下:

①碳和硅　碳和硅是强烈促进石墨化的元素,铸铁中碳和硅的含量愈高,便越容易石墨化。这是因为随着含碳量的增加,液态铸铁中石墨晶核数增多,所以促进了石墨化。硅与铁原子的结合力较强,硅溶于铁素体中,不仅会削弱铁、碳原子间的结合力,而且还会使共晶点的含碳量降低,共晶温度提高,这都有利于石墨的析出。

②锰　锰是阻止石墨化的元素。但锰与硫能形成硫化锰,减弱了硫的有害作用,结果又间接地起着促进石墨化的作用,因此,铸铁中含锰量要适当。

③硫　硫是强烈阻止石墨化的元素,硫不仅增强铁、碳原子的结合力,而且形成硫化物后,常以共晶体形式分布在晶界上,阻碍碳原子的扩散。此外,硫还降低铁液的流动性和促使高温铸件开裂。所以硫是有害元素,铸铁中含硫量愈低愈好。

④磷　磷是微弱促进石墨化的元素,同时它能提高铁液的流动性,但形成的 Fe3P 常以共晶体形式分布在晶界上,增加铸铁的脆性,使铸铁在冷却过程中易于开裂,所以一般铸铁中磷含量也应严格控制。

(2)冷却速度的影响　在实际生产中,往往存在同一铸件厚壁处为灰铸铁,而薄壁处却出现白口铸铁。这种情况说明,在化学成分相同的情况下,铸铁结晶时,厚壁处由于冷却速度慢,有利于石墨化过程的进行,薄壁处由于冷却速度快,不利于石墨化过程的进行,如图5-2所示。

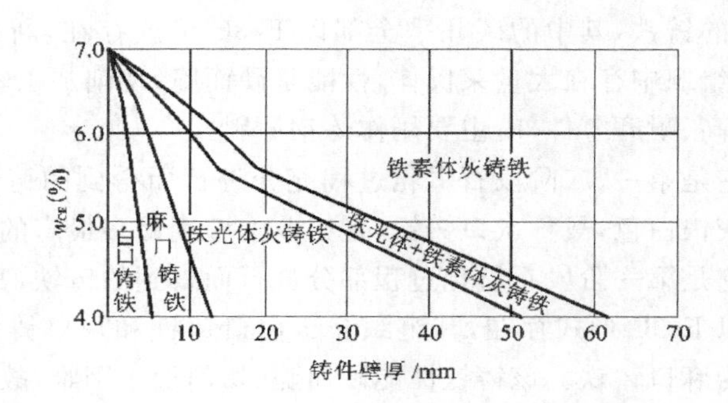

图 5-2　铸件壁厚和化学成分对铸铁组织的影响

根据上述影响石墨化的因素可知,当铁液的碳当量较高,结晶过程中的冷却速度较慢时,易于形成灰铸铁。相反,则易形成白口铸铁。

5.1.3　铸铁的组织与石墨化的关系

在实际生产中,由于化学成分、冷却速度以及孕育处理、铁水净化情况的不同,各阶段石墨化过程进行的程度也会不同,从而可获得各种不同金属基体的铸态组织。现把灰铸铁、球墨铸铁、蠕墨铸件、可锻铸铁的铸态组织与石墨化进行的程度之间的关系如表5-1所示。

表 5-1 铸铁组织与石墨化进行程度之间的关系

铸铁名称	铸铁显微组织	石墨化进行的程度	
		第一阶段石墨化	第二阶段石墨化
灰口铸铁	F+G片 F+P+G片 P+G片	完全进行	完全进行 部分进行 未进行
球墨铸铁	F+G球 F+P+G球 P+G球	完全进行	完全进行 部分进行 未进行
蠕墨铸铁	F+G蠕虫 F+P+G蠕虫	完全进行	完全进行 部分进行
可锻铸铁	F+G团絮 P+G团絮	完全进行	完全进行 未进行

5.1.4 铸铁的分类

1. 按石墨化程度分类

根据铸铁在结晶过程中石墨化过程进行的程度可分为三类：

(1)白口铸铁　它是第一、第二、三阶段的石墨化过程全部被抑制，而完全按照 Fe-Fe3C 相图进行结晶而得到的铸铁，其中的碳几乎全部以 Fe3C 形式存在，断口呈银白色，故称为白口铸铁。此类铸铁组织中存在大量莱氏体，性能是硬而脆，切削加工较困难。除少数用来制造不需加工的硬度高、耐磨零件外，主要用作炼钢原料。

(2)灰口铸铁　它是第一、二阶段石墨化过程充分进行而得到的铸铁，其中碳主要以石墨形式存在，断口呈灰银白色，故称灰口铸铁，是工业上应用最多最广的铸铁。

(3)麻口铸铁　它是第一阶段石墨化过程部分进行而得到的铸铁，其中一部分碳以石墨形式存在，另一部分以 Fe3C 形式存在，其组织介于白口铸铁和灰口铸铁之间，断口呈黑白相间构成麻点，故称为麻口铸铁。该铸铁性能硬而脆、切削加工困难，故工业上使用也较少。

2. 按灰口铸铁中石墨形态分类

根据灰口铸铁中石墨存在的形态不同，可将铸铁分为以下四种。

(1)灰铸铁　铸铁组织中的石墨呈片状。这类铸铁力学性能较差，但生产工艺简单，价格低廉，工业上应用最广。

(2)可锻铸铁　铸铁中的石墨呈团絮状。其力学性能好于灰铸铁，但生产工艺较复杂，成本高，故只用来制造一些重要的小型铸件。

(3)球墨铸铁　铸铁组织中的石墨呈球状。此类铸铁生产工艺比可锻铸铁简单，且力学性能较好，故得到广泛应用。

(4)蠕墨铸铁　铸铁组织中的石墨呈短小的蠕虫状。蠕墨铸铁的强度和塑性介于灰铸铁和球墨铸铁之间。此外，它的铸造性、耐热疲劳性比球墨铸铁好，因此可用来制造大型复杂的铸件，以及在较大温度梯度下工作的铸件。

5.2 灰铸铁

5.2.1 灰铸铁的成分、组织与性能特点

1. 灰铸铁的化学成分

铸铁中碳、硅、锰是调节组织的元素，磷是控制使用的元素，硫是应限制的元素。目前生产中，灰铸铁的化学成分范围一般为：$w_C=2.7\%\sim3.6\%$，$w_{Si}=1.0\%\sim2.5\%$，$w_{Mn}=0.5\%\sim1.3\%$，$w_P\leqslant0.3\%$，$w_S\leqslant0.15\%$。

2. 灰铸铁的组织

灰铸铁是第一阶段和第二阶段石墨化过程都能充分进行时形成的铸铁，它的显微组织特征是片状石墨分布在各种基体组织上。

从灰铸铁中看到的片状石墨，实际上是一个立体的多枝石墨团。由于石墨各分枝都长成翘曲的薄片，在金相磨片上

所看到的仅是这种多枝石墨团的某一截面，因此呈孤立的长短不等的片状（或细条状）石墨，其立体形态如图 5-3 所示。

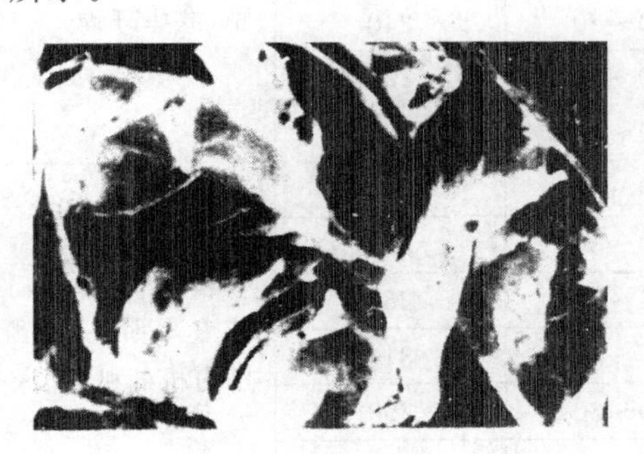

图 5-3 扫描电子显微镜下的片状石墨形态

3. 灰铸铁的性能特点

灰铸铁组织相当于以钢为基体加片状石墨。基体中含有比钢更多的硅、锰等元素，这些元素可溶于铁素体中而使基体强化。因此，其基体的强度与硬度不低于相应的钢。片状石墨的强度、塑性、韧性几乎为零，可近似地把它看成是一些微裂纹，它不仅割断了基体的连续性，缩小了承受载荷的有效截面，而且在石墨片的尖端处导致应力集中，使材料形成脆性断裂。故灰铸铁的抗拉强度、塑性、韧性和弹性模量远比相应基体的钢低，石墨片的数量愈多，尺寸愈粗大，分布愈不均匀，对基体的割裂作用和应力集中现象愈严重，则铸铁的强度、塑性与韧性就愈低。

由于灰铸铁的抗压强度 σ_{bc}、硬度与耐磨性主要取决于基体，石墨的存在对其影响不大，故灰铸铁的抗压强度一般是其抗拉强度的 3～4 倍。同时，珠光体基体比其他两种基体的灰铸铁具有较高的强度、硬度与耐磨性。

表 5-2 灰铸铁的牌号、力学性能及用途(摘自 GB9439—88)

牌号	铸铁类别	铸件壁厚/mm	最小抗拉强度 σ_b/MPa	适用范围及举例
HT100	铁素体灰铸铁	2.5～10	130	低载荷和不重要的零件,如盖、外罩、手轮、支架、重锤等
		10～20	100	
		20～30	90	
		30～50	80	
HT150	珠光体+铁素体灰铸铁	2.5～10	175	承受中等应力(抗弯应力小于 100 MPa)的零件,如支柱、底座、齿轮箱、工作台、刀架、端盖、阀体、管路附件及一般无工作条件要求的零件。
		10～20	145	
		20～30	130	
		30～50	120	
HT200	珠光体灰铸铁	2.5～10	220	承受较大应力(抗弯应力小于 300 MPa)和较重要的零件,如汽缸体、齿轮、机座、飞轮、床身、缸套、活塞、刹车轮、联轴器、齿轮箱、轴承座、液压缸等
		10～20	195	
		20～30	170	
		30～50	160	
HT250		4.0～10	270	
		10～20	240	
		20～30	220	
		30～50	200	
HT300	孕育铸铁	10～20	290	承受高弯曲应力(小于 500 MPa)及抗拉应力的重要零件,如齿轮、凸轮、车床卡盘、剪床和压力机的机身、床身、高压液压缸、滑阀壳体等
		20～30	250	
		30～50	230	
HT350		10～20	340	
		20～30	290	
		30～50	260	

5.2.2 灰铸铁的孕育处理

灰铸铁组织中石墨片比较粗大,因而它的力学性能较低。为了提高灰铸铁的力学性能,生产上常进行孕育处理。孕育处理就是在浇注前往铁液中加入少量孕育剂,改变铁液的结晶条件,从而获得细珠光体基体加上细小均匀分布的片状石墨组织的工艺过程。经孕育处理后的铸铁称为孕育铸铁。

5.2.3 灰铸铁的牌号和应用

1. 灰铸铁的牌号

灰铸铁的牌号以其力学性能来表示。依照 GB 5612—85《铸铁牌号表示方法》,灰铸铁的牌号以"HT"起首,其后以三位数字来表示,其中"HT"表示灰铸铁,数字为其最低抗拉强度值。例如,HT200,表示以 ϕ30mm 单个铸出的试棒测出的抗拉强度值大于 200MPa(但小于 300MPa)。依照 GB 5675—85,灰铸铁共分为 HT100、HT150、HT200、HT250、HT300、HT350 六个牌号。其中,HT100 为铁素体灰铸铁,HT150 为珠光体—铁素体灰铸铁,

HT200 和 HT250 为珠光体灰铸铁，HT300 和 HT350 为孕育铸铁。

2. 灰铸铁的应用

表 5-2 列出了不同壁厚灰铸铁件抗拉强度和用途举例。

5.2.4 灰铸铁的热处理

1. 消除内应力退火

铸件在铸造冷却过程中容易产生内应力，可能导致铸件变形和裂纹，为保证尺寸的稳定，防止变形开裂，对一些大型复杂的铸件，如机床床身、柴油机汽缸体等，往往需要进行消除内应力的退火处理(又称人工时效)。工艺规范一般为：加热温度 500～550℃，加热速度一般在 60～120℃/h，经一定时间保温后，炉冷到 150～220℃ 出炉空冷。

2. 改善切削加工性退火

灰口铸铁的表层及一些薄截面处，由于冷速较快，可能产生白口，硬度增加，切削加工困难，故需要进行退火降低硬度，其工艺规程依铸件壁厚而定。厚壁铸件加热至 850～950℃，保温 2～3h；薄壁铸件加热至 800～850℃，保温 2～5h。冷却方法根据性能要求而定，如果主要是为了改善切削加工性，可采用炉冷或以 30～50℃/h 速度缓慢冷却。若需要提高铸件的耐磨性，采用空冷，可得到珠光体为主要基体的灰铸铁。

3. 表面淬火

表面淬火的目的是提高灰铸铁件的表面硬度和耐磨性。其方法除感应加热表面淬火外，铸铁还可以采用接触电阻加热表面淬火。

5.3 球墨铸铁

5.3.1 球墨铸铁的生产方法

球墨铸铁一般生产过程如下：

(1)制取铁水　制造球墨铸铁所用的铁水碳含量要高(3.6%～4.0%)，但硫、磷含量要低。为防止浇注温度过低，出炉的铁水温度必须高达 1400℃以上。

(2)球化处理和孕育处理　它们是制造球墨铸铁的关键，必须严格操作。

球化剂的作用是使石墨呈球状析出，国外使用的球化剂主要是金属镁，我国广泛采用的球化剂是稀土镁合金。稀土镁合金中的镁和稀土都是球化元素，其含量均小于 10%，其余为硅和铁。以稀土镁合金作球化剂，结合了我国的资源特点，其作用平稳，减少了镁的用量，还能改善球墨铸铁的质量。球化剂的加入量一般为铁水重量的 1.0%～1.6%(视铸铁的化学成分和铸件大小而定)。

孕育剂的主要作用是促进石墨化，防止球化元素所造成的白口倾向。常用的孕育剂为硅含量 75%的硅铁，加入量为铁水重量的 0.4%～1.0%。

5.3.2 球墨铸铁的成分、组织与性能特点

1. 球墨铸铁的成分

球墨铸铁的化学成分与灰铸铁相比，其特点是含碳与含硅量高，含锰量较低，含硫与含磷量低，并含有一定量的稀土与镁。由于球化剂镁和稀土元素都起阻止石墨化的作用，并使

共晶点右移，所以球墨铸铁的碳当量较高。一般 $w_C=3.6\%\sim4.0\%$，$w_{Si}=2.0\%\sim3.2\%$。

锰有去硫、脱氧的作用，并可稳定和细化珠光体。故要求珠光体基体时，$w_{Mn}=0.6\%\sim0.9\%$；要求铁素体基体时，$w_{Mn}<0.6\%$。

硫、磷是有害元素，其含量愈低愈好。硫不但易形成 MgS、Ce_2S_3 等消耗球化剂，引起球化不良，而且还会形成夹杂等缺陷，而磷会降低球墨铸铁的塑性。一般原铁水液中 $w_s<0.07\%$，$w_P<0.1\%$。

2. 球墨铸铁的组织

球墨铸铁的组织特征：球铁的显微组织由球形石墨和金属基体两部分组成。随着成分和冷速的不同，球铁在铸态下的金属基体可分为铁素体、铁素体＋珠光体、珠光体三种，如图5-4 所示。在光学显微镜下观察时，石墨的外观接近球形。

3. 球墨铸铁的性能特点

由于球墨铸铁中的石墨呈球状，因此，球墨铸铁的基体强度利用率可高达 70%～90%，而灰铸铁的基体强度利用率仅为 30%～50%。所以球墨铸铁的抗拉强度、塑性、韧性不仅高于其他铸铁，而且可与相应组织的铸钢相媲美，如疲劳极限接近一般中碳钢；而冲击疲劳抗力则高于中碳钢；特别是球墨铸铁的屈强比几乎比钢提高一倍，一般钢的屈强比为 0.35～0.50，而球墨铸铁的屈强比达 0.7～0.8。在一般机械设计中，材料的许用应力是按屈服强度来确定的，因此，对于承受静载荷的零件，用球墨铸铁代替铸钢，就可以减轻机器重量。但球墨铸铁的塑性与韧性却低于钢。

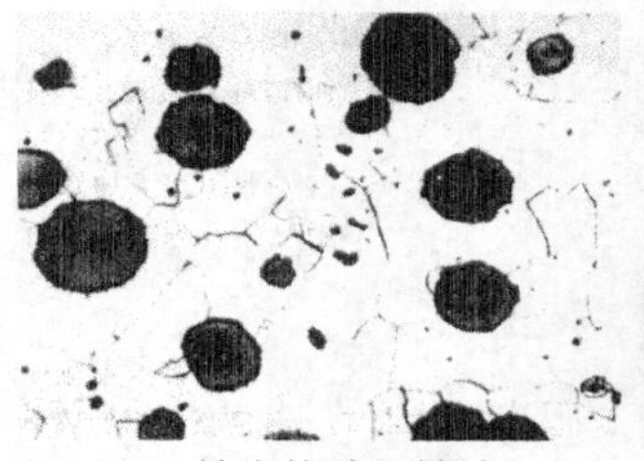
(a) 铁素体球墨铸铁

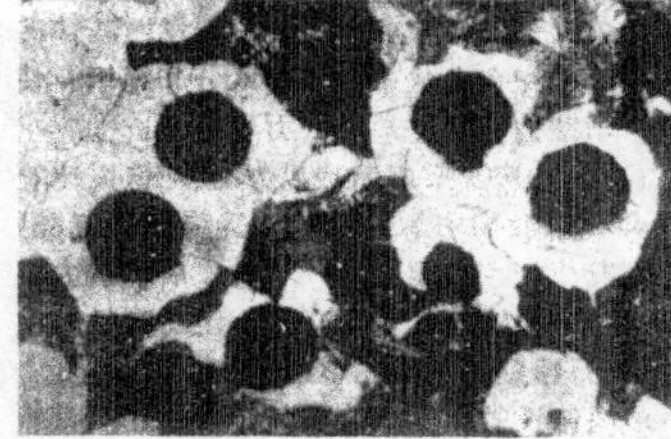
(b) 铁素体+珠光体球墨铸铁

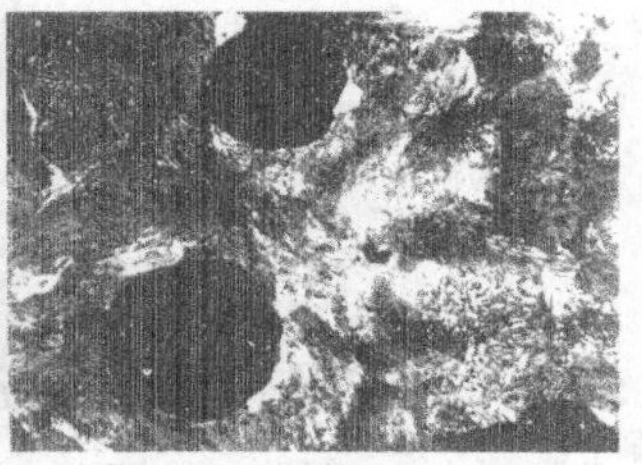
(c) 珠光体球墨铸铁

图 5-4 球墨铸铁的显微组织

球墨铸铁中的石墨球愈小、愈分散，球墨铸铁的强度、塑性、韧性愈好，反之则差。球墨铸铁的力学性能还与其基体组织有关。铁素体基体具有高的塑性和韧性，但强度与硬度较低，耐磨性较差。珠光体基体强度较高，耐磨性较好，但塑性、韧性较低。铁素体＋珠光体基体的性能介于前两种基体之间。经热处理后，具有回火马氏体基体的硬度最高，但韧性很低；下贝氏体基体则具有良好的综合力学性能。

5.3.3 球墨铸铁的牌号与应用

我国国家标准中列有七个球墨铸铁牌号，如表 5-3 所示。我国球墨铸铁牌号的表示方法是用“QT”代号及其后面的两组数字组成。“QT”为球铁二字的汉语拼音字头，第一组数字代表最低抗拉强度值，第二组数字代表最低伸长率值。表中 a_k 为无缺口试样值。

由表可见，球墨铸铁通过热处理可获得不同的基体组织，其性能可在较大范围内变化，加上球墨铸铁的生产周期短，成本低(接近于灰铸铁)，因此，球墨铸铁在机械制造业中得到

了广泛的应用。它成功地代替了不少碳钢、合金钢和可锻铸铁，用来制造一些受力复杂，强度、韧性和耐磨性要求高的零件。如具有高强度与耐磨性的珠光体球墨铸铁，常用来制造拖拉机或柴油机中的曲轴、连杆、凸轮轴，各种齿轮、机床的主轴、蜗杆、蜗轮、轧钢机的轧辊、大齿轮及大型水压机的工作缸、缸套、活塞等。具有高的韧性和塑性铁素体基体的球墨铸铁，常用来制造受压阀门、机器底座、汽车的后桥壳等。

表 5-3 球墨铸铁的牌号及力学性能

牌号	基体组织	力学性能(不小于)				
		σ_b/MPa	$\sigma_{0.2}$/MPa	δ(%)	a_k/(J/cm²)	HBS
QT400-7	F	400	250	17	60	≤197
QT420-10	F	420	270	10	30	≤207
QT500-05	F+P	500	350	5	—	147～241
QT600-02	P	600	420	2	—	229～302
QT700-02	P	700	490	2	—	231～304
QT800-02	S回	800	560	2	—	241～321
QT1200-01	B下	1200	840	1	30	≥38HRC

5.3.4 球墨铸铁的热处理

球墨铸铁的热处理原理与钢大致相同，但由于球墨铸铁中含有较多的碳、硅等元素，而且组织中有石墨球存在，因此其热处理工艺与钢相比，具有其特殊性。

硅能提高共析转变温度、降低临界冷却速度、降低碳在奥氏体中的溶解，所以，球墨铸铁热处理加热温度较高，保温时间较长，淬火时的冷却速度较慢。同时，由于石墨的热导性较差，故球墨铸铁热处理时的加热速度不能太快，升温速度一般为 70～100℃/h。

球墨铸铁常用的热处理方法有退火、正火、等温淬火、调质处理等。

1. 退火

(1)去应力退火　球墨铸铁的弹性模量以及凝固时收缩率比灰铸铁高，故铸造内应力比灰铸铁约大两倍。对于不再进行其他热处理的球墨铸铁铸件，都应进行去应力退火。去应力退火工艺是将铸件缓慢加热到 500～620℃左右，保温 2～8h，然后随炉缓冷。

(2)石墨化退火　石墨化退火的目的是消除白口，降低硬度，改善切削加工性以及获得铁素体球墨铸铁。根据铸态基体组织不同，分为高温石墨化退火和低温石墨化退火两种。

2. 正火

球墨铸铁正火的目的是为了获得珠光体组织，并使晶粒细化、组织均匀，从而提高零件的强度、硬度和耐磨性，并可作为表面淬火的预先热处理。正火可分为高温正火和低温正火两种。

3. 等温淬火

当铸件形状复杂、又需要高的强度和较好的塑性与韧性时，正火已很难满足技术要求，而往往采用等温淬火。等温淬火后的组织为下贝氏体＋少量残余奥氏体＋少量马氏体＋球状石墨。

4. 调质处理

球墨铸铁经调质处理后，获得回火索氏体和球状石墨组织，硬度为 250～380HBS，具有良好的综合力学性能，故常用来调质处理来处理柴油机曲轴、连杆等重要零件。

一般也可在球墨铸铁淬火后，采用中温或低温回火处理。中温回火后获得回火托氏体基体组织，具有高的强度与一定韧性，例如用球墨铸铁制作的铣床主轴就是采用这种工艺。低温回火后获得回火马氏体基体组织，具有高的硬度和耐磨性，例如用球墨铸铁制作的轴承内外套圈就是采用这种工艺。

球墨铸铁除能进行上述各种热处理外，为了提高球墨铸铁零件表面的硬度、耐磨性、耐蚀性及疲劳极限，还可以进行表面热处理，如表面淬火、渗氮等。

5.4 可锻铸铁

5.4.1 可锻铸铁的生产方法

可锻铸铁的生产分为两个步骤：

第一步，浇注出白口铸件坯件。为了获得纯白口铸件，必须采用碳和硅的含量均较低的铁水。为了后面缩短退火周期，也需要进行孕育处理。常用孕育剂为硼、铝和铋。

第二步，石墨化退火。其工艺是将白口铸件加热至900～980℃保温约15h左右，使其组织中的渗碳体发生分解，得到奥氏体和团絮状的石墨组织。

5.4.2 可锻铸铁的成分、组织与性能特点

1. 可锻铸铁的成分

为了保证浇注后获得白口铸铁件，必须使可锻铸铁的化学成分有较低的含碳量和含硅量。其原因是若含碳和含硅量过高，由于它们都是强烈促进石墨化元素，故铸铁的铸态组织中就有片状石墨形成，并在随后的退火过程中，从渗碳体分解出的石墨将会附在片状石墨上析出，而得不到团絮状石墨。而且石墨数量也增多，使力学性能下降。但含碳和含硅量也不能太低，否则，不仅使退火时石墨化困难，增长退火周期，而且使熔炼困难和铸造性能变差。目前生产中，可锻铸铁的碳含量为$w_C=2.2\%\sim2.8\%$，硅含量为$w_{Si}=1.0\%\sim1.8\%$。

锰可消除硫的有害影响。但锰是阻止石墨化元素，含锰量过高要增长退火周期。生产中，根据可锻铸铁基体不同，锰含量可在$w_{Mn}=0.4\%\sim1.2\%$范围内选择。含硫与含磷量应尽可能降低，一般要求$w_p<0.2\%$、$w_s<0.18\%$。

2. 可锻铸铁的组织

可锻铸铁的组织特征是：完全石墨化退火后获得的铸铁，其显微组织如图5-5(a)所示，由铁素体和团絮石墨构成，称为铁素体基体可锻铸铁。只进行第一阶段石墨化退火，其显微组织如图5-5(b)所示，由珠光体和团絮状石墨构成，称为珠光体基体可锻铸铁。团絮状石墨的特征是：表面不规则，表面面积与体积之比值较大。

3. 可锻铸铁的性能特点

可锻铸铁的力学性能优于灰铸铁，并接近于同类基体的球墨铸铁，但与球墨铸铁相比，具有铁水处理简易、质量稳定、废品率低等优点。因此生产中，常用可锻铸铁制作一些截面较薄而形状较复杂、工作时受振动而强度、韧性要求较高的零件，因为这些零件如用灰铸铁制造，则不能满足力学性能要求，如用球墨铸铁铸造，易形成白口，如用铸钢制造，则因铸造

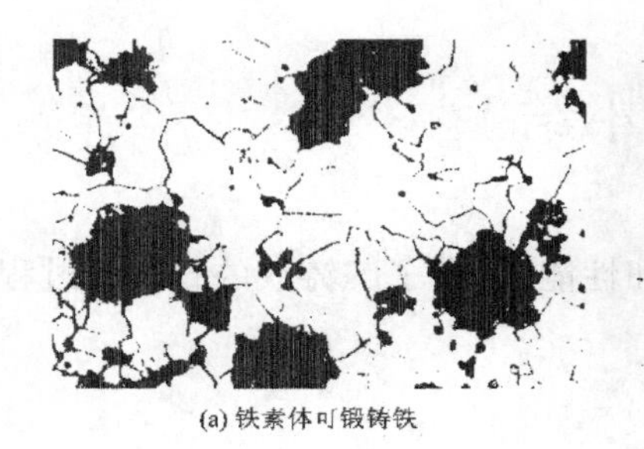
(a) 铁素体可锻铸铁

(b) 珠光体可锻铸铁

图 5-5 可锻铸铁的显微组织

性能较差，质量不易保证。

5.4.3 可锻铸铁的牌号与应用

表 5-4 为黑心可锻铸铁和珠光体可锻铸铁的牌号及力学性能。牌号中“KT”是“可铁”两字汉语拼音的第一个字母，其后面的“H”表示黑心可锻铸铁，“Z”表示珠光体可锻铸铁。符号后面的两组数字分别表示其最小的抗拉强度值(MPa)和伸长率值(%)。

表 5-4 可锻铸铁的牌号和力学性能

分类	牌号	试样直径/mm	σ_b/MPa	σ_S/MPa	δ/%	硬度HBS	使用举例
			不小于				
铁素体可锻铸铁	KTH300-06	12 或 15	300	186	6	120～150	管道、弯头、接头、三通、中压阀门
	KTH330-08	12 或 15	330	—	8	120～150	各种扳手、犁刀、犁拄；粗纺机和印花机盘头等
	KTH350-10	12 或 15	350	200	10	120～150	汽车、拖拉机中的前后轮壳、差速器壳、制动器支架；农机中的犁刀、犁拄；以及铁道扣板、船用电机壳等
	KTH370-12	12 或 15	370	226	12	120～150	
珠光体可锻铸铁	KTZ450-06	12 或 15	450	270	6	150～200	曲轴、凸轮轴、联杆、齿轮、摇臂、活塞环、轴套、犁刀、耙片、万向接头、棘轮、扳手、传动链条、矿车轮等
	KTZ550-04	12 或 15	550	340	4	180～250	
	KTZ650-02	12 或 15	650	430	2	210～260	
	KTZ700-02	12 或 15	700	530	2	240～290	

可锻铸铁的强度和韧性均较灰铸铁高，并具有良好的塑性与韧性，常用作汽车与拖拉机的后桥外壳、机床扳手、低压阀门、管接头、农具等承受冲击、震动和扭转载荷的零件；珠光体可锻铸铁塑性和韧性不及黑心可锻铸铁，但其强度、硬度和耐磨性高，常用作曲轴、连杆、齿轮、摇臂、凸轮轴等强度与耐磨性要求较高的零件。

本章小结

本章主要介绍了铸铁的分类、成分、组织和性能，要求了解铸铁的石墨化过程，掌握铸铁的牌号识别，以及铸铁的组织与性能。

思考与习题

1. 根据碳在铸铁中的形态不同，铸铁分为哪几类？
2. 石墨对铸铁的性能有哪些影响？铸铁中石墨存在的四种状态是什么？
3. 影响铸铁石墨化的主要因素是什么？
4. 写出下列牌号的名称，并说明牌号中数字和字母的含义。
   HT150，KTH350-10，QT600-3

第 6 章 其他金属材料

金属材料分为黑色金属和有色金属两大类。黑色金属主要是指钢和铸铁。而把其余金属,如铝、铜、锌、镁、铅、钛、锡等及其合金统称为有色金属。

与黑色金属相比,有色金属及其合金具有许多特殊的力学、物理和化学性能。因此,在空间技术、原子能、计算机等新型工业部门中有色金属材料应用很广泛。例如,铝、镁、钛等金属及其合金,具有比密度小、比强度高的特点,在航天航空工业、汽车制造、船舶制造等方面应用十分广泛。银、铜、铝等金属,导电性能和导热性能优良,是电器工业和仪表工业不可缺少的材料。钨、钼、铌是制造在 1300℃以上使用的高温零件及电真空元件的理想材料。本章仅介绍机械制造中广泛使用的铝、铜及其合金,轴承合金。

6.1 铝及铝合金

6.1.1 工业纯铝

工业上使用的纯铝,一般指其纯度为 99%～99.99%。纯铝具有下述性能特点:

(1)纯铝的密度较小(约 2.7g/cm^3);熔点为 660℃;具有面心立方晶格;无同素异晶转变,故铝合金的热处理原理和钢不同。

(2)纯铝的导电性、导热性很高,仅次于银、铜、金。在室温下,铝的导电能力为铜的 62%,但按单位质量导电能力计算,则铝的导电能力约为铜的 200%。

(3)纯铝是无磁性、无火花材料,而且反射性能好,既可反射可见光,也可反射紫外线。

(4)纯铝的强度很低(σ_b 为 80～100MPa),但塑性很高(δ=35%～40%,Ψ=80%)。通过加工硬化,可使纯铝的硬度提高(σ_b 为 150～200MPa),但塑性下降(Ψ=50%～60%)。

(5)在空气中,铝的表面可生成致密的氧化膜。它可隔绝空气,故在大气中具有良好的耐蚀性。但铝不能耐酸、碱、盐的腐蚀。

工业纯铝的主要用途是:代替贵重的铜合金,制作导线。配制各种铝合金以及制作要求质轻、导热或耐大气腐蚀但强度要求不高的器具。

6.1.2 铝合金

1. 铝合金的分类

铝合金可分为变形铝合金和铸造铝合金两大类。变形铝合金是将合金熔融铸成锭子后,再通过压力加工(轧制、挤压、模锻等)制成半成品或模锻件,故要求合金应有良好的塑性变形能力。铸造铝合金则是将熔融的合金直接铸成形状复杂的甚至是薄壁的成型体,故要求合金应具有良好的铸造流动性。

2. 铝合金的强化

含碳量较高的钢，在淬火后其强度、硬度立即提高，而塑性则急剧降低，而热处理可强化的铝合金却不同，当它加热到相区，保温后在水中快冷，其强度、硬度并没有明显升高，而塑性却得到改善，这种热处理称为固溶淬火（或固溶热处理）。淬火后，铝合金的强度和硬度随时间而发生显著提高的现象称为时效强化和时效硬化。室温下进行的时效称为自然时效，加热条件下进行的时效称为人工时效。

3. 铸造铝合金及其热处理

铸造铝合金要求具有良好的铸造性能，因此，合金组织中应有适当数量的共晶体。铸造铝合金的合金元素含量一般高于变形铝合金。常用的铸造铝合金中，合金元素总量约为8%～25%。铸造铝合金有铝硅系、铝铜系、铝镁系、铝锌系四种，其中以铝硅系合金应用最广。国家标准 GB1073-1986 规定，铸造铝合金牌号由 Z(铸)Al、主要合金元素的化学符号及其平均质量分数(%)组成。如果平均含量小于 1，一般不标数字，必要时可用一位小数表示。常用铸造铝合金的牌号(代号)、化学成分、力学性能与用途如表 6-1 所示。

(1)铝硅系铸造铝合金　又称为硅铝明，其特点是铸造性能好，线收缩小，流动性好，热裂倾向小，具有较高的抗蚀性和足够的强度，在工业上应用十分广泛。

这类合金最常见的是 ZL102，硅含量 $w_{Si}=10\%\sim13\%$，相当于共晶成分，铸造后几乎全部为(α+Si)共晶体组织。它的最大优点是铸造性能好，但强度低，铸件致密度不高，经过变质处理后可提高合金的力学性能。该合金不能进行热处理强化，主要在退火状态下使用。

(2)铝铜系铸造铝合金　这类合金的铜含量不低于 $w_{Cu}=4\%$。由于铜在铝中有较大的溶解度，且随温度的改变而改变，因此这类合金可以通过时效强化提高强度，并且时效强化的效果能够保持到较高温度，使合金具有较高的热强性。由于合金中只含少量共晶体，故铸造性能不好，抗蚀性和比强度也较优质硅铝明低，此类合金主要用于制造在 200～300℃ 条件下工作、要求较高强度的零件，如增压器的导风叶轮等。

(3)铝镁系铸造铝合金　这类合金有 ZL301、ZL303 两种，其中应用最广的是 ZL301。该类合金的特点是密度小，强度高，比其他铸造铝合金耐蚀性好。但铸造性能不如铝硅合金好，流动性差，线收缩率大，铸造工艺复杂。它一般多用于制造承受冲击载荷，耐海水腐蚀，外形不太复杂便于铸造的零件，如舰船零件。

(4)铝锌系铸造铝合金　与 ZL102 相类似，这类合金铸造性能很好，流动性好，易充满铸型，但密度较大，耐蚀性差。由于在铸造条件下锌原子很难从过饱和固溶体中析出，因而合金铸造冷却时能够自行淬火，经自然时效后就有较高的强度。该合金可以在不经热处理的铸态下直接使用，常用于汽车、拖拉机发动机的零件。

4. 变形铝合金及其热处理

变形铝合金可按其性能特点分为铝—锰系或铝—镁系、铝—铜—镁系、铝—铜—镁—锌系、铝—铜—镁—硅系等。这些合金常经冶金厂加工成各种规格的板、带、线、管等型材供应。

按 GB/T16474-1996 规定，变形铝合金牌号用四位字符体系表示，牌号的第一、二、四位为数字，第二位为“A”字母。牌号中第一位数字是依主要合金元素 Cu、Mn、Si、Mg、Mg_2Si、Zn 的顺序来表示变形铝合金的组别。例如 2A×× 表示以铜为主要合金元素的变形铝合金。最后两位数字用以标识同一组别中的不同铝合金。

常用变形铝合金的牌号、成分、力学性能如表 6-2 所示。

表 6-1 常用铸造铝合金的牌号(代号)、化学成分、力学性能和用途

类别	牌号(代号)	化学成分(余量为 Al)(质量分数)(%)					铸造方法①与合金状态③	力学性能(不低于)			用途②
		Si	Cu	Mg	Zn	Ti		σ_b/MPa	δ/%	HBS	
铝硅合金	ZAlSi12 (ZL102)	10.0～ 13.0	—	—	—		J,T2 SB,JB SB,JB,T2	155 145 135	2 4 4	50 50 50	抽水机壳体、工作温度在200℃以下,要求气密性承受低载荷的零件
铝硅合金	ZAlSi5Cu1Mg (ZL105)	4.5～ 5.5	1.0～ 1.5	0.4～ 0.6	—		J,T5 S,T5 S,T6	235 195 225	0.5 1.0 0.5	70 70 70	在 225℃以下工作的零件,如风冷发动机的气缸头
铝铜合金	ZAlCu5Mn (ZL201)	—	4.5～ 5.3	Mn0.6 ～1.0		0.15～ 0.35	S,T4 S,T5	295 335	8 4	70 90	支臂、挂架梁、内燃机气缸头、活塞等
铝铜合金	ZAlCu4 (ZL203)	—	4.0～ 5.0	—			S,T4 S,T5	195 215	6 3	60 70	形状简单,表面粗糙度要求较细的中等承载零件
铝镁合金	ZAlMg10 (ZL301)	—	—	9.5～ 10.0			S,T4	280	10	60	砂型铸造在大气或海水中工作的零件
铝锌合金	ZAlZn10Si7 (ZL401)	6.0～ 8.0	—	0.1 ～0.3	9.0 ～13.0		J,T1 S,T1	245 195	1.5 2	90 80	结构形状复杂的汽车、飞机零件

表 6-2 常用变形铝合金的代号、成分、力学性能

组别	牌号	化学成分					直径及板厚 mm	供应状态	试样①状态	力学性能		原代号
		$w_{Cu}\times100$	$w_{Mg}\times100$	$w_{Mn}\times100$	$w_{Zn}\times100$	$w_{其他}\times100$				σ_b/MPa	$\delta_{10}\times100$	
防锈铝	5A50	0.10	4.8～ 5.5	0.30～ 0.6	0.20	Si0.6Fe0.5	≤φ200	BR	BR	265	15	LF5
防锈铝	3A21	0.20	—	1.0～ 1.6	—	Si0.6Fe0.7 Ti0.15	所有	BR	BR	<167	20	LF21
硬铝	2A01	2.2～ 3.0	0.20～ 0.50	0.20	0.10	Si0.5Fe0.5 Ti0.15	—	—	BM BCZ	—	—	LY1
硬铝	2A10	3.8～ 4.8	0.40～ 0.80	0.40～ 0.8	0.30	Si0.7Fe0.7 Ti0.15	>2.5～ 4.0	Y	MCZ	<235 373	12 15	LY10
硬铝	2A12	3.8～ 4.9	1.2～ 1.8	0.30～ 0.90	0.30	Si0.5Fe0.5 Ti0.15	>2.5～ 4.0	Y	M CZ	≤216 456	14 8	LY12
超硬铝	7A04	1.4～ 2.0	1.8～ 2.8	0.20～ 0.60	5.0～ 7.0	Si0.5 Fe0.5 Cr0.10～0.25 Ti0.10	>0.5～ 4.0	Y	M	245	10	LC4
							>2.5～ 4.0	Y	Cs	490	7	
							φ20～ 100	BR	BCS	549	6	
锻铝	6A02	0.20～ 0.6	0.45～ 0.90	或 Cr0.15 ～0.35	—	Si0.5～1.2 Ti0.15Fe0.5	φ20～ 150	R,BCZ	BCS	304	8	LD2
锻铝	2A50	1.8～ 2.6	0.40～ 0.80	0.40～ 0.80	0.30	Si0.7～1.2 Ti0.15Fe0.7	φ20～ 150	R,BCZ	BCS	382	10	LD5

试样状态:B 不包铝(无 B 者为包铝的);R 热加工;M 退火;CZ 淬火+自然时效;CS 淬火+人工时数;C 淬火;Y 硬化(冷轧) 摘自 GB/T3190-1996、GB10569-89、GB10572-89

(1)铝—锰或铝—镁系合金　这类合金又叫防锈铝,它们的时效强化效果较弱,一般只能用冷变形来提高强度。

铝—锰系合金中 3A21 具有单相固溶体,所以有好的耐蚀性。又由于固溶强化,所以比纯铝与 3A21 有更高的强度。含镁量愈大,合金强度愈高。防锈铝的工艺特点是塑性及焊接性能好,常用拉延法制造各种高耐蚀性的薄板容器(如油箱等)、防锈蒙皮以及受力小、质轻、耐蚀的制品与结构件(如管道、窗框、灯具等)。

(2)铝—铜—镁系合金　这类合金又叫硬铝,是一种应用较广的可热处理强化的铝合金。硬铝中如含铜、镁量多,则强度、硬度高,耐热性好(可在 200℃以下工作),但塑性、韧性低。这类合金通过淬火时效可显著提高强度,σ_b 可达 420MPa,其比强度与高强度钢(一般指 σ_b 为 1000～1200MPa 的钢)相近,故名硬铝。硬铝的耐蚀性远比纯铝差,更不耐海水腐蚀,尤其是硬铝中的铜会导致其抗蚀性剧烈下降。为此,须加入适量的锰,对硬铝板材还可采用表面包一层纯铝或包覆铝,以增加其耐蚀性,但在热处理后强度稍低。

2A01(铆钉硬铝)有很好的塑性,大量用来制造铆钉。飞机上常用的铆钉材料为 2A10,它比 2A01 含铜量稍高,含镁量更低,塑性好,且孕育期长,还有较高的剪切强度。

2A10(标准硬铝)既有相当高的硬度,又有足够的塑性,退火状态可进行冷弯、卷边、冲压。时效处理后又可大大提高其强度,常用来制形状较复杂、载荷较低的结构零件,在仪器制造中也有广泛应用。

2A12 合金经淬火自然时效后可获得高强度,因而是目前最重要的飞机结构材料,广泛用于制造飞机翼肋、翼架等受力构件。2A12 硬铝还可用来制造 200℃以下工作的机械零件。

(3)铝—铜—镁—锌系合金　这类合金又叫超硬铝。

目前应用最广的超硬铝合金是 7A04。常用于飞机上受力大的结构零件,如起落架、大梁等。在光学仪器中,用于要求重量轻而受力较大的结构零件。

(4)铝—铜—镁—硅系合金　这类合金又叫锻铝。力学性能与硬铝相近,但热塑性及耐蚀性较高,更适于锻造,故名锻铝。由于其热塑性好,所以锻铝主要用作航空及仪表工业中各种形状复杂、要求比强度较高的锻件或模锻件,如各种叶轮、框架、支杆等。

6.2　铜及铜合金

6.2.1　工业纯铜

1. 工业纯铜的性质

纯铜又称紫铜,它的相对密度为 8.96g/cm^3,熔点为 1083.4℃。纯铜的导电性和导热性优良,仅次于银而居于第二位。纯铜具有面心立方晶格,无同素异构转变,强度不高,硬度很低,塑性极好,并有良好的低温韧性,可以进行冷、热压力加工。

纯铜具有很好的化学稳定性,在大气、淡水及冷凝水中均有优良的抗蚀性。但在海水中的抗蚀性较差,易被腐蚀。纯铜在含有 CO_2 的湿空气中,表面将产生碱性碳酸盐的绿色薄膜,又称铜绿。

2. 工业纯铜的用途

纯铜主要用于导电、导热及兼有耐蚀性的器材，如电线、电缆、电刷、防磁器械、化工用传热或深冷设备等。纯铜是配制铜合金的原料，铜合金具有比纯铜好的强度及耐蚀性，是电气仪表、化工、造船、航空、机械等工业部门中的重要材料。

6.2.2 铜合金

1. 铜合金的分类及牌号表示方法

(1)铜合金的分类　通常有下列两种分法：

①按化学成分　铜合金可分为黄铜、青铜及白铜(铜镍合金)三大类，在机器制造业中，应用较广的是黄铜和青铜。

黄铜是以锌为主要合金元素的铜—锌合金。其中不含其他合金元素的黄铜称普通黄铜(或简单黄铜)，含有其他合金元素的黄铜称为特殊黄铜(或复杂黄铜)。

青铜是以除锌和镍以外的其他元素作为主要合金元素的铜合金。按其所含主要合金元素的种类可分为锡青铜、铅青铜、铝青铜、硅青铜等。

②按生产方法　铜合金可分为压力加工产品和铸造产品两类。

(2)铜合金牌号表示方法　有加工铜合金和铸造铜合金之分：

①加工铜合金　其牌号由数字和汉字组成，为便于使用，常以代号替代牌号。

加工黄铜：普通加工黄铜代号表示方法为“H”＋铜元素含量(质量分数×100)。例如，H68 表示 $w_{Cu}=68\%$、余量为锌的黄铜。特殊加工黄铜代号表示方法为“H”＋主加元素的化学符号(除锌以外)＋铜及各合金元素的含量(质量分数×100)。例如，HPb59-1 表示 $w_{Cu}=59\%$，$w_{Pb}=1\%$、余量为锌的加工黄铜。

加工青铜：代号表示方法是“Q”(“青”的汉语拼音字首)＋第一主加元素的化学符号及含量(质量分数×100)＋其他合金元素含量(质量分数×100)。例如，QA15 表示 $w_{Al}=5\%$、余量为铜的加工铝青铜。

②铸造铜合金　铸造黄铜与铸造青铜的牌号表示方法相同，它是：“Z”＋铜元素化学符号＋主加元素的化学符号及含量(质量分数×100)＋其他合金元素化学符号及含量(质量分数×100)。例如，ZCu Zn38，表示 $w_{Zn}=38\%$、余量为铜的铸造普通黄铜；ZCuSn10P1 表示 $w_{Sn}=10\%$、$w_{P}=1\%$、余量为铜的铸造锡青铜。

2. 黄铜

(1)普通黄铜　常用黄铜的牌号、代号、成分、力学性能及用途如表 6-3 所示。

普通黄铜主要供压力加工用，按加工特点分为冷加工用 α 单相黄铜与热加工用 $\alpha+\beta'$ 双相黄铜两类。

H90(及 H80 等)。α 单相黄铜，有优良的耐蚀性、导热性和冷变形能力，并呈金黄色，故有金色黄铜之称。常用于镀层、及制作艺术装饰品、奖章、散热器等。

H68(及 H70)。α 单相黄铜，按成分称为七三黄铜。它具有优良的冷、热塑性变形能力，适宜用冷冲压(深拉延、弯曲等)制造形状复杂而要求耐蚀的管、套类零件，如弹壳、波纹管等，故又有弹壳黄铜之称。

H62(及 H59)。$\alpha+_{双}$ 相黄铜，按成分称为六四黄铜。它的强度较高，并有一定的耐蚀性，广泛用来制作电器上要求导电、耐蚀及适当强度的结构件，如螺栓、螺母、垫圈、弹簧及机器中的轴套等，是应用广泛的合金，有商业黄铜之称。

(2)特殊黄铜　在普通黄铜基础上,再加入其他合金元素所组成的多元合金称为特殊黄铜。常加入的元素有锡、铅、铝、硅、锰、铁等。特殊黄铜也可依据加入的第二合金元素命名,如锡黄铜、铅黄铜、铝黄铜等。

合金元素加入黄铜后,一般或多或少地能提高其强度。加入锡、铝、锰、硅后还可提高耐蚀性与减少黄铜应力腐蚀破裂的倾向。某些元素的加入还可改善黄铜的工艺性能,如加硅改善铸造性能,加铅改善切削加工性能等。

常用特殊黄铜的牌号、代号、成分、力学性能及用途如表 6-3 所示。

3. 青铜

青铜是人类应用最早的一种合金,原指铜锡合金。现在工业上把以铝、硅、铅、铍、锰、钛等为主加元素的铜基合金均称为青铜,分别称为铝青铜、铍青铜、硅青铜等,铜锡合金称为锡青铜。按照生产方式不同,青铜分为压力加工青铜和铸造青铜两类,其牌号、化学成分、力学性能及主要用途如表 6-4 所示。

(1)锡青铜　锡含量低于 8%的锡青铜称为压力加工锡青铜,锡含量大于 10%的锡青铜称为铸造锡青铜。锡青铜在大气、海水、淡水以及水蒸气中抗蚀性比纯铜和黄铜好,但在盐酸、硫酸及氨水中的抗蚀性较差。

(2)铝青铜　铝青铜是以铝为主加元素的铜合金,一般铝含量为 5%～10%。铝青铜的力学性能和耐磨性均高于黄铜和锡青铜,它的结晶温度范围小,不易产生化学成分偏析,而且流动性好,分散缩孔倾向小,易获得致密铸件,但收缩率大,铸造时应在工艺上采取相应的措施。

铝青铜的耐蚀性优良,在大气、海水、碳酸及大多数有机酸中具有比黄铜和锡青铜更高的耐蚀性。为了进一步提高铝青铜的强度和耐蚀性,可添加适量的铁、锰、镍元素。铝青铜可制造齿轮、轴套、蜗轮等高强度、耐磨的零件以及弹簧和其他耐蚀元件。

表 6-3　常用与常用特殊黄铜的代号、成分、力学性能及用途(摘自 BG2041-89,GB1076-87,GB5232-85)

组别	代号或牌号	化学成分		力学性能①			主要用途②
		$w_{Cu}\times100$	$w_{其他}\times100$	σ_b/MPa	$\delta\times100$	HBS	
普通黄铜	H90	88.0～91.0	余量 Zn	$\frac{245}{392}$	$\frac{35}{3}$	—	双金属片、供水和排水管、证章、艺术品
	H68	67.0～70.0	余量 Zn	$\frac{294}{392}$	$\frac{40}{13}$	—	复杂的冷冲压件、散热器外壳、弹壳、导管、波纹管、轴套
	H62	60.5～63.5	余量 Zn	$\frac{294}{412}$	$\frac{40}{10}$	—	销钉、铆钉、螺钉、螺母、垫圈、弹簧、夹线板
	ZCuZn38	60.0～63.0	余量 Zn	$\frac{295}{295}$	$\frac{30}{30}$	$\frac{59}{68.5}$	一般结构件如散热器、螺钉、支架等

续表

组别	代号或牌号	化学成分		力学性能①			主要用途②
		$w_{Cu}\times100$	$w_{其他}\times100$	σ_b/MPa	$\delta\times100$	HBS	
特殊黄铜	HSn62-1	61.0～63.0	0.7～1.1Sn 余量 Zn	$\frac{249}{392}$	$\frac{35}{5}$	—	与海水和汽油接触的船舶零件(又称海军黄铜)
	HSi80-3	79.0～81.0	2.5～4.5Si 余量 Zn	$\frac{300}{350}$	$\frac{15}{20}$	—	船舶零件,在海水、淡水和蒸汽(<265℃=条件下工作的零件
	HMn58-2	57.0～60.0	1.0～2.0Mn 余量 Zn	$\frac{382}{588}$	$\frac{30}{3}$	—	海轮制造业和弱电用零件
	HPb59-1	57.0～60.0	0.8～1.9Pb 余量 Zn	$\frac{343}{441}$	$\frac{25}{5}$	—	热冲压及切削加工零件,如销、螺钉、螺母、轴套(又称易削黄铜)
	ZCuZn40 Mn3Fel	53.0～58.0	3.0～4.0Mn 0.5～1.5Fe 余量 Zn	$\frac{440}{490}$	$\frac{18}{15}$	$\frac{98}{108}$	轮廓不复杂的重要零件,海轮上在 300℃以下工作的管配件,螺旋桨等大型铸件
	ZCuZn25A16 Fe3Mn3	60.0～66.0	4.5～7(Al)、2～4(Fe) 1.5～4.0(Mn) 余量 Zn	$\frac{725}{745}$	$\frac{7}{7}$	$\frac{166.5}{166.5}$	要求强度耐蚀零件如压紧螺母、重型蜗杆、轴承、衬套

①力学性能中分母的数值,对压力加工黄铜来说是指硬化状态(变形程度 50%)的数值,对铸造黄铜来说是指金属型铸造时的数值;分子数值,对压力加工黄铜为退火状态(600℃)时的数值,对铸造黄铜为砂型铸造时的数值。

②主要用途在 GB 标准中未作规定。

表 6-4 常用青铜的牌号(代号)、化学成分、力学性能及用途[1]

组别	牌号(代号)	化学成分(质量分数)(%)		力学性能[2]			主要用途
		第一主加元素	其他	σ_b/MPa	δ(%)	HBS	
压力加工锡青铜	(QSn4-3)	Sn3.5~4.5	Zn2.7~3.3 余量Cu	$\frac{350}{550}$	$\frac{40}{4}$	$\frac{60}{160}$	弹性元件、管配件、化工机械中耐磨零件及抗磁零件
铸造锡青铜	(QSn6.5-0.1)	Sn6.0~7.0	P0.1~0.25 余量Cu	$\frac{350\sim450}{700\sim800}$	$\frac{60\sim70}{7.5\sim12}$	$\frac{70\sim90}{160\sim200}$	弹簧、接触片、振动片、精密仪器中的耐磨零件
	ZCuSn10P1 (ZQSn10-1)	Sn9.0~10.5	P0.5~1.0 余量Cu	$\frac{220}{310}$	$\frac{3}{2}$	$\frac{80}{90}$	重要的减磨零件，如轴承、轴套、涡轮、摩擦轮、机床丝杆螺母
	ZCuSn5Zn5Pb5 (ZQSn5-5-5)	Sn4.0~6.0	Zn4.0~6.0 Pb4.0~6.0 余量Cu	$\frac{200}{200}$	$\frac{13}{13}$	$\frac{60}{65}$	中速、中等载荷的轴承、轴套、涡轮及1MPa压力下的蒸汽管配件和水管配件
特殊青铜	ZCuAl10Fe3 (ZQA19-4)	A18.5~10.0	Fe2.0~4.0 余量Cu	$\frac{490}{540}$	$\frac{13}{15}$	$\frac{100}{110}$	耐磨零件(压下螺母、轴承、涡轮、齿圈)及在蒸汽、海水中工作的高强度耐蚀件，250℃以下的管配件
	ZCuPb30 (ZQPb30)	Pb27.0~33.0	余量Cu	—	—	$\frac{-}{25}$	大功率航空发动机、柴油机曲轴及连杆的轴承
	(QBe2)	Be1.8~2.1	Ni0.2~0.5 余量Cu	$\frac{500}{850}$	$\frac{40}{3}$	$\frac{90}{250}$	重要的弹簧与弹性元件，耐磨零件以及在高速、高压和高温下工作的轴承

按 GB/T1076-1987 和 GB/T5233-1985 修正。

(3)铍青铜　铍青铜一般铍含量为1.7%～2.5%。铍青铜可以进行淬火时效强化,淬火后得到单相α固溶体组织,塑性好,可以进行冷变形和切削加工,制成零件后再进行人工时效处理,获得很高的强度和硬度(σ_b=1200～1400MPa,δ=2%～4%,330～400HBS),超过其他所有的铜合金。

铍青铜的弹性极限、疲劳极限都很高,耐磨性、抗蚀性、导热性、导电性和低温性能也非常好,此外,尚具有无磁性、冲击时不产生火花等特性。在工艺方面,它承受冷热压力加工的能力很好,铸造性能也好。但铍青铜价格昂贵。

铍青铜主要用来制作精密仪器、仪表的重要弹簧、膜片和其他弹性元件,钟表齿轮,还可以制造高速、高温、高压下工作的轴承、衬套、齿轮等耐磨零件,也可以用来制造换向开关、电接触器等。铍青铜一般是淬火状态供应,用它制成零件后可不再淬火而直接进行时效处理。

6.3　钛及钛合金

6.3.1　钛及钛合金的性能特点

钛是银白色金属,熔点为1680℃,密度为4.54g/cm³,具有重量轻、比强度高、耐高温、耐腐蚀及很高的塑性等优点。

钛在固态下具有同素异构转变:

$$\alpha-\mathrm{Ti} \rightleftharpoons \beta-\mathrm{Ti}$$

在882.5℃以下为密排六方晶格,称为α-Ti,α-Ti的强度高而塑性差,加工变形较困难,在882.5℃以上为体心立方晶格,称为β-Ti,它的塑性较好,易于进行压力加工。目前,由于钛及其合金的加工条件较复杂,成本较昂贵,这在很大程度上限制了它的应用。

6.3.2　钛合金的分类

为了进一步改善钛的性能,需进行合金化。根据钛合金热处理后的组织,可将其分为α型钛合金、β型钛合金和(α+β)型钛合金,牌号分别用TA、TB、TC并加上编号来表示,这是目前国内使用较普遍的钛合金分类方法。按性能特点和用途还可将钛合金分为结构钛合金、耐热钛合金、低温钛合金、耐蚀钛合金以及功能钛合金等。

6.3.3　常用的钛及钛合金材料

1. 工业纯钛

工业纯钛的钛含量一般在w_{Ti}=99.5%～99.0%之间,其室温组织为α相,有TA1、TA2、TA3三个牌号。工业纯钛塑性好,具有优良的焊接性能和耐蚀性能,长期工作温度可达300℃,可制成板材、棒材、线材等。主要用于飞机的蒙皮、构件和耐蚀的化学装置,反应器,海水淡化装置等。

工业纯钛不能进行热处理强化,实际使用中主要采用冷变形的方法对其进行强化,其热处理工艺主要有再结晶退火和消除应力退火。

2. α型钛合金

这类钛合金中主要加入元素是Al、Sn和Zr,合金在室温和使用温度下均处于α单相状态。α钛合金的室温强度低于β钛合金和(α+β)钛合金,但在500～600℃时具有良好的热强性和抗氧化能力，焊接性能也好，并可利用高温锻造的方法进行热成形加工。α型钛合金不能热处理强化，热处理工艺只有再结晶退火和去应力退火。

典型合金牌号为TA7，成分为Ti-5AL-2.5Sn，该合金使用温度不超过500℃，主要用于制造导弹燃料罐，超音速飞机的涡轮机匣等部件。

3. (α+β)型钛合金

该类钛合金室温组织为(α+β)两相组织，它的塑性很好，容易锻造、压延和冲压成形，并可通过淬火和时效进行强化，热处理后强度可提高50%～100%。

典型的合金牌号是TC4，成分为Ti-6Al-4V，该合金具有良好的综合力学性能，组织稳定性也高，既可用于低温结构件，也可用于高温结构件，常用来制造航空发动机压气机盘和叶片以及火箭液氢燃料箱部件等。

4. β型钛合金

该类钛合金加入的元素主要有Mo、V、Cr等，β钛合金有较高的强度和优良的冲压性能，可通过淬火和时效进一步强化。在时效状态下，合金的组织为β相中弥散分布细小的α相颗粒。

典型合金的牌号是TB2，其成分为Ti-5Mo-5V-8Cr-3Al，适用于制造压气机叶片、轴、轮盘等重载荷零件。常用钛及其合金牌号、化学成分和力学性能见表6-5所示。

表6-5 工业纯钛和部分钛合金的牌号、化学成分和力学性能

组别	合金牌号	化学成分(质量分数)(%)	热处理	室温力学性能		高温力学性能		
				σ_b/MPa	$\delta5$/%	试验温度/℃	σ_b/MPa	σ_{100}/MPa
工业纯钛	TA3	Ti(杂质微量)	退火	540	15	—	—	—
α型钛合金	TA6 TA7	Ti-5Al Ti-5Al-2.5Sn	退火退火	685 785	10 10	350 350	420 490	390 440
(α+δ)钛合金	TC3 TC2	Ti-5Al-4V Ti-3Al-1.5Mn	退火退火	800 685	10 12	—350	— 420	— 390
β钛合金	TB2	Ti-5Mo-5V-8Cr-3Al	固溶+时效	1370	8	—	—	—

6.4 滑动轴承合金

滑动轴承是指支承轴和其他转动或摆动零件的支承件。它是由轴承体和轴瓦两部分构成的。轴瓦可以直接由耐磨合金制成，也可在钢体上浇铸一层耐磨合金内衬制成。用来制造轴瓦及其内衬的合金，称为轴承合金。

滑动轴承支承着轴进行工作。当轴旋转时，轴与轴瓦之间产生相互摩擦和磨损，轴对轴承施有周期性交变载荷，有时还伴有冲击等。滑动轴承的基本作用是将轴准确地定位，并在

载荷作用下支承轴颈而不被破坏，因此，对滑动轴承的材料有很高要求。

6.4.1 滑动轴承合金的性能要求

（1）具有良好的减摩性　摩擦系数低，磨合性（跑合性）好，抗咬合性好。

（2）具有足够的力学性能　滑动轴承合金要有较高的抗压强度和疲劳强度，并能抵抗冲击和振动。

（3）滑动轴承合金还应具有良好的导热性、小的热膨胀系数、良好的耐蚀性和铸造性能。

6.4.2 常用的滑动轴承合金

滑动轴承的材料主要是有色金属。常用的有锡基轴承合金、铅基轴承合金、铜基轴承合金、铝基轴承合金等。常用轴承合金的代号、成分与用途如表 6-6、表 6-7 所示。

轴承合金牌号表示方法为“Z”（“铸”字汉语拼音的字首）＋基体元素与主加元素的化学符号＋主加元素的含量（质量分数×100）＋辅加元素的化学符号＋辅加元素的含量（质量分数×100）。例如：ZSnSb8Cu4 为铸造锡基轴承合金，主加元素锑的质量分数为 8％，辅加元素铜的质量分数为 4％，余量为锡。ZPbSb15Sn5 为铸造铅基轴承合金，主加元素锑的质量分数为 15％，辅加元素锡的质量分数为 5％，余量为铅。

除上述轴承合金外，珠光体灰铸铁也常用作滑动轴承的材料。它的显微组织是由硬基体（珠光体）与软质点（石墨）构成，石墨还有润滑作用。铸铁轴承可承受较大的压力，价格低廉，但摩擦系数较大，导热性低，故只适宜于制作低速（$v<2$m/s）的不重要轴承。

表 6-6　铸造轴承合金代号、成分、用途（摘自 GB/T1074-92）

类别	牌号	硬度 HBS（不小于）	用途举例
锡基轴承合金	ZSnSb12Pb10Cu4	29	一般发动机的主轴承，但不适于高温工作
	ZSnSb12Cu6Cdl	34	
	ZSnSb10Cu6	27	1500kW 以上蒸汽机、370kW 涡轮压缩机，涡轮泵及高速内燃机轴
	ZSnSb8Cu4	24	一般大机器轴承及高载荷汽车发动机的双金属轴承
	ZSnSb4Cu4	20	涡轮内燃机的高速轴承及轴承衬
铅基轴承合金	ZPbSb15Sn16Cu2	30	100～880kW 蒸汽涡轮机，150～750kW 电动机和小于 1500kW 起重机及重载荷推力轴承
	ZPbSb15Sn5Cu5Cd2	32	船舶机械、小于 250kW 电动机、抽水机轴承
	ZPbSb15Sn10	24	中等压力机械，也适用于高温轴承
	ZPbSb15Sn5	20	低速、轻压力的机械轴承
	ZPbSb10Sn6	18	重载荷、耐蚀、耐磨轴承

表 6-7 常用铜基轴承合金的牌号、化学成分、力学性能及用途

牌号	化学成分(%)				力学性能			用途
	w_{Pb}	w_{Sn}	$w_{其他}$	w_{Cu}	σ_b/MPa	δ(%)	HBS	
ZCuPb30	27.0～33.0			余量			25	高速高压下工作航空发动机、高压柴油机轴承
ZcuPb20Sn5	18.0～23.0	4.0～6.0		余量	150	6	44～54	高压力轴承、轧钢机轴承、机床、抽水机轴承
ZcuPb15Sn8	13.0～17.0	7.0～9.0		余量	170～200	5～6	60～65	冷轧机轴承
ZcuSn10P1		9.0～10.5	w_P 0.5～1.0	余量	220～310	3～2	80～90	高速、高载荷柴油机轴承
ZcuSn5Pb5Zn5	4.0～6.0	4.0～6.0	w_{Zn} 4.0～6.0	余量	200	13	60～65	中速、中载轴承

6.5 粉末冶金材料

粉末冶金(powder metallurgy)是制取金属粉末,采用成形和烧结等工序将金属粉末或金属粉末与非金属粉末的混合物制成制品的工艺技术,它属于冶金学的一个分支。

粉末冶金法既是制取具有特殊性能金属材料的方法,也是一种精密的无切屑或少切屑的加工方法。它可使压制品达到或极接近于零件要求的形状、尺寸精度与表面粗糙度,使生产率和材料利用率大为提高,并可减少切削加工用的机床和生产占地面积。

本节仅介绍粉末冶金材料的制取及常用的粉末冶金材料。

6.5.1 粉末冶金材料的生产

1. 金属粉末的制取

金属粉末可以是纯金属粉末,也可以是合金、化合物或复合金属粉末,其制造方法很多,常用的有以下几种:

(1)机械方法 对于脆性材料通常采用球磨机破碎制粉。另外一种应用较广的方法是雾化法,它是使溶化的液态金属从雾化塔上部的小孔中流出,同时喷入高压气体,在气流的机械力和急冷作用下,液态金属被雾化、冷凝成细小粒状的金属粉末,落入雾化塔下的盛粉桶中。

(2)物理方法 常用蒸气冷凝法,即将金属蒸气冷凝而制取金属粉末。例如,将锌、铅等的金属蒸气冷凝便可获得相应的金属粉末。

(3)化学方法 常用的化学方法有还原法、电触法等。

2. 金属粉末的筛分混合

筛分的目的是使粉料中的各组元均匀化。在筛分时,如果粉末越细,那么同样重量粉末的表面积就越大,表面能也越大,烧结后的制品密度和力学性能也越高,但成本也越高。

粉末应按要求的粒度组成与配合进行混合。在各组成成分的密度相差较大且均匀程度要求较高的情况下,常采用湿混。例如,在粉末中加入大量酒精,以防止粉末氧化。为改善粉末的成形性与可塑性,还常在粉料中加入增塑剂,铁基制品常用的增塑剂是硬脂酸锌。为便于压制成形和脱模,也常在粉料中加入润滑剂。

6.5.2 常用的粉末冶金材料

粉末冶金材料牌号采用汉语拼音字母(F)和阿拉伯数字组成的六位符号体系来表示。"F"表示粉末冶金材料,后面数字与字母分别表示材料的类别和材料的状态或特性。详见GB4309-84。

1. 烧结减摩材料

在烧结减摩材料中最常用的是多孔轴承,它是将粉末压制成轴承后,再浸在润滑油中,由于粉末冶金材料的多孔性,在毛细现象作用下,可吸附大量润滑油(一般含油率为12%~30%),故又称为含油轴承。工作时由于轴承发热,使金属粉末膨胀,孔隙容积缩小。再加上轴旋转时带动轴承间隙中的空气层,降低摩擦表面的静压强,在粉末孔隙内外形成压力差,迫使润滑油被抽到工作表面。停止工作后,润滑油又渗入孔隙中。故含油轴承有自动润滑的作用。它一般用作中速、轻载荷的轴承,特别适宜不能经常加油的轴承,如纺织机械、食品机械、家用电器(电扇、电唱机)等轴承,在汽车、拖拉机、机床中也广泛应用。

2. 烧结铁基结构材料(烧结钢)

该材料是以碳钢粉末或合金钢粉末为主要原料,并采用粉末冶金方法制造成的金属材料或直接制成烧结结构零件。

这类材料制造结构零件的优点是:制品的精度较高、表面光洁(径向精度2~4级、表面粗糙度 $Ra=1.6\sim0.20$),不需或只需少量切削加工。制品还可以通过热处理强化来提高耐磨性,主要用淬火+低温回火以及渗碳淬火+低温回火。制品多孔,可浸渍润滑油,改善摩擦条件,减少磨损,并有减振、消音的作用。

用碳钢粉末制造的合金,含碳量低的,可制造受力小的零件或渗碳件、焊接件。碳含量较高的,淬火后可制造要求有一定强度或耐磨的零件。用合金钢粉末制造的合金,其中常有Cu、Mo、B、Mn、Ni、Cr、Si、P等合金元素。它们可强化基体,提高淬透性,加入铜还可提高耐蚀性。合金钢粉末合金淬火后 σ_b 可达500~800MPa,硬度40~50HRC,可制造受力较大的烧结结构件,如液压泵齿轮、电钻齿轮等。

3. 烧结摩擦材料

机器上的制动器与离合器大量使用摩擦材料。它们都是利用材料相互间的摩擦力传递能量的,尤其是在制动时,制动器要吸收大量的动能,使摩擦表面温度急剧上升(可达1000℃左右),故摩擦材料极易磨损。因此,对摩擦材料性能的要求是:①较大的摩擦系数;②较好的耐磨性;③良好的磨合性、抗咬合性;④足够的强度,以能承受较高的工作压力及速度。

4. 硬质合金

硬质合金是以碳化钨(WC)或碳化钨与碳化钛(TiC)等高熔点、高硬度的碳化物为基体，并加入钴(或镍)作为粘结剂的一种粉末冶金材料。

(1)硬质合金的性能特点　硬质合金的性能特点主要有以下两个方面：

①硬度高、红硬性高、耐磨性好　由于硬质合金是以高硬度、高耐磨、极为稳定的碳化物为基体，在常温下，硬度可达86～93HRA(相当于69～81HRC)，红硬性可达900～1000℃。故硬质合金刀具在使用时，其切削速度、耐磨性与寿命都比高速钢有显著提高。这是硬质合金最突出的优点。

②抗压强度高　抗压强度可达6000MPa，高于高速钢，但抗弯强度较低，只有高速钢的1/3～1/2左右。硬质合金弹性模量很高，约为高速钢的2～3倍。但它的韧性很差，$A_K=2\sim4.8J$，约为淬火钢的30%～50%。

另外，硬质合金还具有良好的耐蚀性(抗大气、酸、碱等)与抗氧化性。

硬质合金主要用来制造高速切削刃具和切削硬而韧的材料的刃具。此外，它也用来制造某些冷作模具、量具及不受冲击、振动的高耐磨零件(如磨床顶尖等)。

(2)常用的硬质合金　常用的硬质合金按成分与性能特点可分为三类。

①钨钴类硬质合金　它的主要化学成分为碳化钨及钴。其代号用“硬”、“钴”两字汉语拼音的字首“YG”加数字表示。数字表示钴的含量(质量分数×100)。例如YG6，表示钨钴类硬质合金，$w_{Co}=6\%$，余量为碳化钨。

②钨钴钛类硬质合金　它的主要化学成分为碳化钨、碳化钛及钴。其代号用“硬”、“钛”两字的汉语拼音的字首“YT”加数字表示。数字表示碳化钛含量(质量分数×100)。例如YT15，表示钨钴钛类硬质合金，$w_{TiC}=15\%$，余量为碳化钨及钴。

硬质合金中，碳化物的含量越多，钴含量越少，则合金的硬度、红硬性及耐磨性越高，但强度及韧性越低。当含钴量相同时，YT类合金由于碳化钛的加入，具有较高的硬度与耐磨性。同时，由于这类合金表面会形成一层氧化钛薄膜，切削时不易粘刀，故具有较高的红硬性。但其强度和韧性比YG类合金低。因此，YG类合金适宜加工脆性材料(如铸铁等)，而YT类合金则适宜于加工塑性材料(如钢等)。同一类合金中，含钴量较高者适宜制造粗加工刃具，反之，则适宜制造精加工刃具。

③通用硬质合金　它是以碳化钽(TaC)或碳化铌(NbC)取代YT类合金中的一部分TiC。在硬度不变的条件下，取代的数量越多，合金的抗弯强度越高。它适用于切削各种钢材，特别对于不锈钢、耐热钢、高锰钢等难于加工的钢材，切削效果更好。它也可代替YG类合金加工铸铁等脆性材料，但韧性较差，效果并不比YG类合金好。通用硬质合金又称“万能硬质合金”，其代号用“硬”、“万”两字的汉语拼音的字首“YW”加顺序号表示。

以上硬质合金的硬度很高，脆性大，除磨削外，不能进行一般的切削加工，故冶金厂将其制成一定规格的刀片供应。使用前采用焊接、粘接或机械固紧的办法将它们固紧在刀体或模具体上。

近年来，用粉末冶金法还生产了另一种新型工模具材料——钢结硬质合金。其主要化学成分是碳化钛或碳化钨以及合金钢粉末。它与钢一样可进行锻造、热处理、焊接与切削加工。它在淬火低温回火后，硬度达70HRC，具有高耐磨性、抗氧化及耐腐蚀等优点。用作刃具时，钢结硬质合金的寿命与YG类合金差不多，大大超过合金工具钢，如用作高负荷冷冲模时，由于具有一定韧性，寿命比YG类提高很多倍。由于它可切削加工，故适宜制造各种形状复杂的刃具、模具与要求钢度大、耐磨性好的机械零件，如镗杆、导轨等。

本章小结

本章主要介绍了有色金属材料的分类、成分、性能和应用，要求掌握铝及铝合金、铜及铜合金的牌号、性能特点和应用，了解钛及钛合金、滑动轴承合金、硬质合金的性能和应用。

思考与习题

1. 简述铝及铝合金的性能特点和主要用途。
2. 什么是时效？超硬铝合金为什么要时效处理？
3. 常用的青铜有哪几类？其性能和用途怎样？
4. 什么是轴承合金？它分为哪几类？
5. 常用的粉末冶金材料由哪些？各有什么性能？

第7章 非金属材料

非金属材料是指除金属材料以外的其他一切材料的总称。它主要包括:高分子材料、陶瓷及复合材料等。它们具有金属材料所不及的一些特异性能,如塑料的质轻、绝缘、耐磨、隔热、美观、耐腐蚀、易成型;橡胶的高弹性、吸震、耐磨、绝缘等;陶瓷的高硬度、耐高温、抗腐蚀等;加上它们的原料来源广泛,自然资源丰富,成型工艺简便,故在生产中的应用得到了迅速发展,在某些生产领域中已成为不可取代的材料。

7.1 高分子材料

7.1.1 高分子材料的基本概念

由分子量很大(一般在1000以上)的有机化合物为主要组分组成的材料,称为高分子材料。高分子材料有塑料、合成橡胶、合成纤维、胶粘剂等。

虽然高分子物质相对分子质量很大,且结构复杂多变,但它们一般都是由一种或几种简单的低分子有机化合物经加聚或缩聚反应后重复连接而成链状结构,就像一根链条是由很多链环连接而成一样,故称为大分子链。

7.1.2 高分子材料的分类和命名

(1)高分子材料的分类　高分子材料的种类很多,数量也很大,可以从不同的角度对其进行分类。

①按化学组成分类　可将其分为碳链高分子材料、杂链高分子材料、元素有机高分子材料和无机高分子材料四类。

②按分子链的几何形状分类

可将其分为线型高分子材料、支链高分子材料、体型网状高分子材料三种。

③按合成反应分类

可分为加聚聚合物和缩聚聚合物。所以高分子化合物常称为高聚物或聚合物,高分子材料称为高聚物材料。

④按高分子材料的热行为及成型工艺特点分类

可分为热塑性高分子材料和热固性高分子材料两类。

(2)高分子材料的命名　高分子材料命名方法和名称比较复杂,有些名称是专用词,如淀粉、蛋白质、纤维素等。还有许多是商品名称,如有机玻璃、涤纶、腈纶等等,不胜枚举。研究高分子学科采用的命名方法,和有机化学中各类物质的名称有密切的关系。

对于加聚物,通常在其单体原料名称前加一个"聚"字即为高聚物名称,如乙烯加聚生成

聚乙烯。对于缩聚和共聚反应生成的高分子，在单体名称后加“树脂”或“橡胶”，如酚醛树脂、乙丙橡胶。有些高分子名称是在其链节名称前加一个“聚”字即可，如聚乙二酰己二胺(尼龙 66)。而一些组成和结构复杂的高聚物常用商品名称，如有机玻璃、电木等。

7.1.3 高分子材料的性能

1. 高分子材料的物理状态

高分子材料的大分子链结构特征，使其具有许多独特物理、化学性能的内在条件。一种已经确定了大分子链结构的高分子材料，在不同的温度下会呈现不同的物理状态，因而具有不同的性能特点，如有机玻璃在室温下像玻璃一样坚硬，但若将它加热至 100℃左右，则变得像橡胶一样柔软而富有弹性。

(1)玻璃态　当温度低于 T_g 时，高分子化合物是一种非晶态固体，就像玻璃那样，故称为玻璃态。温度 T_g 就称为玻璃化温度。在玻璃态时，高分子化合物的大分子链的热运动基本上处于停止状态，只有链节的微小热振动及链中键长和键角的弹性变形。在外力作用下，弹性变形的特征与低分子材料的很相似，应力与应变成正比，且材料具有一定的刚度。玻璃态是塑料的工作状态。故 T_g 越高，塑料的耐高温性能越好，一般塑料的 T_g 均在室温以上，有的可高达 200℃。

(2)高弹态　当温度处于 T_g 到 T_f 之间时，高分子材料将处于一种高弹性状态，就像橡胶那样，故称为高弹态。在高弹态时，高分子化合物的大分子链的热运动有所改善，虽然整条大分子链不能整体移动，但大分子链中的某些小段(几个或几十个链节)可以产生自由热运动。处于高弹态的高分子化合物在受外力作用时，原来卷曲的链段将沿受力方向变形($\delta=100\%\sim1000\%$)，这种很大的弹性变形并不能立即回复，须经过一定时间才能缓慢恢复原状。高弹态是橡胶的工作状态，故 T_g 越低，橡胶的耐寒性就越好，T_f 越高，其耐热性相应也就越好。一般橡胶的 T_g 都在室温以下，有的可达－100℃以下。

(3)粘流态　当温度高于 T_f 时，高分子化合物将变成流动的粘液状态，故称粘流态。在粘流态时，高分子化合物的大分子链的热运动非常活跃，整条大分子链都可以自由运动，粘流态是高分子化合物的成型加工的工艺状态，也是有机胶粘剂的工作状态。由单体聚合生成的高分子化合物原料一般是块状、颗粒状或粉末状，将这些原料加热至粘流态后，通过吹塑、挤压、模铸等方法，能加工成各种形状的型材及零件。

2. 高分子材料基本性能及特点

由于结构的层次多，状态的多重性，以及对温度和时间较为敏感，高分子材料的许多性能相对不够稳定，变化幅度较大，它的力学、物理及化学性能都具有某些明显的特点。

(1)高弹性　无定型和部分晶态高分子材料在玻璃化温度以上时，由于其链段能自由运动，从而表现出很高的弹性。它与金属材料的弹性在数量上存在巨大差别，说明它们之间在本质上是不同的。高分子材料的高弹性决定于分子链的柔顺性，且与分子量及分子间交联密度紧密相关。

(2)重量轻　高分子材料是最轻的一类材料，一般密度在 1.0～2.0g/cm² 之间，约为钢的 1/8～1/4，陶瓷的一半以下。最轻的塑料聚丙烯的比重为 0.91g/cm²。重量轻是高分子材料最大优点之一，具有非常重要的实际意义。

(3)滞弹性　某些高分子材料的高弹性表现出强烈的时间依赖性，即应变不随应力即时建立平衡，而有所滞后。产生滞弹性的原因是链段的运动遇到困难时，需要时间来调整构像以适应外力的要求。所以,应力作用的速度愈快,链段愈来不及做出反应,则滞弹性愈明显。滞弹性的主要表现有蠕变、应力松弛和内耗等。

(4)强度与断裂　高分子材料的强度比金属低得多,但由于其比重小,所以它的比强度还是很高的,某些高分子材料的比强度比钢铁和其他金属还高。高分子材料的实际强度远低于理论强度,预示了提高高分子材料实际强度的潜力很大,在受力的工程结构中更广泛地应用高分子材料是很有发展前途的。高分子材料的断裂也有两种形式,即脆性断裂和韧性断裂。

(5)减摩、耐磨性　大多数塑料对金属或塑料对塑料的摩擦系数值一般在0.2～0.4范围内,但有一些塑料的摩擦系数很低,如聚四氟乙烯对聚四氟乙烯的摩擦系数只有0.04,几乎是所有固体中最低的。像尼龙、聚甲醛、聚碳酸酯等工程塑料,均有较好的摩擦性能,可用于制造轴承、轴套、机床导轨贴面等。塑料(一部分)除了摩擦系数低以外,更主要的优点是磨损率低且可以作一定的估计。其原因是它们的自润滑性能好,对工作条件及磨粒的适应性强。特别在无润滑和少润滑条件下,它们的减摩、耐磨性能是金属材料无法比拟的。

(6)绝缘性　高分子的化学键为共价键,没有自由电子和可移动的离子,不能电离,因此是良好的绝缘体,其绝缘性能与陶瓷材料相当。随着近代合成高分子材料的发展,出现了许多具有各种优异电性能的新型高分子材料,并且还出现了高分子半导体、超导体等。另外,由于高分子链细长、卷曲,在受热、声之后振动困难,所以对热、声通常也具有良好的绝缘性能。

(7)耐热性　同金属材料相比,高分子材料的耐热性是比较低的,这也是高分子材料的不足之处。热固性塑料的耐热性比热塑性塑料要高,但一般也只能在200℃以下长期工作。

(8)耐蚀性　由于高分子材料的大分子链都是强大的共价键结合,没有自由电子和可移动的离子,不发生电化学腐蚀,而只有可能有化学腐蚀问题。但是,高分子化合物的分子链长而卷曲,缠结,链上的基团大多被包围在内部,只有少数露在外面的基团才与活性介质起反应,因此其化学稳定性相当高。高分子材料具有良好的耐蚀性能,它们能耐水、无机溶剂、酸、碱的腐蚀。

(9)老化　老化是指高分子材料在加工、储存和使用过程中,由于内外因素的综合作用,是高分子材料失去原有性能而丧失使用价值的过程。在日常生活中高分子材料的机械、物理、化学性能衰退的老化现象是非常普遍的。有的表现为材料变硬、变脆、龟裂,有的则变软、褪色、透明度下降等。产生老化的原因主要是高分子的分子链的结构发生了降解(大分子链发生断裂或裂解的过程)或交联(分子链之间生成新的化学键,形成网状结构)。影响老化的内在因素主要是其化学结构、分子链结构和聚集态结构中的各种弱点。外在因素有热、光、辐射、应力等物理因素;水、氧、酸、碱、盐等化学因素;昆虫、微生物等生物因素。老化现象是一个影响高分子材料使用的严重缺点,应采取积极有效的措施来提高高分子材料的抗老化能力。

7.1.4　常用的高分子材料

高分子材料主要有塑料、合成橡胶、合成纤维、胶粘剂及涂料等。下面只介绍在机械工业上应用广泛的塑料和合成橡胶。

1. 塑料

塑料是以合成树脂为主要成分,加入各种添加剂,在加工过程中能塑制成形的有机高分

子材料。它具有质轻、绝缘、减摩、耐蚀、消音、吸振、价廉、美观等优点，已成为人们日常生活中不可缺少的材料之一，并且越来越多的应用于各工业部门及各类工程结构中。

(1)塑料的组成　塑料是合成树脂和其他添加剂的组成物。其中合成树脂是塑料的主要成分，它对塑料的性能起着决定性的作用。添加剂是为了改善塑料的某些性能而加入的物质，各种添加剂的加入与否及加入量的多少，需根据塑料的性能和用途来确定。

①合成树脂　它是由低分子化合物通过加聚反应或缩聚反应合成的高分子化合物。在常温下呈固体或粘稠液体，受热后软化或呈熔融状态。它可把其他添加剂粘结起来，故又称粘料。单一组分的塑料中树脂几乎达 100%，多组分塑料中，树脂含量一般为 30%～70%。而且，大多数塑料都是以树脂名称来命名的，如聚氯乙烯塑料的树脂就是聚氯乙烯。

②添加剂　种类很多，作用各异。

填充剂：又称填料，它赋予塑料各种不同的性能，并可降低塑料的成本，是塑料中又一重要组分。填料的品种很多，性能各异。不同塑料在加入不同的填料后，对其性能的改进程度均有所不同。一般来说，以有机材料作填料可提高塑料的机械强度；以无机物作填料则可使塑料具有较高的耐磨、耐蚀、耐热、导热及自润滑性等。如石棉纤维、玻璃纤维等可提高强度；云母可增强电绝缘性；铜、银金属粉末可改善导电性；石墨可改善塑料的摩擦和磨损性能。

增塑剂：其作用是进一步提高树脂的可塑性，以增加塑料在成型时的流动性，并赋予制品以柔软性和弹性，减少脆性，还可改善塑料的加工工艺性。如在聚氯乙烯中加入适量的磷苯二甲酸二丁酯增塑剂后，就可制得软质聚氯乙烯薄膜、人造革等。增塑剂含量过高会降低塑料的刚度，故其在塑料中含量一般为 5%～20%。

固化剂：它通过与树脂中的不饱和键或反应基团作用，使各条大分子链相互交联，让受热可塑的线型结构变成体型(网状)的热稳定结构，成型后获得坚硬的塑料制品。为了加速固化，常与促进剂配合使用。

稳定剂：防止某些塑料在成型加工和使用过程中受光、热等外界因素影响而使分子链断裂，分子结构变化，性能变差(即老化)。稳定剂的加入可延长塑料制品的使用寿命。其用量一般为千分之几。

着色剂：装饰用塑料、常要求有一定的色泽和鲜艳美观，着色剂则使塑料具有各种不同的颜色，以适应使用要求。着色剂有有机染料和无机染料两大类。它应色泽鲜艳，易于着色，耐热耐晒，与塑料结合牢靠，在加工成型温度下不变色，不起化学反应，不因加入着色剂而降低塑料性能、价格便宜等。

其他：如润滑剂、发泡剂、防静电剂、阻燃剂、稀释剂、芳香剂等。

(2)塑料的分类　塑料的种类繁多，分类方法也多种多样。

①按塑料受热后所表现的性能不同可分为热塑性塑料和热固性塑料两大类。

热塑性塑料的合成树脂的分子链具有线型结构，柔顺性好，经加热后软化并熔融成为流动的粘稠液体，冷却后即成型固化。此过程是物理变化，其化学结构基本不发生改变，可反复多次进行，其性能并不发生显著变化。如聚乙烯、聚氯乙烯、聚酰胺(尼龙)等均属热塑性塑料。这类塑料的优点是成型加工简便，具有较高的机械性能，缺点是刚性及耐热性较差。

热固性塑料在受热后软化，冷却后成型固化，发生化学变化，在加热时不再转化(即变化是不可逆的)。如酚醛、环氧、氨基塑料及有机硅塑料等均属热固性塑料。这类塑料具有耐热性高,受压不易变形等优点。缺点是脆性较大,机械性能不好,但可通过加入填料或磨压塑料,以提高其强度,成型工艺复杂,生产效率低。

②按应用范围可分为通用塑料和工程塑料两大类。

通用塑料指产量大,用途广,价格低廉,通用性强的聚乙烯、聚氯乙烯、聚苯乙烯、聚丙烯、酚醛塑料和氨基塑料等六大品种,它们占塑料总产量的3/4以上。

工程塑料力学性能比较好,可以代替金属在工程结构和机械设备中应用的塑料,它们通常具有较高的强度、刚度和韧性,而且耐热、耐辐射、耐蚀性能以及尺寸稳定性能好。常用的有聚酰胺(尼龙)、聚甲醛、酚醛塑料、有机玻璃、ABS等。

(3)塑料的性能　塑料具有很多优良的性能。

①密度小、比强度高　塑料的相对密度一般在0.83～2.2之间,仅为钢铁材料的1/8～1/4,铝的1/2。这样,塑料的比强度(强度与相对密度之比)就较高,如用玻璃纤维增强的塑料其比强度可以达到甚至超过钢材的水平。这对于需要全面减轻结构自重的车辆、船舶、飞机、宇航器等都具有重要的意义。

②化学稳定性高　塑料对酸、碱和有机溶剂均有良好的耐蚀性。特别是号称"塑料王"的聚四氟乙烯,除能与熔融的碱金属作用外,对各种酸、碱均有良好的耐蚀能力,甚至使黄金都能溶解的"王水"也不能腐蚀它。因此,塑料在腐蚀条件下和化工设备中被广泛应用。

③绝缘性能好　在高分子塑料的分子链中因其化学键是共价键,不能电离,故没有自由电子和可移动的离子,所以塑料是电的不良导体。此外,由于分子链细长、卷曲,在受热、声之后振动困难,故对热、声也有良好的绝缘性能。广泛用于电机、电器和电子工业作绝缘材料。

④减摩性好　大部分塑料的摩擦系数都较小,具有良好的减摩性。用塑料制成的轴承、齿轮、凸轮、活塞环等摩擦零件,可以在各种液体、半干摩擦和干摩擦条件下有效地工作。

⑤减振、消音、耐磨性好　用塑料制作传动件、摩擦零件,可以吸收振动,降低噪音,而且耐磨性好。

⑥生产效率高、成本低　塑料制品可以一次成型,生产周期短,比较容易实现自动化或半自动化生产,加上其原料来源广泛,故价格低廉。

当然,塑料在性能上也存在不少的缺点:如强度低,耐热性差(一般仅能在100℃以下长期工作,只有少数能在200℃左右温度下工作),热膨胀系数很大(约为金属的10倍),导热性很差,以及易老化,易燃烧等。这些都有待进一步研究和探索,逐步得到改善。

(4)常用的工程塑料　工程塑料的品种很多,常见的主要有以下一些:

①聚酰胺(PA)又称尼龙或锦纶,是热塑性塑料。它是由二元胺与二元酸缩合而成,或由氨基酸脱水成内酰胺再聚合而成。它具有较高的强度和韧性、耐磨、耐水、耐疲劳、减摩性好并有自润滑性、抗霉菌、无毒等综合性能。但吸水性和成型收缩率较大,影响尺寸稳定性;耐热性不高,通常工作温度不能超过100℃。主要用于制作一般机械零件,减摩、耐磨件及传动件,如轴承、齿轮、螺栓、导轨贴合面等。

②聚甲醛　它是较常用的一种热塑性塑料,具有很高的硬度、刚性和抗拉强度,优良的耐疲劳性、减摩性,较小的高温蠕变性,吸水性低、尺寸稳定性好,且电绝缘性也较好。但其耐酸性和阻燃性比较差,密度较大。它可代替金属制作各种结构零件,如轴承、齿轮、汽车面板、弹簧衬套等。

③ABS塑料　它是由丙烯腈(A)、丁二烯(B)、苯乙烯(S)组成的三元共聚物，它兼有三组元的共同性能，具有硬、韧、刚的混合特性，所以综合机械性能较好，又称塑料合金。ABS塑料还具有良好的耐磨性、电绝缘性及成型加工性。但其耐高温和耐低温性能差，易燃。ABS塑料产量大，价格低廉，应用广泛，主要用于制造齿轮、轴承、把手、仪表盘、装饰板、小汽车车身等。

④聚甲基丙烯酸甲酯　又称有机玻璃，这种塑料密度小(是普通玻璃的1/2)透光性极好，且具有高强度和韧性，不易破碎，耐紫外线和防大气老化，容易加工成型，着色性好。但其硬度低，耐磨性差，易擦伤，耐热性差，热膨胀系数大。主要用作透明件和装饰件，如汽车前窗玻璃、仪表灯罩、光学镜片、防弹玻璃等。

⑤聚砜　这种热塑性塑料具有突出的耐热、抗氧化性能，可在－100～150℃中长期使用。它还具有较高的强度，良好的耐辐射性和尺寸稳定性能，另外，它有非常优良的电绝缘性能，可在潮湿的空气或水中以及在190℃的高温下仍保持相当好的电绝缘性。常用来制作强度高、耐热且尺寸较准确的结构传动件，如小型精密的电子、电器和仪表中的零件等。

⑥酚醛塑料　即电木，它是以酚醛树脂为基体，加入木粉、纸木、布、玻璃布、石棉等填料经固化处理而形成的热固性塑料。它具有强度高、硬度高的特点，用玻璃布增强的层压酚醛塑料的强度可与金属比美，称为玻璃钢。还具有高的耐热性、耐磨性、耐蚀性和良好的绝缘性。主要用于制作齿轮、刹车片、滑轮以及插座、开关壳等电器零件。

⑦环氧塑料　它是由环氧树脂加入固化剂后形成的热固性塑料。其比强度高、耐热性、耐蚀性、绝缘性及加工成型性好，但价格贵。主要用于制作模具、精密量具、电气及电子元件等重要零件，还可用于修复机械零件等。

⑧氨基塑料　它是热固性塑料，具有良好的绝缘性、耐磨性、耐蚀性，硬度高、着色性好且不易燃烧。可作一般机械零件、绝缘件和装饰件。此外，它还可作为木材胶粘剂，制作胶合板、纤维板等。用它制成的泡沫塑料，更是价格便宜、性能优异的保温、隔音材料。

2. 合成橡胶

橡胶是一种天然的或人工合成的高分子弹性体。橡胶的主要成分是生橡胶(天然的或合成的)。工业上使用的橡胶制品是在生橡胶中加入各种添加剂(填料、增塑剂、硫化剂、硫化促进剂、防老化剂等)，经过加热、加压的硫化处理，使各高分子链间相互交联成网状结构而得到的产品。此外，某些特种用途的橡胶，还添加了其他一些专门的配合剂(发泡剂、硬化剂等)。经硫化处理后，克服了橡胶因温度上升而变软发粘的缺点，并且还大幅度地提高了它的力学性能。

(1)橡胶的分类　通常有两种分类方法。

①橡胶按原料来源可分为天然橡胶和合成橡胶两大类。

天然橡胶是一种从天然植物中采集到的以聚异戊二烯为主要成分的高分子化合物。这种橡胶弹性、耐磨性、加工性能都很好，其综合力学性能优于多数合成橡胶，但耐氧、耐油、耐热性差，抗酸、碱的腐蚀能力低，容易老化变质，主要用于制造轮胎及通用制品。

合成橡胶是从石油、天然气或农副产品中提炼出某些低分子的不饱和烃作原料，制成“单体”物质，然后经过复杂的化学反应聚合而成的高分子化合物，故有人造橡胶之称。它通常具有比天然橡胶更优异的性能，原料充沛，价格便宜，在生产中应用更为广泛。

②根据橡胶应用范围不同，可将其分为通用橡胶和特种橡胶两大类。

通用橡胶是指产量大、应用广、在使用上一般无特殊性能要求的通用性橡胶。它主要用于制造轮胎、工业用品及日用品，如天然橡胶、丁苯橡胶、顺丁橡胶等。

特种橡胶是指用于制造在高温、低温、酸、碱、油、辐射等特殊条件下使用的零部件的橡胶。

(2)橡胶的性能

①高弹性是橡胶最突出的性能特征，在较小的外力作用下，能产生很大的形变(可在100%～1000%之间)，在卸除载荷后又能很快地恢复原状，橡胶的高弹性与其分子结构密切相关。

②优良的伸缩性能和可贵的积蓄能量的能力，使橡胶成为常用的密封材料、减振防振材料及传动材料。

③良好的耐磨性，隔音性及阻尼特性。

但橡胶的耐寒性、耐臭氧性及耐辐射性等较差。

(3)常用橡胶　合成橡胶的种类很多，工业上常用的主要有以下几种：

①异戊橡胶　它是以异戊二烯为单体聚合而成的一种顺式结构橡胶，其化学组成、立体结构均于天然橡胶相似，性能也与天然橡胶非常接近，故有合成天然橡胶之称。它具有天然橡胶的大部分优点，耐老化性优于天然橡胶，但弹性和强力比天然橡胶稍低，加工性能差，成本较高。可代替天然橡胶制作轮胎、胶鞋、胶带、胶管以及其他通用制品。

②丁苯橡胶　其种类很多，主要有丁苯-10、丁苯-30、丁苯-50。具有良好的耐热性、耐磨性、耐油性、绝缘性和抗老化性，且价格低廉，是目前应用最广的合成橡胶之一，是天然橡胶理想的代用品。它主要与其他橡胶混合使用，制造轮胎、胶带、胶布、胶管、胶鞋等。

③氯丁橡胶　这种橡胶不仅具有与天然橡胶相似的机械性能，而且还具有天然橡胶和一般通用橡胶所没有的其他优良性能，即耐油性、耐热性、耐酸性、耐老化、耐燃烧等，故有“万能橡胶”制成。但它耐寒性差，密度大，价格较贵。主要用于制作运输带、电缆以及耐蚀管道、各种垫圈和门窗嵌条等。

④顺丁橡胶　是唯一弹性高于天然橡胶的一种合成橡胶，其耐磨性高于天然橡胶，但抗撕裂性及加工性能差。因此，常与其他橡胶混合使用，制造胶管、减振器等橡胶制品，不能单独用于制造轮胎。

⑤丁基橡胶　其耐热性、绝缘性、抗老化性优于天然橡胶，透气性极小，但其回弹性较差。主要用于轮胎内胎、水坝衬里、防水涂层及各种气密性要求高的橡胶制品等。

除此之外，还有某些具有特殊性能的橡胶，如具有高耐热性和耐寒性的硅橡胶；具有良好耐油性的丁腈橡胶；具有很高耐蚀性的氟橡胶等。

(4)橡胶的应用、维护及保养

在机械工业中，橡胶主要应用于动、静态密封件，如旋转周密封，管道接口密封；减振防振件，如汽车底盘橡胶弹簧，机座减振垫片；传动件，如三角胶带、特制O形圈；运输胶带和管道；电线、电缆和电工绝缘材料；滚动件，如各种轮胎；以及耐辐射、防霉、制动、导电、导磁等特性的橡胶制品。

为了保持橡胶的高弹性，延长其使用寿命，在橡胶的储存、使用和保管过程中要注意以下问题：光、氧、热及重复的屈挠作用，都会损害橡胶的弹性，应注意防护。另外，橡胶中如含有少量变价金属(铜、铁、锰)的盐类，都会加速其老化。还有，根据需要选用合适的橡胶配

方;不使用时,尽可能使橡胶件处于松弛状态;在运输和储存过程中,避免日晒雨淋,保持干燥清洁,不要与酸、碱、汽油、有机溶剂等物质接触;在存放或使用时,要远离热源;橡胶件如断裂,可用室温硫化胶浆胶结。

7.2 陶瓷材料

陶瓷是一种无机非金属固体材料,大体上可分为传统陶瓷和特种陶瓷两大类。传统陶瓷是以粘土、长石和石英等天然原料,经粉碎,成型和烧结而制成,因此,这类陶瓷又称为硅酸盐陶瓷。主要用于日用、建筑、卫生陶瓷用品,以及工业上应用的低压和高压陶瓷、耐酸陶瓷、过虑陶瓷等。特种陶瓷则是以纯度较高的人工化合物为原料(如氧化物、氮化物、硼化物等),经配料、成型、烧结而制得的陶瓷。它具有独特的机械、物理、化学、电、磁、光学性能,因而又被称为现代陶瓷或新型陶瓷。

陶瓷材料具有熔点高、硬度高、化学稳定性好、耐高温、耐腐蚀、耐磨损、绝缘等优点;某些特种陶瓷还具有导电、导热、导磁、透明、超高频绝缘、红外线透过率高等特性,以及压电、声光、激光等能量转换的功能。但陶瓷脆性大、韧性低、不能承受冲击载荷,抗急冷、急热性能差。同时还存在成型精度差、装配性能不良、难以修复等缺点,因而在一定程度上限制了它的适用范围。

陶瓷主要用于化工、机械、冶金、能源、电子和一些新技术中。尤其在某些特殊场合,陶瓷是唯一能选用的材料。例如内燃机的火花塞,引爆是瞬间温度可达2500℃,并要求绝缘和耐化学腐蚀,这种工作条件,金属材料与高分子材料都不能胜任,唯有陶瓷材料最合适。现代陶瓷是国防、航天等高科技领域中不可缺少的高温结构材料和功能材料。

陶瓷材料既是最古老的传统材料,又是最年轻的近代新型材料。它和金属材料、高分子材料一起,构成了工程材料三大支柱。

7.2.1 陶瓷材料的结构特点

陶瓷是一种多晶固体材料,它的内部组织结构较为复杂,一般是由晶体相、玻璃相和气相组成。

1. 晶体相

晶体相是指陶瓷的晶体结构,它是由某些化合物或固溶体组成,是陶瓷的主要组成相,一般数量较大,对性能的影响最大。陶瓷材料和金属材料一样,通常是由多晶体组成。有时,陶瓷材料不止一个晶相,而是多相晶体,即除了主晶相外,还有次晶相、第三晶相。对陶瓷材料来说,主晶相的性能,往往决定着陶瓷的机械、物理、化学性能。例如:刚玉瓷具有较高的机械强度、耐高温、抗腐蚀、电绝缘性能好等性能特点,其主要原因是其主晶相(α-Al_2O_3、刚玉型)的晶体结构紧密、离子键结合强度大的缘故。另外,和其他所有晶体材料一样,陶瓷中的晶体相也存在着各种晶体缺陷。

2. 玻璃相

玻璃相是一种非晶态的低熔点固体相。形成玻璃相的内部条件是粘度,外部条件是冷却速度。一般粘度较大的物质,如Al_2O_3、SiO_2、B_2O_3等化合物的液体,当其快速冷却时很容易凝固成非晶态的玻璃体,而缓慢冷却或保温一段时间,则往往会形成不透明的晶体。

玻璃相在陶瓷材料中也是一种重要的组成相，除釉层中绝大部分是玻璃相外，在瓷体内部也有不少玻璃相存在。玻璃相的主要作用是：将分散的晶相粘结在一起，填充气孔空隙，使瓷坯致密，抑制晶体长大，防止晶格类型转变，降低陶瓷烧结温度，加快烧结过程以及获得一定程度的玻璃特性等。但玻璃相组成不均匀，致使陶瓷的物理、化学性能有所不同，而且玻璃相的强度低，脆性大，热稳定性差，电绝缘性差，故玻璃相含量应根据陶瓷性能要求合理调整，一般控制在20%～40%或者更多些，如日用陶瓷的玻璃相可达60%以上。

3. 气相

气相是指陶瓷组织结构中的气孔。气相的存在对陶瓷材料的性能有较大的影响，它使材料的强度降低，热导率、抗电击穿能力下降，介电损耗增大，而且它往往是产生裂纹的原因。同时，气相对光有散射作用而降低陶瓷的透明度。然而要求生产隔热性能好、密度小的陶瓷材料，则希望气孔数量多，分布和大小均匀一些，通常，陶瓷中的残留气孔量为5%～10%。

7.2.2 陶瓷材料的性能

陶瓷材料的性能主要包括力学性能、热性能、化学性能、电性能、磁性能以及光学性能等方面。

1. 力学性能

(1)硬度高、耐磨性好　大多数陶瓷的硬度远高于金属材料，其硬度大都在1500HV以上，而淬火钢只有500～800HV。陶瓷的硬度随温度的升高而降低，但在高温下仍有较高的数值。陶瓷的耐磨性也好，常用来制作耐磨零件，如轴承、刀具等。

(2)高的抗压强度、低的抗拉强度　陶瓷由于内部存在大量气孔，其致密程度远不及金属高，且气孔在拉应力作用下易于扩展而导致脆断，故抗拉强度低。但在受压时，气孔不会导致裂纹的扩展，因而陶瓷的抗压强度还是较高的。

(3)塑性和韧性极低　由于陶瓷晶体一般为离子键或共价键结合，其滑移系要比金属材料少得多，因此大多数陶瓷材料在常温下受外力作用时几乎不产生塑性变形，而是在一定弹性变形后直接发生脆性断裂。又由于陶瓷中存在气相，所以其冲击韧性和断裂韧度要比金属材料低得多。如45钢的K_{IC}约为90MPa・$m^{1/2}$，而氮化硅陶瓷的K_{IC}则仅有4.5～5.7MPa・$m^{1/2}$。脆性是陶瓷材料的最大缺点，是阻碍其作为工程结构材料广泛使用的主要问题。可通过以下几方面来改善陶瓷的韧性：消除陶瓷表面的微裂纹；使陶瓷表面承受压应力；防止陶瓷中特别是表面上产生缺陷。

2. 热性能

(1)熔点高　陶瓷由于离子键和共价键强有力的键合，其熔点一般都高于金属，大多在2000℃以上，有的甚至可达3000℃左右，因此，它是工程上常用的耐高温材料。

(2)优良高温强度和低抗热震性　多数金属在1000℃以上高温即丧失强度，而陶瓷却仍能在此高温下保持其室温强度，并且多数陶瓷的高温抗蠕变能力强。但当温度剧烈变化时，陶瓷易破裂，即它的抗热震性能低。

(3)低的热导率、低的热容量　陶瓷的热传导主要靠原子、离子或分子的热振动来完成的，所以，大多数陶瓷的热导率低，且随温度升高而下降。陶瓷的热容随温度升高而增加，但总的来说较小，且气孔率大的陶瓷热容量更小。

3. 化学性能

陶瓷是离子晶体,其金属原子被周围的非金属元素(氧原子)所包围,屏蔽于非金属原子的间隙之中,形成极为稳定的化学结构。因此,它不但在室温下不会同介质中的氧发生反应,而且在高温下(即使1000℃以上)也不易氧化,所以具有很高的耐火性能及不可燃烧性,是非常好的耐火材料。并且陶瓷对酸、碱、盐类以及熔融的有色金属均有较强的抗蚀能力。

4. 电学性能

陶瓷有较高的电阻率,较小的介电常数和介电损耗,是优良的电绝缘材料。只有当温度升高到熔点附近时,才表现出一定的导电能力。随着科学技术的发展,在新型陶瓷中已经出现了一批具有各种电性能的产品,如经高温烧结的氧化锡就是半导体,可作整流器,还有些半导体陶瓷,可用来制作热敏电阻、光敏电阻等敏感元件;铁电陶瓷(钛酸钡和其他类似的钙钛矿结构)具有较高的介电常数,可用来制作较小的电容器;压电陶瓷则具有由电能转换成机械能的特性,可用作电唱机、扩音机中的换能器以及无损检测用的超声波仪器等。

5. 磁学性能

通常被称为铁氧体的磁性陶瓷材料(如Fe_3O_4、$CuFe_2O_4$等)在唱片和录音磁带、变压器铁芯、大型计算机的记忆元件等方面应用广泛。

6. 光学性能

陶瓷作为功能材料,还表现在它具有特殊光学性能的一个方面。如固体激光材料、光导纤维、光储存材料等。它们对通信、摄影、激光技术和电子计算机技术的发展有很大的影响。近代透明陶瓷的出现,是光学材料的重大突破,现已广泛用于高压钠灯灯管、耐高温及辐射的工作窗口、整流罩以及高温透镜等工业领域。

7.2.3 常用的工程陶瓷材料

1. 普通陶瓷

它是由天然原料配制,成型和烧结而成的粘土类陶瓷。质地坚硬,绝缘性、耐蚀性、工艺性都好,可耐1200℃高温,且成本低廉。使用温度一般为−15~100℃,冷热骤变温差不大于50℃,且它抗拉强度低,脆性大。除用作日用陶瓷外,工业上主要用作绝缘的电瓷和对酸碱有耐蚀性的化学瓷,有时也可做承载较低的结构零件用瓷。

2. 氧化铝陶瓷

是一种以Al_2O_3为主要成分(一般含量在45%以上)的陶瓷,又称高铝瓷。其所含玻璃相和气相极小,故硬度高,强度大,抗化学腐蚀能力和介电性能好,且耐高温(熔点为2050℃),力学性能一般随氧化铝(Al_2O_3)含量提高而改善。但其脆性大,抗冲击性差,抗热震性能低。氧化瓷主要用作高温器皿、电绝缘及电真空器件,也用作磨料和高速刀具等。近年来出现的氧化铝——微晶刚玉瓷、氧化铝金属瓷等,进一步提高了氧化铝瓷的性能,它们的强度、耐磨性、抗热震性能更高。广泛用于制造高温测温热电偶绝缘套管,耐磨、耐蚀用水泵、拉丝模及加工淬火钢的刀具等。

3. 氮化硅陶瓷

是将硅粉经反应烧结或将Si_3N_4经热压烧结而成的一种新型陶瓷。它们都是以共价键为主的化合物,原子间结合牢固,因此,这类陶瓷化学稳定性好,硬度高,耐磨性好,摩擦系数小并能自润滑;具有良好的耐蚀、耐高温、抗热震性和耐疲劳性能,在空气中使用到1200℃

以上其强度几乎不变；线膨胀系数比其他陶瓷材料小，有良好的电绝缘性和耐辐照性能。

近年来在 Si_3N_4 中添加一定数量的 Al_2O_3，合成一种 Si－Al－O－N系统的新型陶瓷材料，称为赛隆陶瓷。这类材料可用常压烧结方法达到接近热压氮化硅瓷的性能，是目前强度最高的陶瓷材料，并兼有优异的化学稳定性、耐磨性及良好的热稳定性。

4. 碳化硅陶瓷

是采用石英和碳为原料，经高温烧结而成的一种陶瓷。碳化硅陶瓷的最大特点是高温强度很大。它的抗弯强度在1400℃高温下仍可保持500～600MPa的水平，而其他陶瓷材料在1200～1400℃时高温强度就已开始显著下降，因此，热压碳化硅陶瓷是目前高温强度最高的陶瓷材料之一。此外，它的热导率高，热稳定性好，同时耐磨、耐蚀、抗蠕变性能好，其综合性能不低于氮化硅陶瓷。它主要用于制作高温强度要求高的结构零件，如火箭尾部喷嘴、热电偶套管、炉管等；以及要求热传导能力高的零件，如高温下的热交换器、核燃料的包封材料等。

5. 氮化硼陶瓷

是将氮化硼(BN)粉末经冷压或热压烧结而成的一种陶瓷。其晶体结构属六方晶型，结构与石墨相似，故又有“白石墨”之称。立方BN晶格结构非常牢固，其硬度仅次于金刚石，是优良的耐磨材料，可作为砂轮磨料用于磨削既硬又韧的高速钢、模具钢、耐热钢，并可制成超硬刀具。

7.3 复合材料

7.3.1 复合材料概述

复合材料是由两种或两种以上不同化学性质或不同组织结构的材料经人工组合而成的合成材料。它通常具有多相结构，其中一类组成物(或相)为基体，起粘结作用；另一类组成物为增强相，起提高强度和韧性的作用。

自然界中，许多物质都可称为复合材料，如树木是由纤维素和木质素复合而成，纤维素抗拉强度大，比较柔软，木质素则将众多纤维素粘结成刚性体；动物的骨骼是由硬而脆的无机磷酸盐和软而韧的蛋白质骨胶组成的复合材料。人们早就利用复合原理，在生产中创造了许多人工复合材料，如混凝土是由水泥、砂子、石头组成的复合材料；轮胎是纤维和橡胶的复合体等。

7.3.2 复合材料的分类

复合材料主要有以下几种分类方法：

1. 按基体类型分类

(1)金属基复合材料　如纤维增强金属、铝聚乙烯复合薄膜等

(2)高分子基复合材料　如纤维增强塑料、碳碳复合材料、合成皮革等

(3)陶瓷基复合材料　如金属陶瓷、纤维增强陶瓷、钢筋混凝土等

2. 按增强材料类型分类

(1)纤维增强复合材料　如玻璃纤维、碳纤维、硼纤维、碳化硅纤维、难熔金属丝等

(2)粒子增强复合材料　如金属离子与塑料复合、陶瓷颗粒与金属复合等

(3)层叠复合材料　如双金属、填充泡沫塑料等

3. 按复合材料用途分类

(1)结构复合材料　通过复合，材料的机械性能得到显著提高，主要用作各类结构零件，如利用玻璃纤维优良的抗拉、抗弯、抗压及抗蠕变性能，可用来制作减摩、耐磨的机械零件。

(2)功能复合材料　通过复合，使材料具有其他一些特殊的物理、化学性能，从而制成一种多功能的复合材料，如雷达用玻璃钢天线罩就是具有良好透过电磁波性能的磁性复合材料。

7.3.3　复合材料的性能

复合材料是非匀质材料，与传统材料相比，它具有以下几种性能特点：

1. 比强度与比模量高

2. 抗疲劳性能好

纤维增强复合材料的基体中密布着大量细小纤维，当发生疲劳破坏时，裂纹的扩展要经历非常曲折和复杂路径，且纤维与基体间的界面处能有效地阻止疲劳裂纹的进一步扩展，因此它的疲劳强度很高。如碳纤维增强塑料的疲劳强度为其抗拉强度的 70%～80%，而金属材料一般只有 40%～50%。

3. 减振性能好

在各种动力机械中，振动问题比较突出。当外加载荷的频率与构件的自振频率相同时，会产生严重的共振现象，使构件破坏。如选用比模量大的复合材料，可提高工件的自振频率，能有效防止它在工作状态下产生共振而造成早期破坏。此外，复合材料中的纤维与基体界面间的吸振能力较强，阻尼特性好，即使外加频率与自振频率相近而产生了振动，也会很快衰减下去。如用同样尺寸和形状的梁作振动试验，金属梁需 9s 才停止振动，而碳纤维复合材料则只需 2.5s。

4. 优良的高温性能

大多数增强纤维可提高耐高温性能，使材料在高温下仍保持相当的强度。例如，铝合金在 400℃时强度已显著下降，若以碳纤维或硼纤维增强铝材，则能显著提高材料的高温性能，400℃时的强度与模量几乎与室温下一样。同样，用钨纤维增强钴、镍及其合金，可将这些材料的使用温度提高到 1000℃以上。而石墨纤维复合材料的瞬时耐高温性可达 2000℃。

5. 工作安全性好

在纤维增强复合材料中，每平方厘米横截面上分布着成千上万根纤维，一旦过载后，会是其中少数纤维断裂，但随即应力迅速进行重新分配，由未断的纤维将载荷承担起来，不致在短时间内造成零件整体破坏，因而提高了零件使用时的安全可靠性能。

此外，复合材料往往还具有其他一些特殊性能，如隔热、隔音、耐蚀性以及特殊的光、电、磁等性能。

7.3.4　常用的复合材料

1. 纤维增强复合材料

纤维增强复合材料通常是以金属、塑料、陶瓷或橡胶为基体，以高强度、高弹性模量的纤维为增强材料而形成的一类复合材料。它是复合材料中最重要的一类，应用也最为广泛。

它的性能主要取决于纤维的特性、含量及排布方式。增强纤维主要有玻璃纤维(spun glass)、碳纤维、石墨纤维、碳化硅纤维以及氮化铝、氮化硅晶须(直径几十微米的针状单晶)等。

(1)玻璃纤维复合材料　用玻璃纤维增强工程塑料的复合材料称为玻璃钢,分为热塑性玻璃钢和热固性玻璃钢两种。

热塑性玻璃钢是以热塑性树脂为粘结材料,以玻璃纤维为增强材料制成的一类复合材料。热塑性树脂有尼龙、聚碳酸酯、聚乙烯和聚丙烯等。这类材料大量用于要求强度高、重量轻的机械零件,如车辆、船舶、航天航空机械等受力受热结构件、传动件和电机、电器绝缘件等。

热固性玻璃钢是以热固性树脂为粘结材料,以玻璃纤维为增强材料制成的一类复合材料。热固性树脂有环氧、氨基、酚醛、有机硅等。其主要优点是质轻、比强度高、成型工艺简单、耐蚀、电波透过性好。作为结构材料它可制成板材、管材、棒材及各种成型工件,广泛应用于各工业部门。但其刚度较差,耐热性不高,容易蠕变,容易老化。

(2)碳纤维复合材料　碳纤维复合材料是以树脂为基体材料,碳纤维为增强材料的一类新型结构复合材料。常用树脂有环氧树脂、酚醛树脂和聚四氟乙烯等。这种复合材料具有质轻、高强度、热导系数大、摩擦系数小、抗冲击性能好、疲劳强度高、化学稳定性好等一系列优越性能。可用作各类机器中的齿轮、轴承等耐磨零件,活塞、密封圈、衬垫板等,也可用于航天航空工业中,如飞机的翼尖、起落架、直升机的旋翼以及火箭、导弹的鼻锥体、喷嘴、人造卫星支承架及天线构架等。

(3)金属纤维复合材料　作为增强纤维的金属主要是强度较高的高熔点金属钨、钼、钛、铍、不锈钢等,它们能被基体金属润湿,也能增强陶瓷基体。用钨纤维增强镍基合金,可大大提高复合材料的高温强度,用它制造涡轮叶片,在提高工作温度的同时,显著提高其工作应力。另外,采用金属纤维增强陶瓷,可充分利用金属纤维的韧性和抗拉强度,有效地改善陶瓷的脆性。

2. 颗粒增强复合材料

颗粒增强复合材料是由一种或多种高硬度、高强度的细小颗粒均匀分布在韧性好的基体材料中所形成的一类复合材料。按化学成分的不同,颗粒主要分为金属颗粒和陶瓷颗粒两大类,如由 Al_2O_3、MgO 等氧化物或 TiC、SiC 等碳化物陶瓷颗粒分布在金属(如 Ti、Co、Fe 等)基体中形成的金属陶瓷就是一类陶瓷颗粒复合材料。它具有高强度、耐热、耐磨、耐蚀和热膨胀系数低等特性,可用来制作高速切削刀具、火花塞、喷嘴等高温工作零件。

3. 层叠复合材料

层叠复合材料是由两层或两层以上材料叠合而成的一类复合材料,各层片可由相同材料也可由不同材料组成,层叠复合材料可分为夹层结构复合材料、双层金属复合材料和金属—塑料多层复合材料三种。

(1)夹层结构复合材料　是由两层具有较高的硬度、强度、耐磨、耐蚀及耐热性的面板与具有低密度、低热导性、隔音性及绝缘性较好的芯部材料复合而成。这类材料具有较大的抗弯刚度,常用于装饰、车厢、容器外壳等。

(2)双层金属复合材料　它是用胶合或熔合等方法将性能不同的两种金属复合在一起而成,如锡基轴承合金—钢双金属层滑动轴承材料,合金钢—普通碳钢复合钢板,以及日光

灯中的启辉器双金属片等。

(3)金属—塑料多层复合材料　如钢—铜—塑料三层复合无油滑动轴承材料，就是以钢为基体，烧结铜网为中间层，塑料为表面层的金属—塑料多层复合材料。这种复合材料适用于制造尺寸精度要求高的各种机器的无润滑或少润滑条件下的轴承、垫片、衬套、球座等，并且广泛应用于化工机械、矿山机械、交通运输等部门。

本章小结

本章主要介绍了高分子材料、陶瓷材料和复合材料的基本概念、分类、性能和应用，要求掌握工程塑料的分类和应用，了解陶瓷材料、复合材料的性能和应用。

思考与习题

1. 什么是塑料，塑料怎样分类的？
2. 举例说出几种陶瓷材料的特点和主要用途。
3. 什么是复合材料？它有哪些突出的性能特点？列举一些复合材料的例子。
4. 防止高分子材料老化的基本措施。
5. 陶瓷材料由哪三个相组成？其中玻璃相的作用是什么？
6. 复合材料的基本组成相以及其增强原理是什么？

本章小结

思考与习题

第二篇　应用篇

第 8 章　零件的选材

工程机械都是由各种零件组合而成，所以，零件的制造是生产出合格机械产品的基础，而要生产出一个合格的零件，必须解决三个关键问题：即合理的零件结构设计，恰当的材料选择以及正确的加工工艺。本章着重从零件的工作条件，失效形式及应具备的主要性能指标和选材的具体方法等方面进行分析。

8.1　零件的失效

8.1.1　失效的概念与形式

失效是指零件在使用中，由于形状，或尺寸的改变或内部组织及性能的变化而失去原设计的效能。一般机械零件在以下三种情况下可认为已失效，零件完全不能工作；零件虽能工作，但已不能完成设计功能；零件已有严重损伤，不能再继续安全使用。

一般机械零件失效的常见形式有：

(1)断裂失效　零件承载过大或因疲劳损伤等发生破断。

(2)磨损失效　零件因过度摩擦而造成磨损过量，表面龟裂及麻点剥落等表面损伤。

(3)变形失效　零件承载过大而发生过量的弹、塑性变形或高温下发生蠕变等。

(4)腐蚀失效　零件在腐蚀性环境下工作而造成表层腐蚀脱落或断裂等。

同一个零件可能有几种不同的失效形式，例如轴类零件，其轴颈处因摩擦而发生磨损失效，在应力集中处则发生疲劳断裂，两种失效形式同时起作用。但一般情况下，总是由一种形式起主导作用，很少以两种形式同时都使零件失效。另外，这些失效形式可相互组合成为更复杂的失效形式，如腐蚀疲劳断裂、腐蚀磨损等。

8.1.2　零件失效的原因及分析

1. 零件失效的原因

引起零件失效的因素很多且较为复杂，它涉及零件的结构设计，材料选择，材料的加工，产品的装配及使用保养等方面。

(1)设计不合理

零件的尺寸以及几何形状结构不正确，如存在尖角或缺口，过渡圆角不合适等。设计中对零件的工作条件估计不全面，或者忽略了温度、介质等其他因素的影响，造成零件实际工作能力的不足。

(2)选材不合理

设计中对零件失效的形式判断错误，使所选材料的性能不能满足工作条件的要求，或者选材所根据的性能指标不能反映材料对实际失效形式的抗力，从而错误地选择了材料。另外，所用材料的冶金质量太差，造成零件的实际工作性能满足不了设计要求。

(3)加工工艺不当

零件在成型加工的过程中，由于采用的工艺不恰当，可能会产生种种缺陷。如热加工中产生的过热、过烧和带状组织等。热处理中产生的脱碳、变形及开裂等。冷加工中常出现的较深刀痕、磨削裂纹等。

(4)安装使用不良

安装时配合过松、过紧，对中不准，固定不稳等，都可能使零件不能正常工作，或工作不安全。使用维护不良，不按工艺规程正确操作，也可使零件在不正常的条件下运行，造成早期失效。

零件的失效原因还可能有其他因素，在进行零件的具体失效分析时，应该从多方面进行考查，确定引起零件失效的主要原因，从而有针对性地提出改进措施。

而零件的失效形式主要与其特有的工作条件是分不开的。如齿轮，当载荷大，摩擦严重时常发生断齿或磨损失效，而当承载小，摩擦较大时，常发生麻点剥落失效。

零件的工作条件主要包括：受力情况（力的大小、种类、分布、残余应力及应力集中情况等）、载荷性质（静载荷、冲击载荷、循环载荷等）、温度（低温、常温、高温、变温等）、环境介质（干爽、潮湿、腐蚀性介质等）、摩擦润滑（干摩擦、滑动摩擦、滚动摩擦、有无润滑剂等）以及有无振动等。

2. 零件的失效分析及改进措施

一般来说，零件的工作条件不同，发生失效的形式也会不一样，那么，防止零件失效的相应措施也就有所差别。

若零件发生断裂失效，如果是在高应力下工作，则可能是零件强度不够，应选用高强度材料或进行强化处理；如果是在冲击载荷下工作，零件可能是韧性不够，应选塑性、韧性好的材料或对材料进行强韧化处理；如果是在循环载荷下工作，零件可能发生的是疲劳破坏，则应选强度较高的材料经过表面强化处理，在零件表层存在一定的残余压应力为好，如果零件处于腐蚀性环境下工作，则可能发生的是腐蚀破坏，那么就应选择对该环境有相当耐蚀能力的材料。

若零件发生磨损失效，如果是粘着磨损，则往往是摩擦强烈，接触负荷大而零件的表层硬度不够，应选用高硬度材料或进行表面硬化处理，如果零件表层出现大面积剥落，则往往是表层出现软组织或存在网状或块状不均匀碳化物等，应改进热处理，工艺或重新锻造来均匀组织。

若零件发生变形失效，则往往是零件的强度不够，应选用淬透性好、高强度的材料或进行强韧化处理，提高其综合力学性能。如果是在高温下发生的变形失效，则往往是零件的耐热性不足而造成的，应选用化学稳定性好，高温性好的热强材料来制作。

8.2 零件设计中的材料选择

合理的选材标志应该是在满足零件工作要求的条件下，最大限度地发挥材料潜力，提高

性能价格比。

8.2.1 选材的基本原则

选材的基本原则是材料在能满足零件使用性能的前提下，具有较好的工艺性和经济性；根据本国资源情况，优先选择国产材料。

1. 材料的使用性能应满足工作要求

材料的使用性能是指机械零件在正常工作条件下应具备的力学、物理、化学等性能。它是保证该零件可靠工作的基础。对一般机械零件来说，选材时主要考虑的是其机械性能（力学性能）。而对于非金属材料制成的零件，则还应该考虑其工作环境对零件性能的影响。

零件按力学性能选材时，首先应正确分析零件的服役条件、形状尺寸及应力状态，结合该类零件出现的主要失效形式，找出该零件在实际使用中的主要和次要的失效抗力指标，以此作为选材的依据。根据力学计算，确定零件应具有的主要力学性能指标，能够满足条件的材料一般有多种，再结合其他因素综合比较，选择出合适材料。

2. 材料的工艺性应满足加工要求

材料的工艺性是指材料适应某种加工的特性。零件的选材除了首先考虑其使用性能外，还必须兼顾该材料的加工工艺性能，尤其是在大批量、自动化生产时，材料的工艺性能更显得重要。良好的加工工艺性能保证在一定生产条件下，高质量、高效率、低成本地加工出所设计的零件。

（1）铸造性

是指材料在铸造生产工艺过程中所表现出的工艺性能。其好坏是保证获得合格铸件的主要因素。材料的铸造性能主要包括流动性、收缩性，还有吸气、氧化、偏析等，一般来说，铸铁的铸造性能比铸钢好得多，铜、铝合金的铸造性能较好，介于铸铁和铸钢之间。

（2）锻造性

是指锻造该材料的难易程度。若该材料在锻造时塑性变形大，而所需变形抗力小，那么该材料的锻造性能就好，否则，锻造性能就差。影响材料锻造性主要是材料的化学成分和内部组织结构以及变形条件。一般来说，碳钢的可锻性好于合金钢，低碳钢好于高碳钢，铜合金可锻性较好而铝合金较差。

（3）焊接性

是指材料对焊接成形的适应性，也就是在一定的焊接工艺条件下材料获得优质焊接接头的难易程度。一般来说，低碳钢及低合金结构钢焊接性良好，中碳钢及合金钢焊接性较差，高碳高合金钢及铸铁的焊接性很差，一般不作焊接结构。铜、铝合金焊接性较差，一般需采取一些特殊工艺才能保证焊接质量。

（4）切削加工性

是指材料切削加工的难易程度，它一般用切削抗力大小，刀具磨损程度，切屑排除的难易及加工出的零件表面质量来综合衡量。一般来说，硬度适中（160～230HBS）的材料切削加工性好。易切削钢中碳钢、一般有色金属的切削加工性好，而高强度钢、耐热、不锈钢的切削加工性较差。

（5）热处理工艺性

是指材料对热处理加工的适应性能。它包括淬透性、淬硬性、氧化、脱碳倾向、变形开裂倾向、过热过烧倾向、回火脆性倾向等。一般来说，合金钢的淬透性好于碳钢，高碳钢的淬硬性好于低碳钢。淬火冷速越慢，变形开裂倾向越小，所以合金钢油中淬火的变形开裂比碳钢水中淬火要小。此外，合金钢比碳钢不易产生过热过烧现象，大多数合金钢会产生高温回火脆性。

(6)粘结固化性

高分子材料，陶瓷材料，复合材料及粉末冶金材料，大多数靠粘结剂在一定条件下将各组分粘结固化而成。因此，这些材料应注意在成型过程中，各组分之间的粘结固化倾向，才能保证顺利成型及成型质量。

3. 材料的性能价格比要高

从选材经济性原则考虑，应尽可能选用货源充足、价格低廉、加工容易的材料，而且应尽量减少所选材料的品种、规格，以简化供应、保管等工作。但是，仅仅考虑材料的费用及零件的制造成本并不是最合理的。必须对用该材料制成的性/价比尽可能高些。如某大型柴油机中的曲轴，以前用珠光体球墨铸铁生产，价格 160 元左右，使用寿命 3～4 年，后改为 40Cr 调制表面淬火后使用，价格 300 元，使用寿命近 10 年，由此可见，虽然采用球墨铸铁生产曲轴成本低，但就性能价格比来说，用 40Cr 来生产曲轴则更为合理。因为后者的性价比要高于前者，况且，曲轴是柴油机中的重要零件，其质量好坏直接影响整台柴油机的运行安全及使用寿命，因此，为了提高这类关键零件的使用寿命，即使材料价格和制造成本较高，但从全面来看，其经济性仍然是合理的。

8.2.2 零件选材中的注意事项

零件选材通常遵循选材的基本原则，一般认为在正常工作条件下，该零件运行应该是安全可靠，生产成本也应该是经济合理的。但是，由于有许多没有估计到的因素会影响到材料的性能和零件的使用寿命，甚至也影响到该零件生产及运行的经济效益。因此，零件选材时还必须注意以下一些问题：

1. 零件的实际工作情况

实际使用的材料不可能绝对纯净，大都存在或多或少的夹杂物及各种不同类型的冶金缺陷，它们的存在，都会对材料的性能产生各种不同程度的影响。

另外，材料的性能指标是通过试验来测定的，而试验中的试样与实际工作中的零件无论是在材料，形状尺寸还是在受力状况，服役条件等方面都存在差异，因此，从试验中测出的数值与实际工作的零件可能会不一样，有些出入。所以，材料的性能指标只有通过与工作条件相似的模拟试验才能最终确定下来。

2. 材料的尺寸效应

用相同材料制成的尺寸大小不一样的零件，其力学性能会有一些差异，这种现象称为材料的尺寸效应。如钢材，由于尺寸大的零件淬硬深度要小，尺寸小的淬硬深度要大些。从而使得零件淬火后在整个截面上获得的组织不均匀一致。这种现象，对于淬透性低的钢，尺寸效应更为明显。

另外，尺寸效应还会影响钢材淬火后获得的表面硬度。在其他条件一样时，随零件尺寸的增大，淬火后零件获得的表面硬度会越低。

同样，尺寸效应现象在铸铁件以及其他一些材料中也同样存在，只是程度不同而已，因此，零件选材，特别是在零件尺寸较大的情况下，必须考虑尺寸效应的影响而适当加以调整。

3. 材料力学性能之间的合理配合

由于硬度值是材料一个非常重要的性能指标，且测定简便而迅速，又不破坏零件，还有材料的硬度与其他力学性能指标存在或多或少的联系。因此，大多数零件在图纸上的技术性能标注的大都是其硬度值。

材料硬度值的合理选择应综合考虑零件的工作条件及结构特点。如对强烈摩擦的零件，为提高其耐磨性，应选高硬度材料；为保证有足够的塑性和韧性，应选较低的硬度值；而对于相互摩擦的配合零件，应使两零件的硬度值合理匹配(轴的硬度一般比轴瓦高几个HRC)。

强度的高低反映材料承载能力的大小，通常机械零件都是在弹性范围内工作的。因此零件的强度设计都是以屈服强度 $\sigma_{0.2}$ 为原始数据(脆性材料为抗拉强度 σ_b)，再以安全系数N加以修正，从而保证零件的安全使用。但是，这种安全也不是绝对的。实际工作的零件有时在许用应力以下也会发生脆断，或因短时过载而断裂。这种情况下不能只片面提高强度指标，因为钢材强度提高后，其塑性和韧性指标一般会呈下降趋势。当材料的塑性，韧性很低时，容易造成零件的脆性断裂。所以必须采取一定措施(如强韧化处理)，在提高材料强度的同时，保证其有相当的塑性和韧性。

塑性及韧性指标一般不用于材料的设计计算，但它们对零件的工作性能都有很大的影响。一定的塑性能有效地提高零件工作的安全性。当零件短时过载时，能通过材料局部塑性变形，削弱应力峰，产生加工硬化，提高零件的强度，从而增加其抗过载的能力。一定的韧性，能保证零件承受冲击载荷及有效防止低应力脆断的危险。但也不能因此而片面追求材料的高塑性和韧性，因为塑性和韧性的提高，必然是以牺牲材料的硬度和强度为代价，反而会降低材料的承载能力和耐磨性，故应根据实际情况合理，调配这些性能指标。

8.3 典型零件、工具的选材及热处理

金属材料、高分子材料、陶瓷材料及复合材料是目前主要的工程材料，它们各有自己的特性，所以各有其合适的用途。

高分子材料的密度小，比强度大，绝缘、减振、隔音性能佳，加工简便成本低。但是，高分子材料的强度低，刚度小，尺寸稳定性较差，容易老化。因此，在机械工程中，一般用来制造承受载荷较轻的一些不重要的结构零件。如用于轻载荷的塑料齿轮、轴承、一些紧固件及各种密封件等。

陶瓷材料硬度高，耐高温，抗氧化，耐磨损且耐蚀性好。但它质脆、韧性差，不能经受冲击载荷，抗急冷、急热性能差，易碎裂。因此，在机械工程中，陶瓷材料一般不用来制造受力复杂及冲击性大的重要零件，主要用来制造在高温下工作的零件，切削刀具和某些耐磨工件。如，坩埚、发动机叶片、拉丝模等。由于陶瓷材料的制造工艺较复杂，成本高，故在机械工程中应用还不普遍。

复合材料综合了多种不同材料的优良性能。具有很高的比强度和比模量，抗疲劳，减振，耐高温，有良好的断裂安全性；但复合材料通常表现为各向异性，横向力学性能较低，伸长率小，抗冲击性差。因此，复合材料虽然有着较多的性能优点，是一类很有发展前途的新

型工程材料，但目前制造成本很高，影响了它的应用范围。

金属材料具有优良的使用性能，能满足绝大多数机械零件的工作要求，且金属材料还具有良好的加工工艺性能，能很方便地通过各种成型加工方法将其加工成所需产品，还能通过多种热处理提高和改善材料性能，充分发挥材料的潜力。因此，目前它是机械工程中最主要的结构材料，被广泛地用于制造各种重要的机械零件和工程结构。在金属材料中，机械零件的用材最主要是钢铁材料。又因为钢铁材料的性能与热处理有着非常紧密的联系，如果选材正确，但没有合理的热处理工艺相配合，零件的性能也是不可能达到设计要求的。所以，下面介绍典型零件选材的同时紧密结合热处理工艺加以分析、讨论。

8.3.1 轴类零件的选材及热处理

轴是机器中的重要零件之一，用来支持旋转的机械零件，如齿轮、带轮等。根据承受载荷的不同，轴可分为转轴、传动轴和心轴三种。这里只就受力较复杂的一种传动轴（机床主轴）为例来讨论其选材和热处理工艺。

1. 机床主轴的工作条件、失效形式及技术要求

(1)机床主轴的工作条件

机床主轴工作时高速旋转，并承受弯曲、扭转、冲击等多种载荷的作用；机床主轴的某些部位承受着不同程度的摩擦，特别是轴颈部分与其他零件相配合处承受摩擦与磨损。

(2)机床主轴的主要失效形式

当弯曲载荷较大，转速很高时，机床主轴承受着很高的交变应力，而当轴表面硬度较低，表面质量不良时常发生因疲劳强度不足而产生疲劳断裂，这是轴类工件最主要的失效形式。当载荷大而转速度高，且轴瓦材质较硬而轴颈硬度不足时，会增加轴颈与轴瓦的摩擦，加剧轴颈的磨损而失效。

(3)对机床主轴的材料性能要求

根据机床主轴的工作条件，失效形式，要求主轴材料应具备以下主要性能：

①具有较高的综合力学性能　当主轴运转工作时，要承受一定的变动载荷与冲击载荷，常产生过量变形与疲劳断裂失效。如果主轴材料通过正火或调质处理后具有较好的综合力学性能，即较高的硬度、强度、塑性与韧性，则能有效地防止主轴产生变形与疲劳失效。

②主轴轴颈等部位淬火后应具有高的硬度和耐磨性，提高主轴运转精度及使用寿命。

2. 主轴选材及热处理工艺的具体实例

主轴的材料及热处理工艺的选择应根据其工作条件、失效形式及技术要求来确定。

主轴的材料常采用碳素钢与合金钢，碳素钢中的35、45、50等优质中碳钢，因具有较高的综合机械性能，应用较多，其中以45号钢用得最为广泛。为了改善材料力学性能，应进行正火或调质处理。

合金钢具有较高的机械性能，但价格较贵，多用于有特殊要求的轴。当主轴尺寸较大，承载较大时可采用合金调质钢如40Cr、40CrMn、35CrMo等进行调质处理。对于表面要求耐磨的部位，在调质后再进行表面淬火，当主轴承受重载荷、高转速，冲击与变动载荷很大时，应选用合金渗碳钢如20Cr、20CrMnTi等进行渗碳淬火。而对于在高温、高速和重载条件下工作的主轴，必须具有良好的高温机械性能，常采用27Cr2Mo1V、38CrMoAlA等合金结构钢。此外，合金钢对应力集中的敏感性较高，因此设计合金钢轴时，更应从结构上避免或减少应力集中现象，并减少轴的表面粗糙度值。

现以C616车床主轴(图8-1)为例,分析其选材与热处理工艺。该主轴承受交变弯曲应力与扭转应力,但载荷不大,转速较低,受冲击较小,故材料具有一般综合力学性能即可满足要求。主轴大端的内锥孔和外锥体,经常与卡盘、顶尖有相对摩擦,花键部位与齿轮有相对滑动,因此这些部位硬度及耐磨性有较高要求。该主轴在滚动轴承中运转,为保证主轴运转精度及使用寿命,轴颈处硬度为220~250HBS。

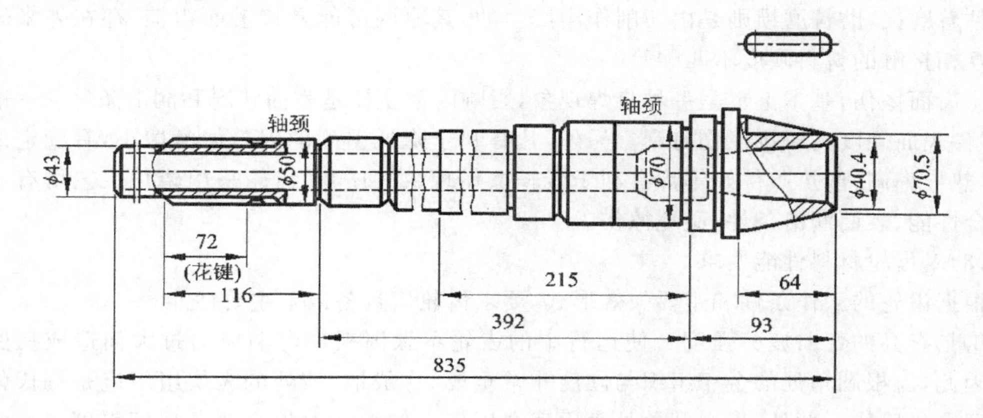

图8-1 C616车床主轴简图

根据上述工作条件分析,该主轴可选45钢。热处理工艺及应达到的技术条件是:主轴整体调质,改善综合力学性能,硬度为220~250HBS;内锥孔与外锥体淬火后低温回火,硬度为45~50HRC;但应注意保护键槽淬硬,故宜采用快速加热淬火;花键部位采用高频感应表面淬火,以减少变形并达到表面淬硬的目的。硬度达48~53HRC,由于主轴较长,而且锥孔与外锥体对两轴颈的同轴度要求较高,故锥部淬火应与花键部位淬火分开进行,以减少淬火变形。随后用粗磨纠正淬火变形,然后再进行花键的加工与淬火,其变形可通过最后精磨予以消除。

8.3.2 齿轮类零件的选材及热处理

1. 齿轮的工作条件、失效形式及对材料性能的要求

(1)齿轮的工作条件

齿轮作为一种重要的机械传动零件,在工业上应用十分广泛,各类齿轮的工作过程大致相似,只是受力程度,传动精度有所不同。

①齿轮工作时,通过齿面接触传递动力,在啮合齿表面存在很高的接触压应力及强烈的摩擦。

②传递动力时,轮齿就像一根受力的悬臂梁,接触压应力作用在轮齿上,使齿根部承受较高的弯曲应力。

③当啮合不良,启动或换挡时,轮齿将承受较高的冲击载荷。

(2)齿轮的主要失效形式

在通常情况下,齿轮的失效形式主要有:断齿、齿面剥落,磨损及擦伤等。

①断齿,大多数情况下是由于齿轮在交变应力作用下齿根产生疲劳破坏的结果,但也可能是超载引起的脆性折断。

②齿面剥落,是接触应力超过了材料的疲劳极限而产生的接触疲劳破坏。根据疲劳裂

纹产生的位置，可分为裂纹产生于表面的麻点剥落，裂纹产生于接触表面下某一位置的浅层剥落，以及裂纹产生于硬化层与心部交界处的深层剥落。

③齿面磨损，是啮合齿面相对滑动时互相摩擦的结果，齿轮磨损主要有两种类型，即粘着磨损和磨粒磨损。粘着磨损产生的原因主要是油膜厚度不够，粘度偏低，油温过高，接触负荷大而转速低，当以上某一因素超过临界值就会造成温度过高而产生断续的自焊现象而形成粘着磨损，磨粒磨损则是由切削作用产生的，其原因可能是接触面粗糙，存在外来硬质点或互相接触的材料硬度不匹配等。

④齿面擦伤，基本上也是一种自焊现象，影响因素主要是表面状况和润滑条件。一般来说，零件表面硬度高对抗擦伤有利。另外，凡有利于降低温度的因素如摩擦小，有稳定的油膜层，热导率高，散热条件好等都有利于减轻擦伤现象。还有，齿轮采用磷化工艺可有效改善综合性能、表面润滑条件，避免擦伤。

(3)对齿轮材料性能要求

根据齿轮的工作条件和主要失效形式，要求齿轮应具备以下主要性能。

①具有高的弯曲疲劳强度　使运行中的齿轮不致因根部弯曲应力过大而造成疲劳断裂。因此，齿根圆角处的金相组织与硬度非常重要，一般地，该处的表层组织应是马氏体和少量残余奥氏体。此外，齿根圆角处表面残余压应力的存在对提高弯曲疲劳强度也非常有利。还有，一定的心部硬度和有效淬火层深度对弯曲疲劳强度亦有很大影响，根据国内外大量试验数据表明，对于齿轮心部硬度最佳控制在36～40HRC，有效层深为齿轮模数的15%～20%。

②具有高的接触疲劳抗力　使齿面不致在受到较高接触应力时而发生齿面剥落现象。通过提高齿面硬度，特别是采用渗碳、渗氮、碳氮共渗及其他齿面强化措施可大幅度提高齿面抗剥落的能力。一般地，渗碳淬火后齿轮表层的理想组织是细晶粒马氏体加上少量残余奥氏体。不允许有贝氏体、珠光体，因为贝氏体，珠光体对疲劳强度、抗冲击能力、抗接触疲劳能力均不利。心部金相组织应是马氏体和贝氏体的混合组织。另外，齿轮表层组织中含有少量均匀分布的细小的碳化物对提高表面接触疲劳强度和抗磨损能力都是有利的。

总之，提高材料的冶金质量及热处理质量，减少钢中非金属夹杂物，细化显微组织，改善碳化物形态，尺寸及分布，减少或避免表面脱碳层及淬火时的表面非马氏体组织，使表面获得残余压应力状态等均可使齿轮的弯曲疲劳强度，接触疲劳强度及耐磨性等得到改善，并提高其使用寿命。

2. 齿轮选材及热处理工艺具体实例

(1)机床齿轮选材

机床中齿轮的载荷一般较小，冲击不大，运转较平稳，其工作条件较好。机床齿轮的选材主要是根据齿轮的具体工作条件(如运转速度、载荷大小及性质，传动精度等来确定的，如表8-1所示。

由表中可见，机床齿轮常用材料分中碳钢或中碳合金钢及低碳或低合金结构钢两大类。中碳钢常选用45钢，经高频感应加热淬火，低温或中温回火后，硬度值达45～50HRC，主要用于中小载荷齿轮。如变速箱次要齿轮，溜板箱齿轮等。中碳合金钢常选用40Cr或42SiMn钢，调质后感应加热淬火，低温回火，硬度值可达50～55HRC，主要用于中等载荷，冲 击不大的齿轮，如铣床工作台变速箱齿轮，主速机床走刀箱、变速箱齿轮等。低碳钢一般

表 8-1 机床齿轮的用材及热处理

序号	齿轮工作条件	钢种	热处理工艺	硬度要求
1	在低载荷下工作，要求耐磨性好的齿轮	15	900～950℃渗碳后直接淬火，180～200℃回火	58～63HRC
2	低速(<0.1m/s)、低载荷下工作的不重要的变速箱齿轮及挂轮架齿轮	45	840～860℃正火	156～217HB
3	低速(<1m/s)、低载荷下工作的齿轮(如车床溜板上的齿轮)	45	820～840℃水冷，500～550℃回火	200～250HBS
4	中速、中载荷或大载荷下工作的齿轮(如车床变速箱中的次要齿轮)	45	高频加热，水冷，300～340℃回火	45～50HRC
5	速度较大或中等载荷下工作的齿轮，齿部硬度要求较高(如钻床变速箱中的次要齿轮)	45	高频加热，水冷，240～260℃回火	50～55HRC
6	高速、中等载荷，齿面硬度要求高的齿轮(如磨床砂轮箱齿轮)	45	高频加热，水冷，180～200℃回火	54～60HRC
7	速度不大，中等载荷，断面较大的齿轮(如立车齿轮)	40Cr 42SiMn	840～860℃油冷，600～650℃回火	200～230HBS
8	中等速度(2～4 m/s)、中等载荷下工作高速机床走刀箱、变速箱齿轮	40Cr 42SiMn	调质后高频加热，乳化液冷却，260～300℃回火	50～55HRC
9	高速、高载荷、齿部要求高硬度的齿轮	40Cr 42SiMn	调质后高频加热，乳化液冷却，180～200℃回火	54～60HRC
10	高速、中载荷、受冲击、模数<5齿轮(如机床变速箱齿轮)	20Cr 20Mn2B	900～950℃渗碳后直接淬火或800～820℃油淬、180～200℃回火	58～63HRC
11	高速、中载荷、受冲击、模数>6的齿轮(如立车上的重要齿轮)	20CrMnTi 20SiMnVB	900～950℃渗碳，降温至820～850℃淬火，180～200℃回火	58～63HRC
12	高速、中载荷、形状复杂，要求热处理变形小的齿轮	38CrMoAl 38CrAl	正火或调质后510～550℃氮化	850HV 以上
13	在不高载荷下工作的大型齿轮	50Mn2 65Mn	820～840℃空冷	<241HBS
14	传动精度高，要求具有一定耐磨性的大齿轮	35CrMo	850～870℃空冷，600～650℃回火(热处理后精加工齿形)	255～305HBS

选用 15 或 20 钢，渗碳后直接淬火，低温回火后使用，硬度可达 HRC58～63，一般用于低载荷，耐磨性高的齿轮。低合金结构钢常采用 20Cr、20CrMnTi、12CrNi3 等渗碳用钢，经渗碳后淬火，低温回火后使用，硬度值可达 58～63HRC，主要用于高速，重载及受一定冲击的齿轮，如机床变速箱齿轮，立式车床上重要的弧齿锥齿轮等。

(2)汽车、拖拉机齿轮选材

汽车、拖拉机齿轮主要分装在变速箱和差速器中。在变速箱中，通过它来改变发动机，曲轴和主轴齿轮的转速；在差速器中，通过它来增加扭转力矩，调节左右两车轮的转速，并将发动机动力传给主动轮，推动汽车、拖拉机运行，所以这此类齿轮传递功率、承受冲击载荷及摩擦压力都很大，工作条件比机床齿轮要繁重得多。因此，对其疲劳强度，心部强度，冲击韧性及耐磨性等方面都有更高要求，实践证明，选用合金渗碳钢经渗碳(或碳氮共渗)，淬火及低温回火后使用非常合适。常采用的合金渗碳钢为 20CrMo、20CrMnTi、20CrMnMo 等，这类钢的淬透性较高，通过渗碳，淬火及低温回火后，齿面硬度为 58～63 HRC，具有较高的疲劳强度和耐磨性，心部硬度为 33～45HRC，具有较高的强度及韧性。且齿轮的变形较小，完全可以满足其工作条件要求大批量生产时，齿轮坯宜采用模镀生产，既节约金属，又提高了齿轮力学性能，齿轮坯常采用正火处理，齿轮常用渗碳温度为 920～930℃，渗碳层深一般为 $\delta=(0.2\sim0.3)m$(m 为齿轮模数)，表层含碳量 $w_c=0.7\%\sim1.0\%$。表层组织应为细针状体和少量残余奥氏体以及均匀弥散分布的细小碳化物。该类齿轮的加工路线通常为：

下料→锻造→正火→机械粗加工→渗碳→淬火、低温回火→喷丸→磨齿

对于运行速度更快，周期长，安全可靠性好的齿轮，如冶金、电站设备、铁路机车、船舶的汽轮发动机等设备上的齿轮，可选用 12CrNi2、12CrNi3、12CrNi4、20CrNi3 等淬透性更高的合金渗碳钢。对于传递功率更大，齿轮表面载荷高，冲击更大，结构尺寸很大的齿轮，则可选用 20CrNi2Mo、20Cr2Ni4、18Cr2Ni4W 等高淬透性合金渗碳钢。

另外，对于高精密传动齿轮，可选用渗氮钢经渗氮处理：如一般用途(表面耐磨)的选用 40Cr、20CrMnTi 钢渗氮；在冲击载荷下工作(要求表面耐磨，心部韧性高)的齿轮可选用 18Cr2Ni4WA、30CrNi3 等钢；在重载荷下工作(要求表面耐磨、心部强度高)的宜采用 35CrMoV、40CrNiMo 等钢；在重载及冲击下工作(要求表面耐磨，心部强、韧性高)的可采用 35CrNiMoA、40CrNiMoA 等钢；精密传动(要求表面耐磨，畸变小)的齿轮可采用 38CrMoALA 钢渗氮。

8.3.3 常用刀具的选材及热处理

按切削速度的高低可将刀具简单地划分为两大类：低速切削刀具和高速切削刀具。

1. 刀具的工作条件，主要失效形式及对材料性能要求

在切削过程中，刀具切削部分承受切削力、切削高温的作用以及剧烈的摩擦、磨损和冲击、振动。

刀具在使用中发生的最主要失效形式是刀具磨损，即刀具在切削过程中，其前刀面、后刀面上微粒材料被切屑或工件带走的现象。刀具磨损常表现在后刀面上形成后角为零的棱带以及前刀面上形成月牙形凹坑。造成刀具磨损的主要原因是切屑、工件与刀具间强烈的摩擦以及由切削温度升高而产生的热效应引起磨损加剧。刀具另一种主要失效形式是刀具破损，即刀具受力过大，或因冲击、内应力过大而导致崩刃或刀片突然碎裂的现象。

根据上述的刀具工作条件，失效形式，要求刀具材料应具备以下主要性能：

(1)高硬度

刀具材料的硬度必须高于工作材料的硬度，否则切削难以进行，在常温下，一般要求其硬度在 HRC60 以上。

(2)高耐磨性

为承受切削时的剧烈摩擦，刀具材料应具有较强的抵抗磨损的能力，以提高加工精度及使用寿命。

(3)高红硬性

切削时由于金属的塑性变形、弹性变形和强烈摩擦，会产生大量的切削热，造成较高的切削温度，因此刀具材料必须具有高的红硬性，在高温下仍能保持高的硬度、耐磨性和足够的坚韧性。

(4)良好的强韧性

为了承受切削力，冲击和振动，刀具材料必须具备足够的强度和韧性才不致被破坏。

刀具材料除应有以上优良的切削性能外，一般还应具有良好的工艺性和经济性。

2. 刀具选材及热处理工艺实例

(1)低速刀具的选择及热处理工艺

常见低速切削刀具有锉刀、手用锯条、丝锥、板牙及铰刀等。它们的切削速度较低，受力较小，摩擦和冲击都不大。

对于这类刀具，常采用的材料有碳素工具钢及低合金工具钢两大。碳素工具钢是一种含碳量高的优质钢，淬火、低温回火后硬度可达 HRC 60～65，可加工性能好，价格低，刃口容易磨得锋利，适用于制造低速或手动刀具。常用牌号为 T8、T10、T13、T10A 等，各牌号的碳素工具钢淬火后硬度相近，但随含碳量的增加，未溶碳化物增多，钢的耐磨性增加，而韧性降低，故 T7、T8 适用于制造承受一定冲击而韧性要求较高的刀具，如木工用斧头，钳工凿子等；T9、T10、T11 钢用于制造冲击较小而要求高硬度与耐磨的刀具，如手锯条、丝锥等；T12、T13 钢硬度及耐磨性最高，而韧性最差，用于制造不承受冲击的刀具，如锉刀、刮刀等。牌号后带“A”的高级优质碳素工具钢比相应的优质碳素工具钢韧性好且淬火变形及开裂倾向小，适用于制造形状复杂的刀具。低合金工具钢含有少量合金元素，与碳素工具钢相比有较高的红硬性与耐磨性，淬透性好，热处理变形小。主要用于制造各种手用刀具和低速机用切削刀具，如手用铰刀，板牙，拉刀等，常用牌号有 9SiCr，CrWMn 等。

手用铰刀是加工金属零件内孔的精加工刀具。因是手动铰削，速度较低，且加工余量小，受力不大。它的主要失效形式是磨损及扭断。因此，手用铰刀对材料的性能要求是：齿刃部经热处理后，应具有高硬度和高耐磨性以抵抗磨损，硬度为 62～65HRC，刀轴弯曲畸变量要小约为 0.15～0.3mm，以满足精加工孔的要求。

根据以上条件，手用铰刀可选低合金工具钢 9SiCr 经适当热处理后满足要求，其具体热处理工艺为：刀具毛坯锻压后采用球化退火改善内部组织，机械加工后的最终热处理采用分级淬火 600～650℃预热，再升温至 850～870℃加热，然后 160～180℃硝盐中冷却(ø3～13)或≤80℃油冷(ø13～50)，热矫直，再在 160～180℃进行低温回火，柄部则采用 600℃高温回火后快冷。

经过以上热处理，手用铰刀基本上可满足工作性能要求，且变形量很小。

(2)高速刀具的选材及热处理工艺

常见高速切削刀具有车刀、铣刀、钻头、齿轮滚刀等,它们的切削速度高,受力大,摩擦剧烈,温度高且冲击性大。

对于这类刀具,常采用的材料有高速钢、硬质合金、陶瓷以及超硬材料四类。这里,我们只就高速钢作介绍。

高速钢是一种含较多合金元素的高合金工具钢,红硬性较高,允许在较高速度下切削,高速钢的强度和韧性高,制造工艺性好,易于磨出锋利刃口,因而得到广泛应用,适用于制造各种复杂形状的刀具。常用高速钢的牌号有 W18Cr4V、W6Mo5Cr4V2、W18Cr4V2Co8、W6Mo5Cr4V2Al 等,其中 W18Cr4V 属典型的钨系高速钢,硬度为 62~65 HRC,具有较好的综合性能,在国内外应用最广;W6Mo5Cr4V2 属钨钼系高速钢,其碳化物分布均匀,强度和韧性好,但易脱碳,过热,红硬性稍差,适用于制造热轧刀具,如热轧麻花钻头等;W18Cr4V2Co8 属含钴超硬系高速钢,其硬度高,耐磨性和红硬性好,适用于制造特殊刀具,用来加工难以切削的金属材料,如高温合金、不锈钢等;W6Mo5Cf4V2AL 属含铝超硬系高速钢,其硬度可达 68~69HRC,耐磨性与红硬性均很高,适用于制造切削难加工材料的刀具以及要求耐用度高,精度高的刀具,如齿轮滚刀,高速插齿刀等。

车刀是一种最简单也是最基本最常用的刀具,用来夹持在车床上切削工件外圆或端面等。车削的速度不是很高,且一般是连续进行,冲击性不大,但粗车时载荷可能较大。它的主要失效形式是刀刃和刀面的磨损。因此,车刀对材料的性能要求是,高的硬度和耐磨性,经热处理后切削部分的硬度≥64HRC;红硬性较高,应≥52HRC,使刀具能担负较高的切削速度,足够的强度及韧性,使刀具能承受较大的切削力及一定的冲击性。

根据以上条件,车刀可选取最常用的钨系高速成钢 W18Cr4V 即可满足其性能要求,其具体热处理工艺为:为了改善刀具毛坯的机械加工性能,消除锻造应力,为最终热处理作为组织准备,其预先热处理采用等温球化退火(即在 850~870℃保温后,迅速冷却到 720~740℃等温停留 4~5h,再冷到 600℃以下出炉),退火后,组织为索氏体及细小粒状碳化物,硬度为 210~255HBS。机械加工后进行淬火、回火的最终热处理,因车刀的切削载荷通常不大,承受冲击较小,而切削热量较大,形状简单,所以宜采用较高淬火温度,通常为 1290~1320℃。因高速钢的塑性和导热性较差,为了减少热应力,防止刀具变形和开裂,必须进行 850±10℃的中温预热,淬火冷却可采用油冷或在 580~620℃的盐浴中等温冷却,对厚度小,刃部长的车刀可在 240~280℃保温 1.5~3h 进行分级淬火,以减少畸变,同时改善刀具性能,回火常采用 560℃×(1~1.5)h 回火三次,以尽量减少钢中残余奥氏体量,产生二次硬化,获得最高硬度≥64HRC,经过上述热处理,W18Cr4V 制车刀完全能满足工作性能要求。

本章小结

本章主要介绍了金属材料选材的一般原则和步骤,要求学生掌握选材的基本原则,能够结合生产实际,对零件材料及其工艺路线进行合理选择。

思考与习题

1. 零件常见失效形式有哪几种？他们要求材料的主要性能指标分别是什么？

2. 零件选材的基本原则是什么？

3. 制定下列零件的热处理工艺，并编写简明的工艺路线（各零件均选用锻造毛坯，且钢材具有足够的淬透性）。

（1）某机床变速箱齿轮（模数 m=4），要求齿面耐磨，心部强度和韧性要求不高，选用 45 钢制造。

（2）某机床主轴，要求有良好的综合机械性能，轴颈部分要求耐磨（50～55 HRC），选用 45 钢制造。

第9章 热处理实习

9.1 钢的热处理

9.1.1 热处理操作

手锤是日常生产生活的小工具，工件材料为45钢，要求高硬度、耐磨损、抗冲击，热处理后硬度为42～47HRC。根据其力学性能要求，制定热处理方法为：淬火后低温回火。加工工艺流程为：备料—锻造—切削加工—热处理—抛光—表面处理—装配。热处理工艺曲线如图9-1所示。

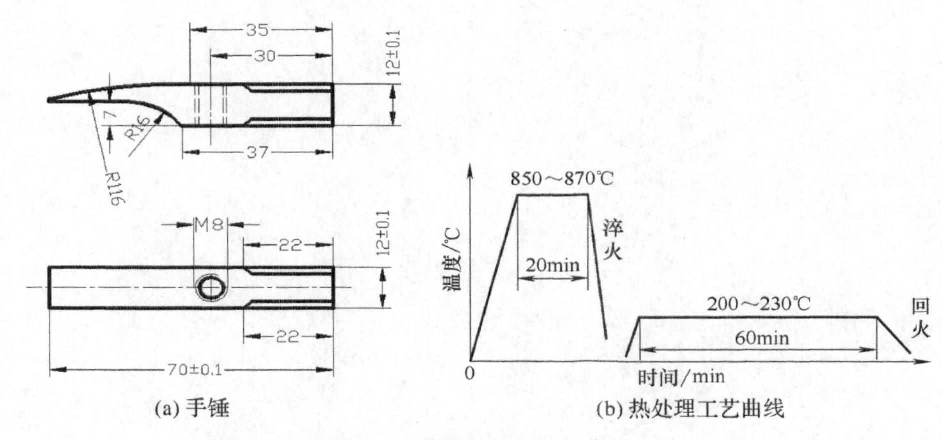

(a) 手锤　(b) 热处理工艺曲线

图9-1　手锤热处理工艺曲线

1. 热处理操作要领

(1)操作前须做好准备工作，如检查设备是否正常、确认工件及相应的工艺等。

(2)工件要正确捆扎、装炉。工件装炉时，工件间要留有间隙，以免影响加热质量。为减少表面氧化、脱碳，加热时要在炉内放入少许木炭。

(3)工件淬火冷却时，应根据工件不同的成分和其力学性能不同的要求来选择冷却介质。如钢退火时一般是随炉冷，淬火冷却时碳素钢一般在水中冷却，而合金钢一般在油中冷却。冷却时为防止冷却不均匀，工件放入淬火槽里后要不断地摆动，必要时淬火槽内的冷却介质还要进行循环流动。

(4)工件淬入槽中淬火时要注意淬入的方式，避免由此引起变形和开裂。如对厚薄不均的工件，厚的部分应先浸入；对细长的、薄而平的工件应垂直浸入；对有槽的工件，应槽口向上浸入。

(5)热处理后的工件出炉后要进行清洗或喷丸，并检验硬度和变形。

(6)热处理后的检验　可用洛式硬度测量法测量小手锤硬度是否符合要求，也可用锉刀大致检验出小手锤两端的硬度，感到不容易锉动或用力只能锉动一点时，硬度就大致符合要求。

2. 箱式电阻炉加热操作

(1)操作前准备工作

1)开炉前仔细检查电气仪表是否正常。

2)检查可控气氛原料是否齐备。

(2)操作程序

1)操作时，必须两人以上配合。

2)装好工件，小心置入炉膛。

3)调好仪表，启动电气加热。

4)按工艺加热到适宜温度保温后出炉。

3. 热处理的安全技术

(1)穿戴好防用品，如工作服装、手套、工作鞋等，以防淬火介质飞溅伤人。

(2)操作前要先熟悉工件的工艺要求及热处理设备的使用方法，按工艺操作规程严格执行。

(3)用电阻炉加热时，工件进炉、出炉时应先切断电源以后送取，以防触电。操作时还要注意不要触碰电阻丝，以防短路。

(4)经热处理出炉的工件，不可用手触摸，以防烫伤。

(5)工件放入盐浴炉前一定要烘干。

(6)加热设备与冷却设备之间，不得放置任何妨碍操作的物品。

(7)车间常用的化学试剂及可燃易爆等物品，应由专人保管发放。

4. 常见热处理缺陷分析

在热处理生产中，由于操作控制不当，可能使工件在热处理过程中产生各种缺陷，影响了工件的热处理质量，甚至直接导致工件报废。常见的热处理缺陷有以下几种：

(1)过烧或过热

过烧是热处理时加热温度过高，以致造成了不仅晶粒非常大，而且晶界处已经出现氧化和(或)熔化现象。过烧严重降低了钢的力学性能，使工件在外力作用下沿晶界出现粉碎性开裂，工件报废，无法挽救。因此，必须严格控制加热温度，尤其是莱氏体钢(W18Cr4V、Cr12 等)。

过热是由于加热温度过高或在高温下保温时间过长，引起晶粒粗大的现象，使工件的力学性能下降，尤其是冲击韧度显著下降。工件的过热可以用重新退火和正火处理来消除。

(2)氧化和脱碳

氧化是工件在氧化介质中加热时，氧原子与零件表面或晶界的铁原子发生氧化作用的现象，其结果是在工件表面生成氧化皮。它不仅使工件表面质量下降。还影响工件的力学性能，切削加工性能及腐蚀性等。

脱碳是工件在介质中加热，钢中溶解的碳形成 CO 或 CH 而降低钢中碳的质量分数的现象。由于脱碳，使钢件在淬火后达不到足够的表面硬度或产生软点，使工件的耐磨性、疲劳强度显著降低。

防止和减少氧化和脱碳的措施通常是在盐浴炉内加热;要求更高时,可采取在可控保护气体及真空中加热。

(3)变形与开裂

变形是指工件在热处理后引起的形状和尺寸的改变。工件的变形和开裂是由内应力引起的。当工件的内应力超过工件材料的屈服强度,将导致变形;超过抗拉强度,将导致开裂。

根据加热过程中产生变形、开裂的原因,防止的措施是:1)控制加热速度,在不影响加热效果的前提下,尽量采用缓慢的加热速度;2)采用分段预热式加热,对大截面的工件,采用在较低的温度区域阶梯式分段预热的加热方式,来减少内应力;3)采用正确的装炉方式来防止工件加热过程中的变形。

9.1.2 钢材的火花鉴别

钢材品种繁多,应用很广泛,性能差异很大,因此钢材的鉴别就显得异常重要。火花鉴别法是依靠观察材料被砂轮磨削时所产生的流线、爆花及其色泽判断出钢材化学成分的一种简便方法。

1. 火花鉴别常用设备及操作方法

火花鉴别常用的设备为手提式砂轮机或台式砂轮机,砂轮宜采用46～60号普通氧化铝砂轮。手提式砂轮直径为100～150mm,台式砂轮直径为200～250mm,砂轮转速一般为2800～4000r/min。

在火花鉴别时,最好备有各种牌号的标准钢样以帮助对比、判断。操作时应选在光线不太亮的场合进行,最好放在暗处,以免强光影响对火花色泽及清晰度的判别。操作时使火花向略高于水平方向射出,以便观察火花流线的长度和各部位火花形状特征。施加的压力要适中,施加较大压力时应着重观察钢材的含碳量;施加较小压力时应着重观察材料的合金元素。

2. 火花的组成和名称

(1)火束

钢件与高速旋转的砂轮接触时产生的全部火花,叫作火花束。火花束由根部火花、中间火花和尾部火花3部分组成,如图9-2所示。

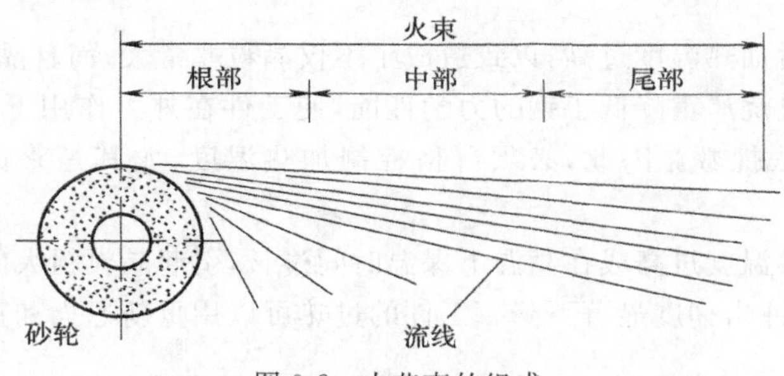

图9-2 火花束的组成

(2)流线

火花束中灼热粉末在空间高速飞行时所产生的光亮轨迹,称为流线。流线分直线流线、断续流线和波纹状流线等几种,如图9-3所示。碳钢火花束的流线均为直线流线;铬钢、钨钢、高合金钢和灰铸件的火束流线均呈断续流线;呈波纹状的流线不常见。

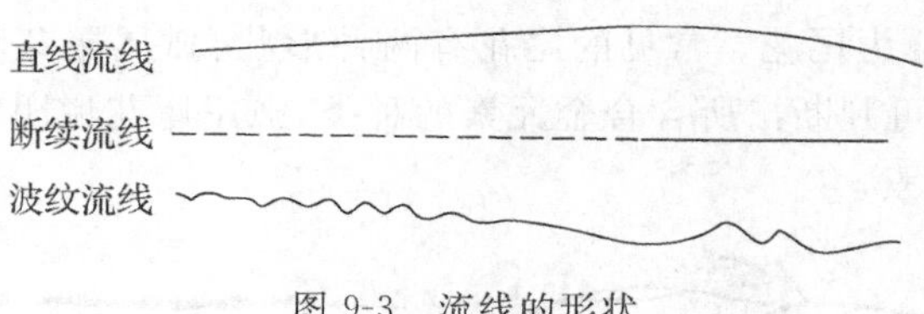

图 9-3　流线的形状

(3)节点和芒线

流线上因火花爆裂而发出的明亮而稍粗的点，叫节点。火花爆裂时所产生的短流线称为芒线。因钢中含碳量的不同，芒线有两根分叉、三根分叉、四根分叉和多根分叉等几种，如图 9-4 所示。

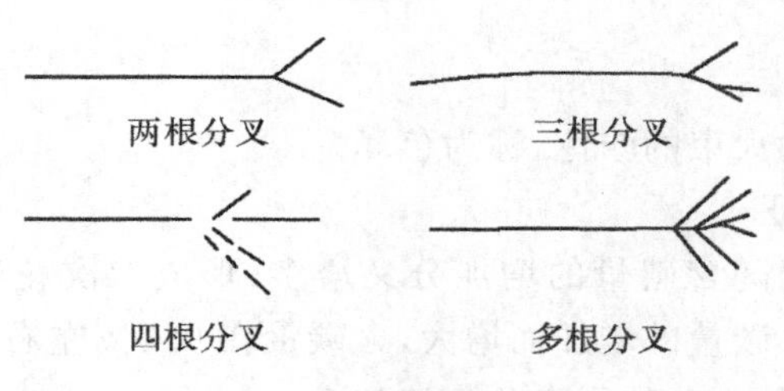

图 9-4　芒线的形式

(4)爆花与花粉

在流线或芒线中途发生爆裂所形成的火花形状称为爆花，由节点和芒线组成。只有一次爆裂芒线的爆花称为一次花；在一次花的芒线上再次发生爆裂而产生的爆花称为二次花；依此类推，有三次花、多次花，如图 9-5 所示。分散在爆花之间和流线附近的小亮点称为花粉。出现花粉为高碳钢的火花特征。

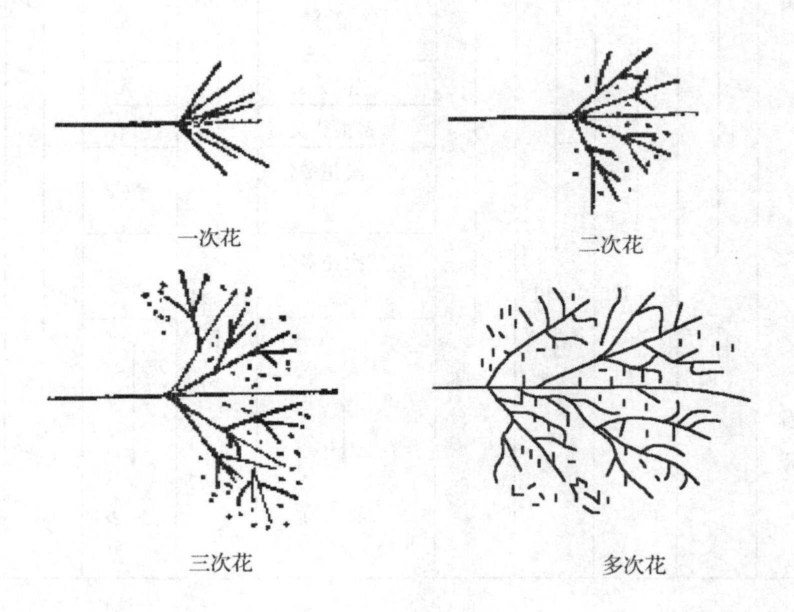

图 9-5　爆花的形式

(5)尾花

流线末端的火花，称为尾花。常见的尾花有两种形状：狐尾尾花和枪尖尾花，其样式如图 9-6 所示。根据尾花可判断出所含合金元素的种类，狐尾尾花说明钢中含有钨元素，枪尖尾花说明钢中含有钼元素。

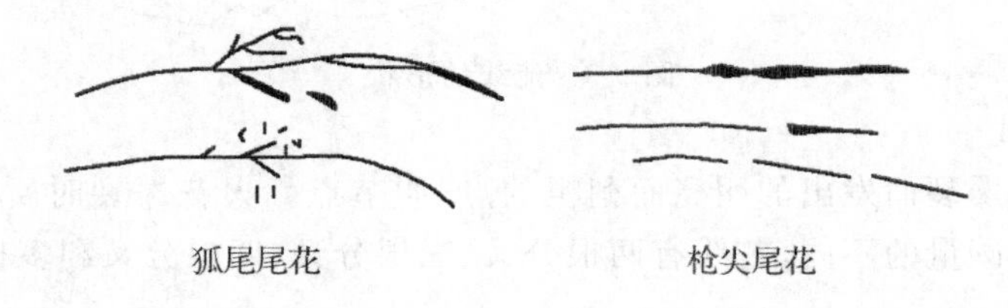

图 9-6　尾花的形状

(6)色泽

整个火束或某部分的火束的颜色，称为色泽。

3. 常用钢火花的特征

碳钢中火花爆裂情况随含碳量的增加分叉增多，形成二次花、三次花甚至更复杂的火花。火花爆裂的大小随含碳量的增加而增大，含碳量在 0.5%左右时最大，火花爆裂数量由少到多，花粉增多。碳钢的火花特征变化规律如表 9-1 所示。

表 9-1　碳钢的火花特征

W_c/%	流线					爆花				磨砂轮时
	颜色	亮度	长度	粗细	数量	形状	大小	花粉	数量	手的感觉
0	亮黄↓	暗↓	长↓	粗↓	少↓	无爆花				软↓
0.05						两根分叉	小↓	无	少↓	
0.1						三根分叉		无		
0.2						多根分叉		无		
0.3						二次花多分叉		微量		
0.4		亮↓	长↓	粗↓		三次花多分叉	大↓	稍多↓		
0.5		暗	短	细	多	↓	小		多	硬
0.5										
0.7	黄橙									
0.8										
>0.8						复杂		多量		

合金钢中合金元素的加入由于相互作用的影响及含量的多少对火花特征的影响差异较大。一般来说钨元素的加入，流线色泽有橙黄色，随着钨含量的增加变成赤红色，逐渐变暗，

爆花逐渐消失，首端出现断续流线，尾花呈狐尾花。铬元素的加入，明亮火束色泽，缩短流线，在合金结构钢中爆花附近有明亮的节点等。少量钼元素的加入尾端出现枪尖尾花，火束色泽转向橙红色等。

通过用砂轮磨削材料，观察火花形态的方法，辨别 20 钢、45 钢、T8 钢和 W18Cr4V 这 4 种不同牌号的钢材。

(1)20 钢火花特征

火花束流线多，带红色，火束长，芒线稍粗，花量稍多，多根分叉爆裂，色泽呈草黄色(图 9-7)。

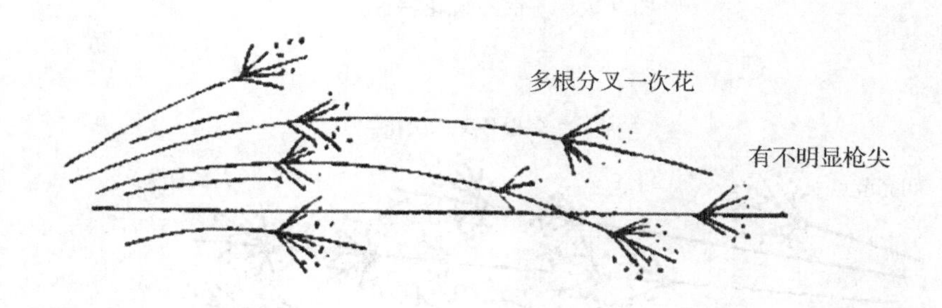

图 9-7　20 钢的火花特征

(2)20Cr 钢火花特征

火束白亮，流线稍粗而长，量亦较多，一次多叉爆花，花型较大，芒线粗而稀，爆花核心有明亮节点。与 20 钢相比较：色泽白亮，爆花大而整齐，流线挺长，量亦较多，有节点(图 9-8)。

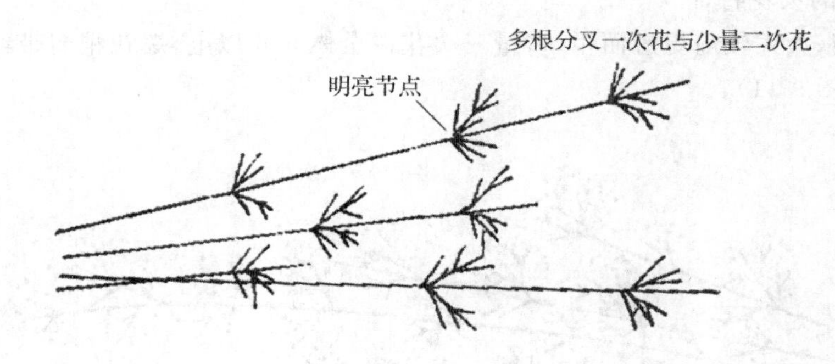

图 9-8　20Cr 钢的火花特征

(3)45 钢的火花特征

火花束色黄而稍明，流线较多且细，节点清晰，爆花多为多根分叉三次花，花量占全体的 3/5 以上，有很多小花及花粉产生，如图 9-9 所示。

(4)40Cr 钢的火花特征

火束呈白亮，流线稍粗量多，二次多根分叉爆花，爆花附近有明亮节点，芒线较长明晰可分，花型较大。与 45 钢相比较：芒线较长，有明亮节点(图 9-10)。

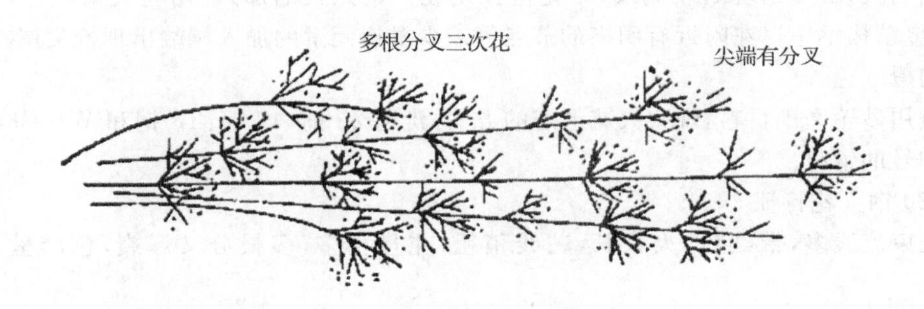

图 9-9　45 钢的火花特征

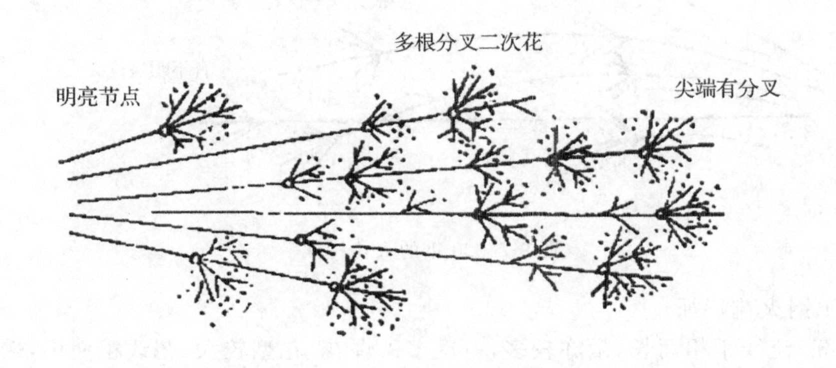

图 9-10　40Cr 钢的火花特征

(5)T1O 钢的火花特征

流线多很细,火束较前更短而粗,多量三次花占全体 5/6 以上,爆花稍弱带红色爆裂,碎花及小花极多(图 9-11)。

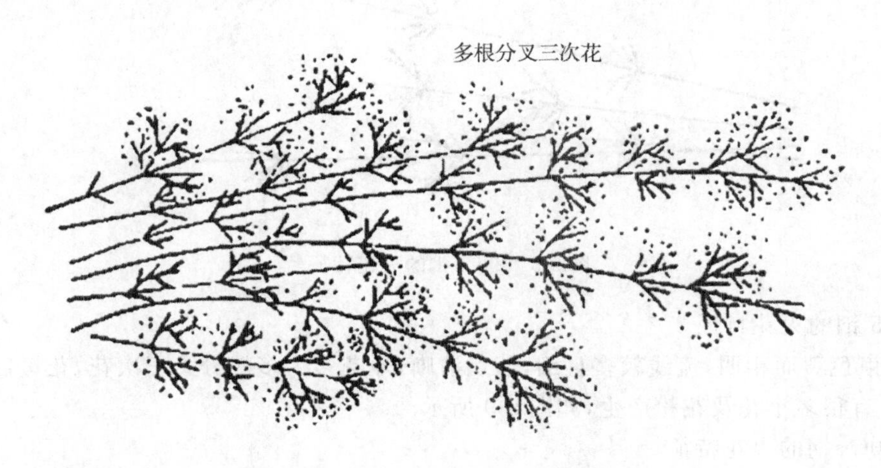

图 9-11　T10 钢的火花特征

(6)高速钢 W18Cr4V 的火花特征

火花色泽赤橙，近暗红，流线长而稀，并有断续状流线，火花呈狐尾状，几乎无节花爆裂，如图 9-12 所示。

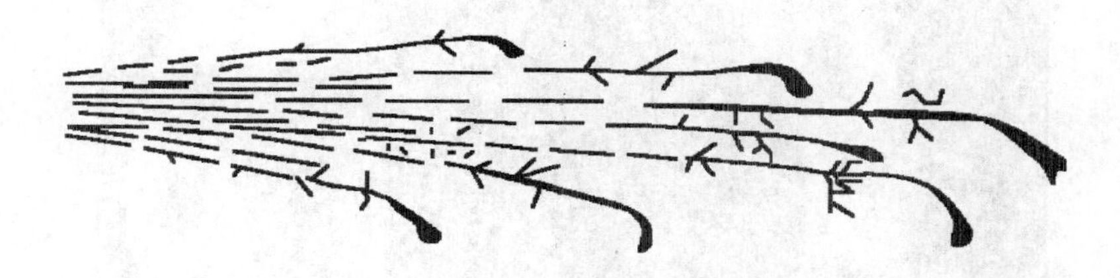

图 9-12　W18Cr4V 的火花特征

9.2　汽车半轴淬火开裂与疲劳断裂的分析防止措施

9.2.1　概况

汽车半轴是传递转矩的重要零件，如图 9-13 所示，通常选用 40Cr 钢，经调质处理，技术要求为回火索氏体组织，341～415HBS。

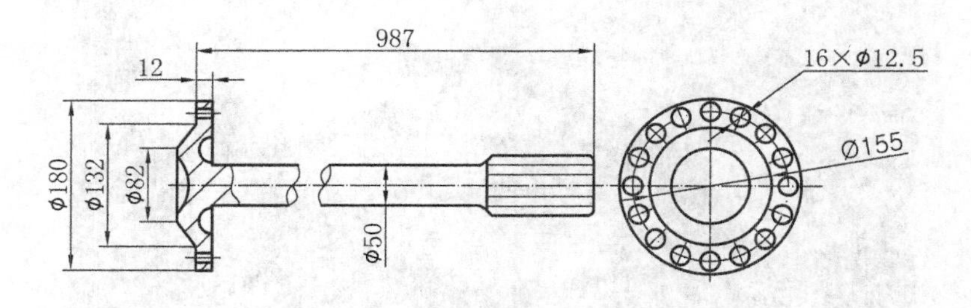

图 9-13　汽车半轴简图

半轴淬火时，用特制吊具在井式保护气氛内整体加热，出炉后杆部先进行水淬，使盘部露出水面空冷，待盘部冷至 Ar_3 以下后，在全部浸入水中冷却。这样淬火，往往因淬火操作不当产生如下两种质量事故：1)因盘部入水过早而淬裂；2)接近盘的根部有相当长一段淬不硬，使半轴的疲劳寿命大大降低。

9.2.2　淬火开裂

汽车半轴的盘部较薄而且均匀分布着 16 个 ϕ12.5 的孔，采用上述淬火工艺时，盘部入水过早或距水面过近，就会因冷却太快而被淬透，出现严重的淬火裂纹。

(1)裂纹分析

生产中曾发生一次淬裂 28 根半轴的严重质量事故。从宏观上看，主裂纹均在两孔之间呈放射状分布，如图 9-14 所示。从裂纹处取样作金相观察，在主裂纹两侧存在很多细小的断续裂纹，裂纹均沿原奥氏体晶届发展，裂纹两侧的组织与杆部基体组织完全相同，无脱碳、氧化和过热现象，均为回火索氏体和回火托氏体，如图 9-15 所示。具有淬火裂纹特征。

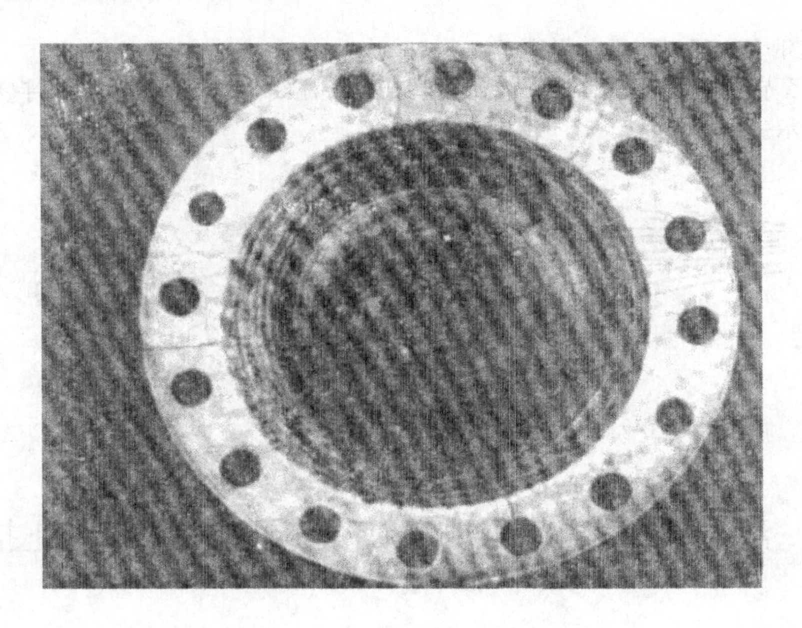

图 9-14　盘部淬火裂纹

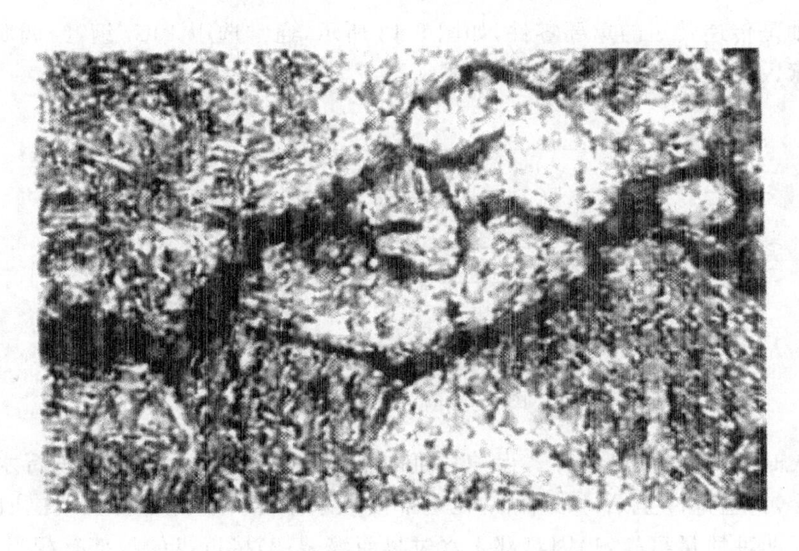

图 9-15　裂纹两侧的显微组织

(2)原材料检查

在淬裂的汽车半轴上取样做化学成分分析，成分合格。夹杂物总级别为 2.5 级，其中脆性夹杂物 1.5 级，塑性夹杂物 1 级，晶粒度为 5～7 级。总之，原材料合格。

(3)分析讨论

汽车半轴淬火时，盘上 16 个孔的边缘部分首先淬成马氏体，而盘与杆部的过渡区因冷却较慢，后发生马氏体转变，其膨胀产生的应力可能使已淬硬的盘部边缘承受很大的拉应力，再加上应力集中，结果产生辐射状淬火裂纹。

9.2.3 疲劳断裂

(1)故障情况

汽车半轴在海南岛汽车试验场进行的5万km试验中，有4根半轴发生早期断裂事故，其行驶里程和失效形式见表9-2。

表9-2 断裂半轴行驶的里程和失效形式

编　号	行驶里程/kW	断裂位置	半轴位置
6#	37785	盘和杆连接处	左边
5#	38090	盘和杆连接处	右边
3#	8875	盘和杆连接处	右边
4#	12000	盘和杆连接处	左边

(2)断口分析

4根汽车半轴断裂的位置均在盘和杆的连接处，如图9-16所示。断口都是由疲劳源扩展的光滑区域(疲劳区)和瞬时断裂的粗糙部分组成，在断口的圆周上清楚地显示出由多个疲劳裂纹发展形成的疲劳台阶和棘轮状花样及清晰的海滩花样，如图9-17所示。

图9-16　6号半轴断裂情况

(3)质量分析

故障半轴的化学成分合格。断口处沿杆的轴向硬度测定结果见表9-3，均低于技术要求。

表9-3　4号半轴硬度测定结果

距断口距离/mm	5	38	43	53	62	66	70	74
硬度(HBS)	244	255	255	265	282	306	313	329

故障半轴断口附近组织为网(块)状铁素体和珠光体，如图9-18所示。

综上所述，由于半轴的盘和杆连接处存在大量网(块)状铁素体组织，硬度和疲劳强度降

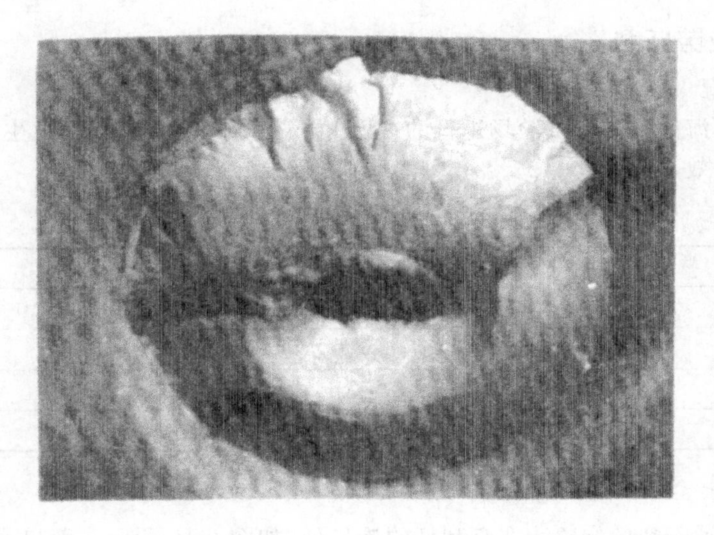

图 9-17 故障半轴断口

图 9-18 故障半轴断口处组织

低，试车时产生早期疲劳断裂。这是由淬火冷却时操作不当，杆部先行水淬时淬入水，淬火不足造成的。

9.2.4 结论

汽车半轴热处理中发生的淬裂和早期疲劳断裂，经分析认为主要是由于淬火工艺不良，操作不当，盘部入水时间过早或离水面太近，淬火应力过大，产生淬火裂纹；淬火时，盘部离水面过远，盘和杆连接处产生强度与硬度低的铁素体组织，使半轴早期疲劳断裂。为了防止淬裂和提高疲劳寿命，采用整体加热淬火时，盘部应先行油淬并且出油后自行回火，然后再进行整体水淬的淬火工艺。若再加一次表面中频淬火，寿命将可进一步提高。

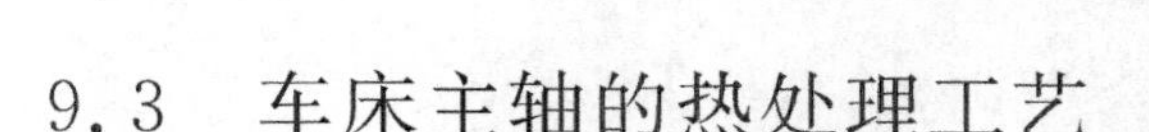

9.3 车床主轴的热处理工艺

图9-19所示为车床主轴,材料为45钢。热处理技术条件为:

(1)整体调质后硬度为HBS220～250;

(2)内锥孔和外锥面处硬度为HRC45～50;

(3)花键部分的硬度为HRC48～53。

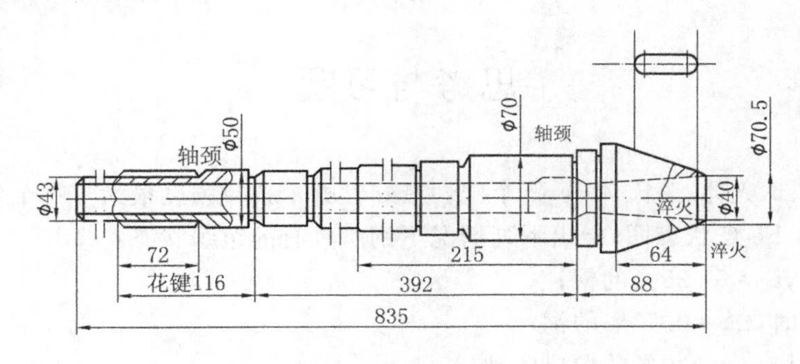

图9-19 车床主轴零件图

采用正火、调质为预备热处理,内锥孔及外锥面的局部淬火、回火和花键的淬火、回火属最终热处理,它们的作用和热处理工艺分别如下。

(1)正火:正火是为了改善锻造组织,降低硬度(HBS170～230)以改善切削加工性能,也为调质处理作准备。

正火工艺:加热温度为840～870℃,保温1～1.5h,保温后出炉空冷。

(2)调质:调质是为了使主轴得到较高的综合力学性能和抗疲劳强度。经淬火和高温回火后硬度为HBS200～230。调质工艺如下:

淬火加热:用井式电阻炉吊挂加热,加热温度为830～860℃,保温20～25min;

淬火冷却:将经保温后的工件淬入15～35℃清水中,停留1～2min后空冷;

回火工艺:将淬火后的工件装入井式电阻炉中,加热至550±10℃保温1～1.5h后,出炉浸入水中快冷。

(3)内锥孔、外锥面及花键部分经淬火和回火是为了获得所需的硬度。

内锥孔和外锥面部分的表面淬火可放入经脱氧校正的盐浴中快速加热,在970～1050℃温度下保温1.5～2.5min后,将工件取出淬入水中,淬火后在260～300℃温度下保温1～3h(回火),获得的硬度为HRC45～50。

花键部分可采用高频淬火,淬火后经240～260℃的回火,获得的硬度为HRC48～53。

为减少变形,锥部淬火与花键淬火分开进行,并在锥部淬火及回火后,再经粗磨以消除淬火变形,而后再滚铣花键及花键淬火,最后以精磨来消除总变形,从而保证质量。

车床主轴热处理注意事项如下:

(1)淬入冷却介质时应将主轴垂直浸入,并可作上下垂直窜动。

(2)淬火加热过程中应垂直吊挂,以防工件加热过程中产生变形。

(3)在盐浴炉中加热时,盐浴应经脱氧校正。

本章小结

本章注重实际操作,主要介绍了热处理的操作、钢材的火花鉴别、汽车半轴淬火开裂与疲劳断裂的分析防止措施、车床主轴的热处理工艺等等,以便学生增加实践经验,更好地运用到实际中。

思考与习题

1. 铁索体、珠光体、莱氏体中,哪个塑性最好?哪个抗拉强度最大?哪个硬度最高?

2. 根据 $Fe\text{-}Fe_3C$ 状态图,指出下列情况下钢所具有的组织状态:

(1)25℃时,$w_c=0.25\%$的钢;

(2)1000℃时,$w_c=0.77\%$的钢;

(3)600℃时,$w_c=3.0\%$的白口铸铁。

3. 根据 $Fe\text{-}Fe_3C$ 相图,分析下列现象:

(1)$w_c=1.2\%$的钢比 $w_c=0.45\%$的钢硬度高。

(2)$w_c=1.2\%$的钢比 $w_c=0.8\%$的钢强度低。

(3)莱氏体硬度高,脆性大。

(4)碳钢进行热锻、热轧时,都要加热到奥氏体区。

4. 在平衡条件下,$w_c=0.45\%$(45 钢)、$w_c=0.8\%$(T8 钢)、$w_c=1.2\%$(T12 钢)铁碳合金的硬度、强度、塑性、韧性哪个大,哪个小?变化规律是什么?原因何在?

5. 共析钢的过冷奥氏体,为了获得以下组织,应采用什么冷却方法?并在等温转变曲线上画出冷却曲线示意图。

(1)索氏体+珠光体

(2)全部下贝氏体

(3)托氏体+马氏体+残余奥氏体

(4)托氏体+下贝氏体+马氏体+残余奥氏体

(5)马氏体+残余奥氏体

第 10 章　典型模具材料与热处理

10.1　模具材料概述

10.1.1　模具材料的分类

模具材料按模具类别的不同可分为：冷作模具材料、热作模具材料、塑料模具材料、其他模具材料。广义地说，塑料模具材料应属于热作模具材料的一种，但因其应用相当广泛而单独列出。

模具材料按材料的类别，可分为钢铁材料、非铁金属材料、非金属材料。列表如下：

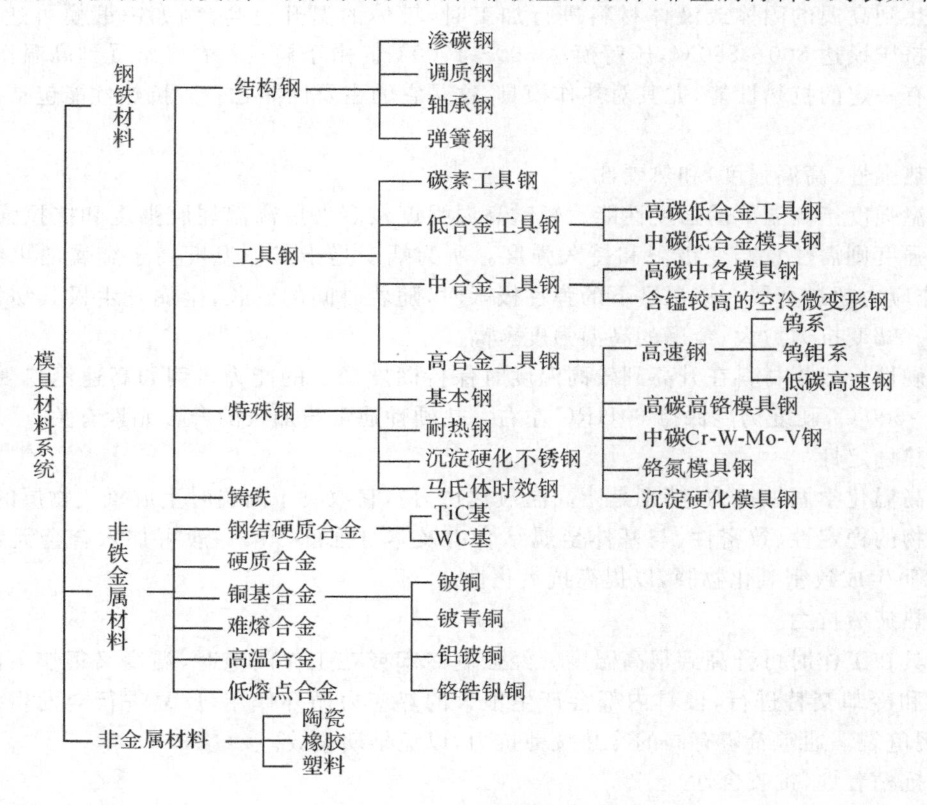

图 10-1　模具材料的分类

10.1.2 模具材料的性能要求

模具的工作条件复杂，工作温度高低不一，失效形式多样，对各类模具性能要求不同。模具的服役条件比较恶劣，一般承受高压、冲击、振动、摩擦、弯扭、拉伸等载荷；工作温度有的很高；精度要求较高；磨损、变形、疲劳、断裂时有发生。模具材料的性能相对于一般零件为高，一般从使用性能和工艺性能两大方面考虑：

1. 使用性能要求

(1)硬度和耐磨性

这是基本的性能要求，使模具在特定的工作条件下，保持形状和尺寸的稳定而不迅速发生变化。冷作模具一般要求硬度在60HRC左右，热作模具一般在42～50HRC范围内，塑料模具通常在45～60HRC内考虑。

(2)强度和韧性

在工作时，希望模具既要保证有足够强度，承受高压，又要具有一定的韧性，承受冲击。强度除一般强度指标外，还包括抵抗循环应力所需的疲劳强度。承受强大压力的挤压模具应满足高强度要求，而承受猛烈冲击的锤锻模、冷镦模、高速锤锻模应有较好的韧性要求。

(3)抗热性能

冷作模具在强烈摩擦时，局部的温升有时甚至可达400℃以上(冷挤压模)。而热作模具对加热到高温的固体或液体材料进行加工时，模体的温升更高，例如锤锻模可达500～600℃，挤压模达800～850℃，压铸模达300～1000℃。由于模具材料经常受到高温作用，因此要求有一定的抗热性能，尤其对热作模具，这是它的主要性能之一。抗热性能包括以下几方面：

1)热强性(高温强度)和热硬性

高温强度指高温下的强度性能。短时高温强度较多考虑高温屈服强度和抗拉强度，长时高温强度则需注意蠕变极限和持久强度。所为蠕变是指工作温度高于金属的再结晶温度、工作应力超过金属在该温度下的弹性极限时，随着时间的延长，金属发生极其缓慢的变形现象。蠕变抗力愈大，金属的高温强度愈高。

热硬性一般指材料在升高到较高温度时保持硬度稳定的能力。例如高速钢热硬性好，在500～600℃，硬度仍能保持60HRC左右。热硬性通常与加入的合金元素有关。

2)热稳定性

指高温化学腐蚀抗力(特别是指高温氧化抗力)，它取决于高温时生成氧化物层的性能，如氧化物的稳定性、致密性、与基体金属结合力及本身强度等。一般可加入合金元素(Cr、Al、Si等)生成致密氧化物膜，以提高抗氧化性。

3)热疲劳抗力

模具在工作时可升高到很高温度。经强制冷却或在工作间隙时，温度又很快下降。因此受热和冷却交替进行，模具内部会产生很大的热应力循环作用，反复进行会发生疲劳现象，出现龟裂。通常希望有高的冷热疲劳抗力，以免早期失效。

4)抗粘着性(抗咬合性)

模具在工作中，有时受到强烈摩擦及高温的作用、发生模具材料与加工材料间直接接触，并相互粘结咬合，所以要求模具材料表面具有一定的抗粘着性。实际上它是磨损的一种形式。

2. 工艺性能要求

(1)热加工工艺性能

包括锻轧、铸造、焊接等性能。根据模具的不同制造工艺,可提出不同的加工性能要求。这些性能受到模具材料的化学成分、冶金质量、组织状态等因素的影响。

(2)冷加工工艺性能

包括切削、抛光、研磨等性能。对现代的压制产品有时要求很高的表面质量、低的表面粗糙度及高的精度,所以对切削性能和抛光性能均有很高要求。例如对有些塑料模具要求具有很好的镜面加工性很低的表面粗糙度值。发展易加工、抛光性能好的钢材是塑料模具的发展方向之一。

(3)热处理工艺性能

实际它是一种热加工工艺性能,因为它的重要性,所以单独列出。在模具失效事故中,热处理一般占 52.2%,以致热处理在整个模具的制造过程中占有重要的地位,它的好坏对模具质量有较大的影响。它要求热处理变形小,淬火温度范围宽,过热敏感性小,脱碳敏感性低,特别是要有足够的淬硬性和淬透性。淬硬性保证了模具的硬度和耐磨性,淬透性保证了大尺寸模具的强韧性及断面性能的均匀性。对要求表面高硬度的冲裁、拉深模具、淬硬性显得更重要,而对于要求整个截面的均匀一致性能的热锻模来说,淬透性往往更为重要。

10.1.3 模具选材的一般原则

模具的选材跟其他零件选材一样,都要符合选材的一般原则,它要求所选材料应满足:

1. 使用性能足够

根据工作条件,失效形式、寿命要求、可靠性的高低等提出材料的强度、硬度、塑性、韧性等使用性能要求,提出关键的性能指标。使所选材料足够满足使用性能要求。

2. 工艺性能良好

根据制造工艺方法不同使所选材料具有良好的工艺性能,首先是能制造出来。在批量大时,对便于制造显得更为突出。

3. 供应上能保证

所选材料应考虑我国资源和现实供应情况,尽量少用进口材料,并且品种规格应尽量少而集中,以便于采购、管理。

4. 经济性合理

要求所选材料,生产过程简单、成品率高、成本低。这里,要综合考虑总成本,而不能片面追求一次性成本的高低。另外在满足性能、寿命等要求下,尽可能选用价格低的材料,以降低成本。

10.2 冷作模具钢

冷作模具是在常温下对材料进行压力加工或其他加工所使用的模具,它主要分为冲裁模、拉拔及压型模、冷镦模和冷挤压模。

10.2.1 各类冷作模具的特点

1. 冲裁模

它是带有刃口、工作时冲切分离材料(主要是板材)而获得一定形状、尺寸工件的模具。包括落料模、冲孔模、切边模等。它的硬度要求见表10-1。

表10-1 冲裁模的硬度要求

名称		单式、复式硅钢片冲模	级进式硅钢片冲模	薄钢板冲模	厚钢板冲模	切边模	剪刀	冲头	φ5mm以下的小冲头
硬度(HRC)	凸模	58～62	56～60	56～60	56～58	50～55	54～58	52～56	54～58
	凹模	58～62	58～60	56～60	56～58	50～55	—	—	—

注:冲头尾部(紧固部分)的硬度应适当降低,一般可采用40～44HRC,中间部分硬度为48-52HRC。凸模(或冲头)是运动部分冲击较大、硬度可适当下降,凹模是静止部分,冲击较小,硬度可适当提高。

一般为区别机械应力循环产生的疲劳,可把它称之为冷热疲劳或热应力疲劳,尤其是热作模具发生较多。

(1)工作条件

主要承受冲击力、剪切力。而模具的刃部可看成特殊的剪刀,承受冲击、剪切、弯曲和挤压(冲头),并产生强烈摩擦。

(2)失效形式

主要为磨损、崩刃失效。

(3)性能要求

要求高的硬度、高的耐磨性,一定的韧性,较高的抗弯强度和高的断裂抗力。

2. 拉拔模及成形模

它是将板材或棒材进行延伸或压迫使之成为一定尺寸形状产品的模具。包括拉深模、胀形模、弯曲模、拉丝模和拔管模等。它的硬度要求见表10-2。

表10-2 拉拔和成形模的硬度要求

名 称		拉拔模	成形模
硬度(HRC)	凸模	58～62	54～58
	凹模	62～64	56～60

(1)工作条件

工作时物料受拉应力延伸变形。例如在拉拔时二向受压,一向受拉,变形大,相对位移大。模具在工作时,凹模受径向张力和摩擦力,凸模受到压力以及摩擦力,摩擦力十分强烈。总的说,模具承受的力不算太大。

(2)失效形式

模具因严重磨损而失效,因表面产生沟槽而报废,还产生咬合、擦伤、变形等失效。

(3)性能要求

对拉拔模,要求很高耐磨性,高的硬度(比成形模、冲裁模更高),好的抗咬合性。对成形模除要求以上拉拔模这些性能外,还要求一定强韧性。

3. 冷镦模

它是在冲击力作用下将棒料镦成一定形状和尺寸的产品的模具。

(1)工作条件

工作时,物料受强烈冲击。在室温状态下,塑变抗力大。冷镦多在高速冷镦机上进行,工作条件繁重,工作环境相当恶劣,冲头受巨大冲压力和摩擦力,凹模承受冲胀力及摩擦力,产生剧烈的摩擦。

(2)失效形式

主要是模具发生镦粗、局部变形及破裂。

(3)性能要求

要求足够的硬度,凸模(镦头)要求 60～62HRC,凹模要求 58～60HRC,并要求模具型面有适当的硬化深度(≥1.5mm)和硬度分布,心部有足够的强度和韧性。相对其他冷作模,它要求适当提高韧性,可采取一定措施达到。例如表层选取适当硬度和硬化层深度,既不能太高过深,否则易碎裂崩块,也不能硬度不足、深度过浅,否则容易磨损、变形、拉毛、粘模而使工件精度下降。

4. 冷挤模

使金属在强大的均匀的近于静挤压力作用下产生塑性流动而成形产品的模具。

(1)工作条件

工作时,物料承受强烈的三向压应力作用,金属发生剧烈的流动,变形位移大。模具承受强大的挤压力(反作用力),同时还有很大的摩擦力产生。当挤压有色金属时,挤压力达到 1000MPa,当挤压钢材时,一般正挤压力达 2000～2500MPa,而反挤压力达 3000～3250MPa。在挤压时,由于摩擦功和变形功转化为热能,因此挤压的热效应高,由此而使模具表面产生的局部温升可大于 400C。

(2)失效形式

冷挤模主要会产生变形、磨损、冲头折断(因偏心弯曲)等失效。

(3)性能要求

根据以上分析,要求模具有高的强度和硬度,并有一定的韧性,以防冲击折断。一般凸模硬度要求在 60～64HRC,凹模在 58～62HRC。当韧性要求较高时,硬度可降为 54～58HRC。由于工作时产生较大的温升,所以还应具有一定的耐热疲劳性和热硬性,这一点对温挤压模尤为重要。

10.2.2 冷作模具钢的分类、性能和选用

冷作模具钢的分类和选用有多种方法,一种是按成分和性能来分类和选用,这是我们重点进行阐述的,另一种是按元素成分来分类和选用,还有一种是按性能分类和选用。

冷作模具钢按成分和性能可分为高碳工具钢、高碳低合金钢、高耐磨钢、特殊用途冷作模具钢(见表 10-3)。

1. 高碳工具钢

这类钢碳含量在 0.7%～1.3%范围内,价格便宜,原材料来源方便,加工性良好,热处理后可得到较高的硬度和一定的耐磨性,用于制作尺寸不大、形状简单、受轻负荷的模具零件。淬透性低、淬火温度范围窄、淬火变形大,较大的模具就不能淬透,如模具断面大于 15mm,采用快速水冷后只是模具表面层得到高硬度,这样,较大模具表面淬硬层和中心部

分之间的硬度相差很大，容易使模具在淬火时形成裂纹，并且这类钢很容易产生过热，与合金钢相比，制造的模具零件使用寿命低，因此，不适宜制作大中型和复杂的模具零件。常用的碳素模具钢的热处理工艺参数与硬度见表 10-4。

表 10-3 冷作模具钢分类及成分

化学成分 w/% 钢号	C	Mn	Si	Cr	W	V	Mo	其他
高碳工具钢								
T7	0.65～0.74	≤0.40						
T8	0.75～0.84	≤0.40						
T9	0.85～0.94	≤0.40						
T10	0.95～1.04	≤0.40						
T11	1.05～1.14	≤0.40						
T12	1.15～1.24	≤0.40						
高碳低合金钢								
9Mn2V	0.85～0.95	1.70～2.00	≤0.40			0.10～0.25		
CrWMn	0.90～1.05	0.80～1.10	≤0.40	0.90～1.20	1.20～1.60			
MnCrWV	0.95～1.05	1.00～1.30	≤0.40	0.40～0.70	0.40～0.70	0.15～0.30		
9SiCr	0.85～0.95	0.30～0.60	1.20～1.60	0.95～1.25				
Cr2(Gr15)	0.95～1.10	≤0.40	≤0.40	1.30～1.65				
7CrSiMnMoV	0.65～0.75	0.65～1.05	0.85～1.15	0.90～1.20		0.15～0.30	0.20～0.50	
Cr2Mn2SiWMoV	0.95～1.05	1.80～2.30	0.60～0.90	2.30～2.60	0.70～1.10	0.10～0.25	0.55～0.80	
高耐磨钢								
Cr6WV	1.00～1.15	≤0.40	≤0.40	5.50～7.00	1.10～1.50	0.50～0.70		
Cr4W2MoV	1.12～1.25	≤0.40	0.40～0.70	3.50～4.00	1.90～2.60	0.80～1.10	0.80～1.20	
Cr5MoV	0.95～1.05	≤0.40	≤0.40	4.75～5.50		0.15～0.50	0.90～1.40	
6Cr4W3Mo2VNb	0.60～0.70	≤0.40	≤0.40	3.80～4.4	2.5～3.5	0.80～1.20	2.5～3.5	Nb0.2～0.35

续表

Cr12	2.00~2.30	≤0.40	≤0.40	11.50~13.00				
Cr12MoV	1.45~1.70	≤0.40	≤0.40	11.00~12.50		0.15~0.30	0.40~0.60	
W18Cr4V	0.70~0.80	≤0.40	≤0.40	3.80~4.40	17.50~19.00	1.00~1.40		
W6Mo5Cr4V2	0.80~0.90	≤0.40	≤0.40	3.80~4.30	5.55~6.75	1.75~2.20	4.50~5.50	
6W6Mo5Cr4V	0.55~0.65	≤0.60	≤0.40	3.70~4.30	6.00~7.00	0.70~1.10	4.50~5.50	
W12Mo3Cr4V3N	1.10~1.25			3.50~4.10	11.00~12.50	2.50~3.10	2.50~3.50	N0.04~0.10
特殊用途冷作模具钢								
1. 耐蚀钢								
9Cr18	0.90~1.00		0.5~0.9	17.0~19.0				
Cr18MoV	1.17~1.25		0.5~0.9	17.5~19.0				
Cr14Mo	0.90~1.05		0.3~0.6	12.0~14.0				
Cr14Mo4	1.1		0.7	14				
2. 无磁钢								
70Mn15Cr2Al3V2Wmo	0.65~0.75	14.50~16.00	0.80	2.00~2.50	0.50~0.80	1.50~2.00	0.50~0.80	Al2.30~3.30
5Cr21Mn9Ni4N	0.48~0.58	8.0~10.0	≤0.35	20.0~22.0	Ni3.50~4.50	N0.35~0.50		C+N≥0.90
1Cr18Ni9Ti	≤0.12	≤2.00	≤1.00	17.0~19.0	Ni8.0~11.0	~0.80		

表 10-4 常用碳素模具钢的热处理工艺参数和硬度

钢类	临界点/℃			退火			淬火		
	Ac1	Ac1 或 Acm	Ar1	加热温度/℃	等温温度/℃	退火硬度(HBS)	淬火预热/℃	淬火加热/℃	淬火硬度(HRC)
T7A	730	770	700	750~780	—	<187	400~500	780~820	59~62
T10A	730	800	700	750~770	620~660	<197	500~500	760~810	61~64
T11A	730	810	700	740~760	640~680	<207	400~500	760~810	61~64
T12A	730	820	700	740~760	640~680	<207	400~500	760~810	61~64

T8A 钢的过热敏感性较大，晶粒容易粗化，韧性较差，淬火后没有过剩碳化物，耐磨性差，所以模具制造时很少选用。而 T12A 钢过剩碳化物较多，颗粒较大，分布不均匀，易形成网状，使性能变坏，因此在用作模具时受到限制，生产中只用于要求韧性不高，而硬度和耐磨性高的切边模和剪刀。

高碳工具钢中以 T10A(或 T11A)应用最普遍，因为它过热敏感性小，能获得比较细小的晶粒，经适当热处理后，有较高的强度和一定的韧性，而且淬火后有未溶碳化物，增加了耐磨性。T7A 钢的耐磨性不及 T10A 钢，但 T7A 钢具有较好的韧性，可应用于韧性要求较高的冷作模具。冷作碳素模具钢盐炉热处理工艺过程，见图 10-2。

碳素模具钢多采用等温球化退火的方法，可获得细小均匀分布碳化物，以提高强度、耐磨性和韧性，并减少淬火变形和开裂。

为了进一步减少热处理的变形和降低精加工的表面粗糙度值，模具可在粗加工以后精加工之前进行预调质处理。由于预调质可获得回火索氏体，比容比球状珠光体大，可减少最终淬火后比容差，降低组织应力；同时提高了材料屈服强度，淬火后又获得细针马氏体，增加了塑性变形抗力。回火索氏体又具有好的加工性能。如果不必要进行预调质处理，最好在 A_{c1} 以下进行消除应力退火。

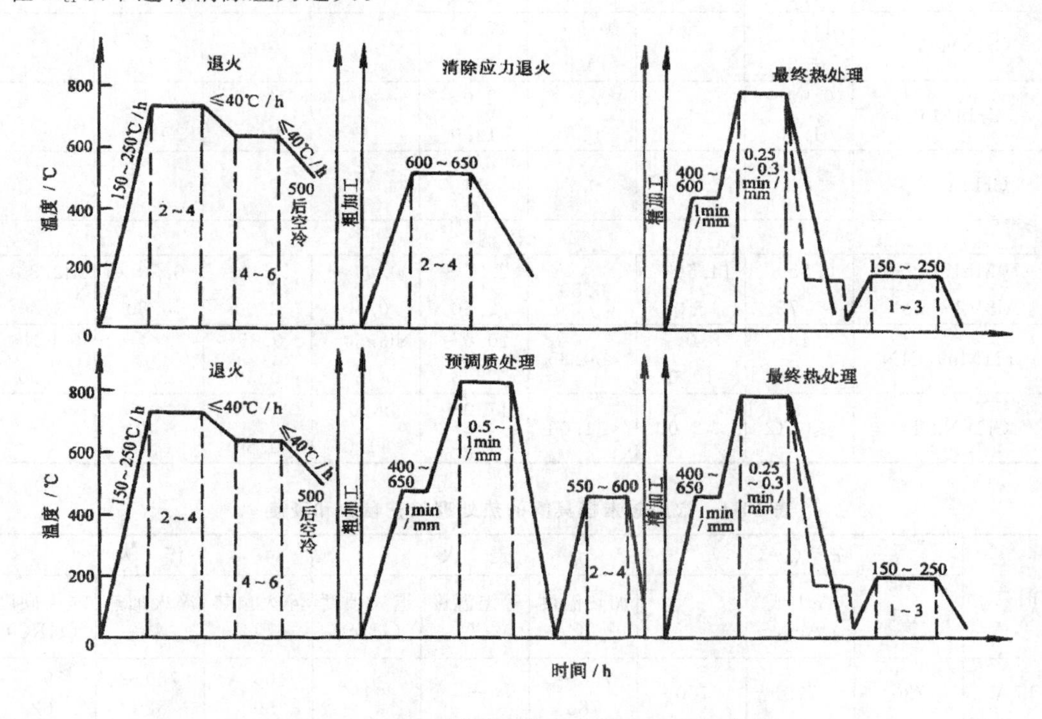

图 10-2　冷作碳素模具钢盐炉热处理工艺过程

最终淬火一般采用分级加热的方法，以减少变形开裂和高温保温时间，这样也可使氧化脱碳减少。

淬火冷却一般采用分级淬火工艺，可减少变形，获得良好性能，但淬透性差。采用 160～180℃碱浴分级淬火可获得较高硬度(56～62HRC)，只是淬硬层较薄，特别适合制造不需磨刃的成形模具，或要求表面硬、中心有一定强度的高韧性模具，如塑料压制模、冷镦模和冷

挤压模。淬火后应力很大，应尽快回火，通常在油炉或硝盐中进行低温回火。如图 10-2 所示。

2. 高碳低合金工具钢

这类钢一般都有较高的碳(0.8%以上)，它是在碳素工具钢的基础上加入了适量的 Cr、W、Mn、Si、Mo、V 等合金元素，合金元素总量一般在 5%以下，比碳素工具钢有更高的淬透性，它们可淬透的直径一般为 25～70mm，有的甚至达 80～100mm。这类钢还有良好的耐磨性，一般情况下淬火变形也较小，因此被广泛用来制作形状较复杂、截面较大、承受负载比较大、变形要求严格的中小型冷作模具。

常用的高碳低合金工具钢有 9Mn2V、MnCrWV、9SiCr、CrWMn、GCrl5 等。其热处理工艺见表 10-5。

表 10-5　常用高碳低合金工具钢热处理工艺

钢类	临界点/℃			退　火			淬　火		
	Ac1	Acm	Ar1	加热温度/℃	等温温度/℃	硬度(HBS)	预热/℃	淬火加热/℃	硬度(HRC)
9Mn2V	760	860	660	760～780	680～700	<229	400～650	780～820	>62
9CrSi	770	870	730	780～810	680～700	197～241	400～650	860～870	63～64
CrWMn	750	940	710	770～790	680～700	207～255	400～650	820～850	62～65
MnCrWV	—	—	—	770～800	680～700	196～235	400～650	855～870	63～64
GCr15	730	—	—	770～800	680～700	187～228	400～650	840～850	62～65
7CrSiMnMoV	776	834	—	820～840	680～700	217～241	400～650	900～920	56～62
Cr2Mn2SiWMoV	745	—	650	790～810	670～690	<229	400～650	820～840	61～64
CrMn2Mo	725	—	—	780～800	660～670	228～255	400～650	830～850	60～62
CrMn3Mo	—	—	—	780～800	660～670	—	400～650	830～850	60～62

高碳低合金工具钢通过适当热处理，基本满足冷作模具所要求的高硬度、高耐磨及足够强韧性。这类钢退火是为了生成低硬度的粒状珠光体，消除某些牌号的钢中网状碳化物。

正常的淬火组织是隐晶马氏体加残余奥氏体和碳化物。对于用低合金工具钢制的形状比较简单，截面较大的模具，可以采用连续淬火的方法，对于形状比较复杂的或要求热处理变形小的高碳低合金工具钢所制的模具，可采用分级淬火。等温淬火获得下贝氏体组织，从而使钢的强度、硬度和韧性得到良好的配合，并保证模具有良好的耐磨性，同时可使热应力和组织应力减至最小，大大减少模具的变形。为了防止淬火应力，导致模具出现裂纹，模具淬火后一般立即回火，高耐磨的模具，一般回火温度≤200℃，以获得高硬度；对于软金属成形模，可采用 200～240℃回火，硬度降至 55～58HRC；对塑料成形模具硬度在 40～50HRC，回火温度可以更高。

9Mn2V 钢是我国自行研制的低合金冷作模具钢，它是在碳素工具钢基础上，主要用 Mn 来提高钢材的淬透性，同时加入 Si 或 V，以减少锰钢的过热敏感性。9Mn2V 钢的热处理工艺过程见图 10-3。

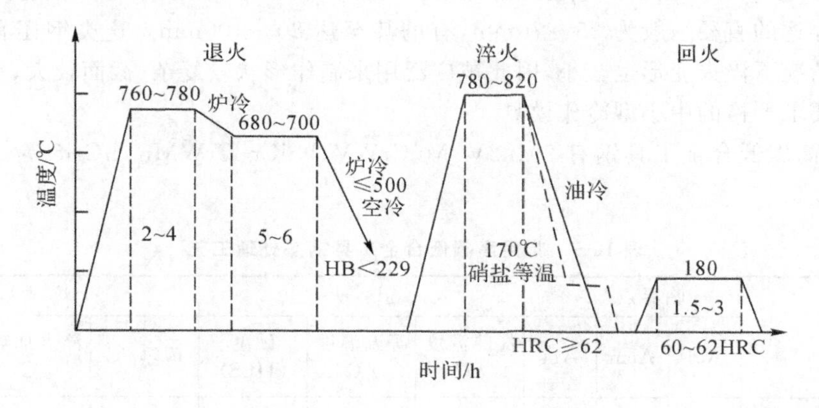

图 10-3　9Mn2V 钢的热处理工艺过程

9Mn2V 钢油淬时的临界直径为 40mm，在 170℃硝盐中淬火的临界直径也有 30～40mm。如果不一定要求模具整体淬透，油淬时尺寸可放宽到 60mm 左右。对于有效直径（厚度）不超过 40mm 的模具，用 170℃硝盐分级淬火，表面硬度仍可达 60HRC 以上。

9Mn2V 钢的淬火温度范围比较宽，一般推荐 780～800℃淬火，晶粒都不显著长大，硬度达到最大值，变形情况亦最小。但高于 800℃淬火时，由于残余奥氏体量增加而使硬度略有下降。淬火可采用油、硝盐等温淬火。对截面较大的模具可采用 170℃碱浴分级淬火；对要求变形小，硬度 HRC60 的模具，可先在 160～180℃分级淬火后，再在 220℃硝盐中等温 30min 的分级等温淬火；对硬度要求不太高而形状又很复杂的模具，可用 260～280℃等温分级淬火。为避免不可逆回火脆性，回火温度不超过 180℃。

9Mn2V 可用于制造冷冲模、落料模、弯曲模等，可代替碳素工具钢碱浴淬火及部分代替含 Cr 合金工具钢，是一种较理想冷作模具钢。它的耐磨性优于 T10A 而和 CrWMn 相近，若以 T10A 钢耐磨能力为 1，则 9Mn2V 为 6.5，CrWMn 为 7.9。所以代替目前广泛采用的 T10A，不仅可减少热处理变形，还可大大提高模具的寿命。对于中小型模具 9Mn2V 可以代替 CrWMn。

CrWMn 钢同时含有 Cr 和 Mn，具有高的淬透性，因含有 W，在淬火和低温回火后比 9Mn2V 和 9SiCr 含有较多的碳化物，具有较高的硬度和耐磨性。W 还能细化晶粒，使钢获得较好的韧性并减小过热敏感性，正常情况希望获得均匀分布的细小碳化物，但热加工不当时易成网状，使钢韧性变差，易于崩落，降低模具寿命。所以应严格控制热加工工艺。当原材料网状碳化物严重时，应反复锻造（十字锻造），破坏网状，并快冷至 650～700℃后缓冷，以防再形成网状。CrWMn 钢的热处理工艺过程见图 10-4。

生产中，当 CrWMn 钢的工件尺寸 Φ40～50mm 以下时，在油中可以淬透，即在油或 200℃以下的硝盐中淬火时，临界淬火直径 D_0＝40～50mm，淬火温度可在 820～850℃范

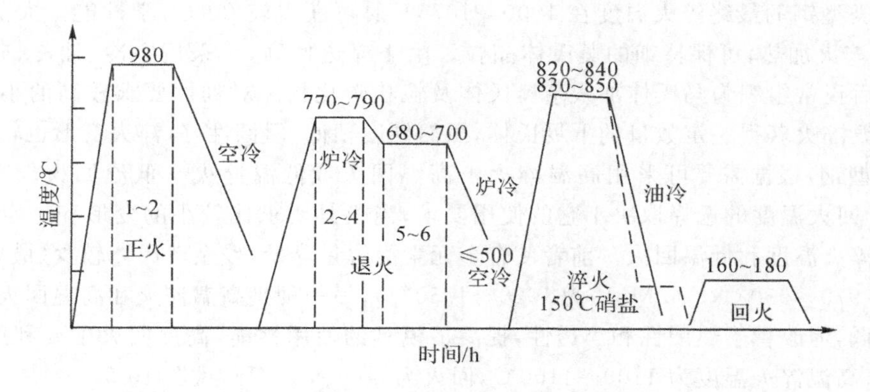

图 10-4 CrWMn 的钢热处理工艺曲线

围，硬度可达 62～65HRC，一般在 160～200℃回火，为了克服回火脆性，应尽量避免在 300℃附近回火。为了获得好的韧性，可采用贝氏体等温淬火，有时还在等温淬火后进行低温回火，回火温度低于等温温度（经 200℃回火 45min，韧性可达最高，硬度也不低于 60HRC）。贝氏体等温淬火不仅可以大大减小模具的淬火变形，而且可以使模具具有较好的综合使用性能。

3. 高耐磨钢

它主要包括高碳高铬钢、高碳中铬钢和高速钢。

(1)高碳高铬钢

成分特点：C. 1.3%～2.3%、Cr. 11%～13%，最常用有 Crl2 和 Crl2MoV 等，因合金元素使 S 点和 E 点左移，属于莱氏体类型钢。

Crl2 类型钢能够较好地满足模具要求的高硬度、高耐磨性和淬火变形小的性能，含有大量的铬，形成多种碳化物，主要是(CrFe)7C3 型。淬火加热时，碳化物大量溶入奥氏体中，从而保证得到高硬度的马氏体；回火时，马氏体中析出大量弥散分布碳化物，硬度很高[其中(Cr・Fe)7C3 达 2300HV]，因而提高了钢的耐磨性。铬使过冷奥氏体稳定性提高，从而增加了钢的淬透性。对 Crl2MoV 钢，油冷可淬透截面尺寸 300～400mm 以下的模具，因此，中小尺寸模具，可采用较缓慢的淬火冷却方法来减少模具的变形。Cr 还使 Ms 点降低，淬火后存在大量残余奥氏体，使变形减小，因此可通过控制残余奥氏体量来保证模具淬火微变形。同时 Mo 和 V 的存在，除进一步提高钢的回火稳定性和淬透性外，还能细化晶粒、改善钢的韧性。

Crl2 型钢由于是莱氏体钢，铸态存在鱼骨状共晶碳化物，因为轧制或锻造存在方向性。加工后碳化物分布仍不均匀，会给热处理带来变形、开裂等缺陷。碳化物愈不均匀，抗弯强度愈低，并产生各向异性，所以对原材料进行改锻，降低碳化物的不均匀性，对提高 Crl2 类钢的模具质量十分重要。

Crl2 型钢的退火在锻后进行，一般用等温球化退火，退火后为索氏体加合金碳化物，硬度为 207～255HBS。

Crl2 类型钢热处理变形比较小，为了在淬火之前获得比较均匀的碳化物分布，使淬火以后变形有规律，在正式淬火前要进行预调质处理，预调质淬火温度，可比最终热处理温度低 10～30℃，之后进行高温回火，使处理后可进行精加工。

Crl2 类型钢的最终淬火温度在 1000～1075℃时可获得较好的力学性能。大部分在低于 1040℃淬火加热,可保持细的奥氏体晶粒。由于淬透性高,可采用空冷、油冷、硝盐分级淬火。淬后正常组织为马氏体加残余奥氏体及粒状碳化物。对韧性要求较高的小型模具,可采用等温淬火获得一定数量的下贝氏体,虽然硬度稍低,但韧性好,淬火变形也较小。

Crl2 型钢,根据需要可采用高温淬火＋高温回火或低温淬火＋低温回火。实际生产中,淬火和回火温度的选择取决于它的使用要求,当模具要求比较小的变形和一定韧性时,可用较低淬火温度和低温回火。前者使合金元素溶解量降低,残余奥氏体较少(最佳淬火温度 Crl2 为 970～990℃,Crl2MoV 为 1020～1050℃),另一种是高温淬火和高温回火,这时硬度稍有降低,但改善了热硬性和淬透性,提高了模具的使用性能,高温回火主要利用了二次硬化效应(高温淬火温度为 1100～1150℃,回火为 500～540℃),见图 10-5。

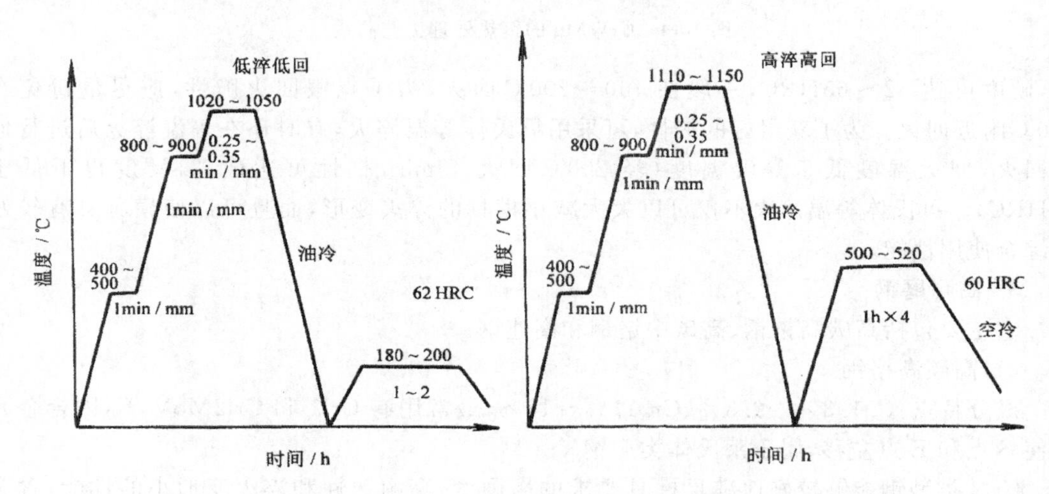

图 10-5　Crl2MoV 钢在盐炉中处理的两种淬火回火工艺

Crl2 钢,具有良好的耐磨性,但冲击韧性较差,易脆裂,多用于制造冲击负荷较小、要求高耐磨的冷冲模冲头和拉丝模、压印模、搓丝板、拉延模以及滚螺纹模等模具。

Crl2MoV 钢由于含碳量较低,且加入少量 Mo、V,碳化物不均较 Cr12 有所改善,因此强度、韧性都比较高,有较好热加工性,由于 Crl2 的严重缺点,应用受到限止,而代之以 Crl2MoV 钢。Mo 能减轻碳化物偏析,并提高淬透性,V 可细化晶粒,增加韧性。由于 Crl2MoV 有很高的淬透性、淬火变形较小,又有高的耐磨性和其他机械性能,所以可以制造截面大、形状复杂、经受较大冲击的模具。例如形状复杂的冲孔凹模、高耐磨冲模、硅钢片落料模、切边模、滚边模、拉丝模等。高耐磨冷作模具钢的热处理工艺见表 10-6。

(2)高碳中铬钢

主要有 Cr6WV、Cr4W2MoV 和 6Cr4W3M02VNb 钢等。它们的含铬量较低,共晶碳化物少,碳化物分布均匀,耐磨性好,热处理变形小,过冷奥氏体的稳定性高和淬透性好等,适宜制造重负荷,高精度的冷作模具。相对于碳化物偏析较严重的高碳高铬钢,性能有所改善。

这类钢基本属于过共析钢,对于用较大尺寸的钢材制造模具,在切削加工之前,一般需对原材料进行改锻,以降低钢中碳化物偏析。

表 10-6 高耐磨冷作模具钢的热处理工艺

钢类	临界点/℃			退火工艺				淬火工艺			回火	
	Ac1	Acm	Ar1	加热温度/℃	等温温度/℃	冷却速度/(℃/h)	硬度(HBS)	加热温度/℃	淬火介质	硬度(HRC)	回火温度/℃	硬度(HRC)
Cr6WV	815	845	625	830～850	730～750	≤30	195～241	960～980	油	>60	150～170 190～210	62～63 58～60
Cr4W2MoV	795	900	760	850～870	750～770	≤30	≤269	960～980 1020～1040	油、空 油、空	≥62 ≥62	280～300 500～540	60～62 60～62
6Cr4W3Mo2VNb	810～830	—	720～740	850～870	730～750	≤40	187～217	1080～1180	油	—	520～580	59～62
Cr12	810	835	755	850～870	720～750	≤30	207～255	970～990	油	63～65	150～200	60～61
Cr12MoV	830	855	750	850～870	720～750	≤30	207～255	1020～1050	油	63	180～205	56～60
Cr12WMoV	—	—	—	850～870	720～750	≤30	207～255	1020～1050	油	62～63	180～205	56～60

此类钢的典型热处理工艺为锻造后球化退火＋调质＋低、高淬火＋低、高温回火。高碳中铬钢的淬火温度比较宽，Cr6WV、Cr5MoV 与 Cr4W2MoV 钢和 Crl2 型钢一样，有高温淬火和低温淬火二个淬火温度区间，淬火温度较低时，经回火无二次硬化现象，淬火温度较高时，回火后有二次硬化现象。淬火温度升高，二次硬化效应越显著。对需高磨损条件使用的模具可在 200℃左右回火，而高冲击模具可选 370～400℃回火，虽硬度有所降低，但韧性较好。6Cr4W3M02VNb 钢只能采用高温淬火，并配合 520～600℃高温回火，才可获得二次硬化效果，否则耐磨性差。

6Cr4W3M02VNb 是一种基体钢，成分类似高速钢，剩余碳化物在淬火状态下很少，它的硬度靠基体中过饱和元素在回火中弥散析出（二次硬化）来提高，所以必须高温淬火及高温回火。它和 Crl2 类型钢比较，其耐磨性较低，但韧性比较好，有优良的强韧性配合。推荐在要求较好耐磨性、高的抗弯强度和优良韧性条件下使用，例如用于要求韧性很高的冷挤、冷镦模具。热处理工艺类似于热作模具钢，见图 10-6。

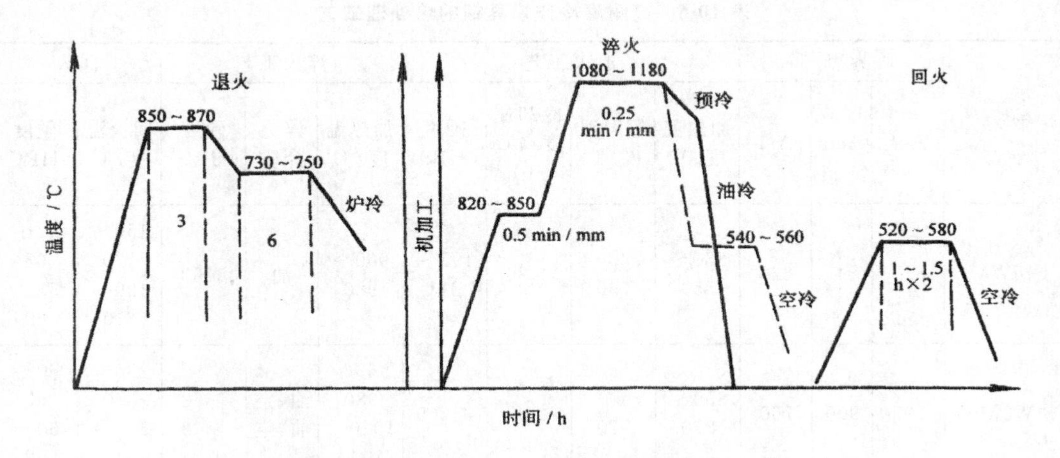

图 10-6 6Cr4W3M02VNb 钢的热处理工艺(盐炉)

Cr4W2MoV 钢是一种中合金冷作模具钢，与 Crl2 型钢比较，可使模具寿命有较大提高。它主要特点是共晶碳化物颗粒细小、分布均匀，具有较高的淬透性和淬硬性，并且有较好的耐磨性和尺寸稳定性。实际使用证明它是性能良好的冷作模具钢，可用于制造各种冲模、冷镦模、落料模、冷挤凹模及搓丝板等工模具。此钢的缺点是热加工温度范围较窄，变形抗力较大，易锻裂、软化退火也比较困难，使用时有时会发生崩刃开裂现象，应予注意。

Cr4W2MoV 钢锻后一般采用等温退火。它的淬火温度范围很宽(940～1100℃)，但以 900～1040℃较好，硬度高、晶粒较细。可用空冷、油冷、分级淬火等方式，淬后达 60～62HRC 左右。这种钢的淬透性很好，Φ150mmXl50mm 试样 1020℃加热油淬可完全淬透，硬度约在 60HRC 以上。它的回火温度范围也很宽，低温、中温和高温回火都可采用，可根据性能要求结合淬火温度选定，一般要求强度、韧性较高时，应采用低温淬火低温回火工艺。例如采用 960～980℃淬火，280～320℃回火。而要求热硬性和耐磨性较高时，应采用高温淬火高温回火工艺。例如采用 1020～1040℃淬火，500～540℃回火。这种钢热处理变形量较小，可归属于低含 Cr 的空冷微变形钢类型。完全可代替高碳高铬钢制造形状复杂、尺寸要求严格的模具。

(3)高速钢

常用于模具的高速钢有 W18Cr4V、W6M05Cr4V2 和 6W6Mo5Cr4V 以及 W12M03Cr4V3N 钢等。它们具有很高的硬度、抗压强度和耐磨性，采用低温淬火等工艺措施又可以有效地改善其韧性，因此愈来愈多地被用于要求重负荷、高寿命和加工硬材料的冷作模具。低碳高速钢(6W6M05Cr4V 钢)有良好的韧性，在制造重负荷的冷作模具方面取得了良好的使用效果。高速钢主要用来制作冷挤压黑色金属的凸模。用 W18Cr4V 钢来制作冷挤压凸模，有时显得韧性不足，对于要求更高的凸模可采用 W6M05Cr4V2 钢，它相对前者具有碳化物颗粒小，分布较均匀，不但硬度与强度高，而且韧性、耐磨性、抗回火稳定性很好，适用于制黑色金属冷挤压凸模，其综合性能优于 W18Cr4V 钢和 Crl2MoV 钢。

高速钢属莱氏体钢，正常热处理方法不能消除其鱼骨状莱氏体共晶碳化物，从而出现各向异性，降低强度、韧性。需要经过改锻，反复的镦粗和拔长，以改善碳化物分布。

锻后要进行退火，以利切削、消除应力，获得索氏体和粒状碳化物组织，也为淬火作

准备。

高速钢淬火加热温度很高，以保证碳化物的溶解，使碳和合金元素充分地溶入奥氏体，而淬成合金元素含量较高的马氏体。淬火温度有的甚至接近熔点。一般需一次或二次预热，并需严格控制加热工艺。淬火后组织为马氏体、碳化物和残余奥氏体混合组织。因其淬透性很好，尺寸不大的模具可空冷淬硬，一般可用油淬，精密、复杂的小型模具可用分级淬火，韧性要求高的可用等温淬火。

W18Cr4V钢，一般刀具淬火温度是1260～1280℃，而冷挤压凸模为提高韧性、淬火温度为1240～1250℃。这样淬火可获得细晶粒，增大钢抗裂纹形成与扩展的能力，同时基体中合金元素及碳的含量降低了，有利于形成板条马氏体，从而有利于韧性的提高。W6M05Cr4V2钢刀具的正常淬火温度为1240～1250℃，对冷作模具，可降低至1180～1200℃，使韧性有所提高，而耐磨性并不降低。

由于高速钢淬火后残余奥氏体量过多，需经500～600℃三次回火后才使残余奥氏体充分转变消除，同时，产生最佳的二次硬化效应，获得较好的力学性能。有人提议将第一次回火温度降到350℃，在350～400℃回火时，由于有渗碳体型的碳化物析出，可改善性能，在韧性不减少情况下，二次硬化和耐热性可有所提高。此外，对韧性要求较高而对热硬性要求不太高的冷作模具，采用低温1150℃淬火时，回火温度还可降到210℃，这样不仅强度、韧性都较高，模具尺寸变化量也最小。因此，对尺寸精度要求较高的模具以采用210℃左右的回火为佳。

10.2.3 冷作模具钢的选材

以上说明了冷作模具钢按成分和性能分类的情况，在选材时，可按具体要求进行选择：

1. 按模具大小考虑选材

模具的尺寸不大时可选用高碳工具钢；尺寸较大时，可用高碳低合金工具钢；尺寸更大的可用合金元素更多的高耐磨钢。

2. 按模具形状和受力考虑选材

模具形状简单，不易变形，截面不大，载荷较轻的可选用高碳工具钢。多为T10A钢，或选用高碳低合金钢9Mn2V、CrWMn、Crl2等；模具形状复杂，易变形，截面较大，载荷较重的可选用高耐磨模具钢，如Crl2、Crl2MoV、Cr6WV、Cr4W2MoV、Cr2Mn2SiWMoV等。

3. 按模具的性能要求考虑选材

模具要求耐磨性特别高，淬火后变形极小的可用高耐磨钢，例如高碳高铬或高碳中铬钢，还可用高速钢制造；对载荷冲击大的模具，可选用冲击韧度较高的中碳合金钢(实际是热作模具钢)例如：4Cr5MoSiV、4Cr5MoSiVl、5CrNiMo、4CrMnSiMoV、7CrSiMnMoV。

4. 按模具压制产品的批量考虑选材

当压制产品的批量小或中等情况时，常选用高碳工具钢或高碳低合金模具钢制造模具；当产品批量大时，可选用高耐磨模具钢。

5. 按模具的用途来考虑选材

例如硅钢片的冷冲模，寿命要求较长，无论轻载、重载都可选用Crl2、Crl2MoV、4Cr4W2MoV、Cr2Mn2SiWMoV。对冷挤压钢件或硬铝件的模具，凸模可选Crl2、Crl2MoV。冲头部分可用高速钢W18Cr4V、W12M03Cr4V3N，或用低碳高速钢6W6M05Cr4V或基体钢6Cr4W3M02VNb。冷作模具钢的选用具体可见表10-7。

表 10-7　冷作模具钢的选用

模具类型	模具工作条件		推荐钢号
冷冲模	普通钢板，其厚度≤4mm		Cr12、Cr12MoV、Cr6WV、Cr2Mn2SiWMoV、CrWMn、Cr2、W6Mo5Cr4V2、W18Cr4V、W12Mo3Cr4V3N
	奥氏体钢 厚度≤4mm		Cr12、Cr12MoV、Cr6WV、Cr4W2MoV、M6Mo5Cr4V2、W12Mo3Cr4V3N
	厚度 4～6mm		Cr6WV、Cr2Mn2SiWMoV、Cr2、CrWMn、99Mn2V、MnCrWV、6W6Mo5Cr4V、
	厚度 6～12mm		6Cr4W3Mo2VNb6CrW2Si、7CrSiMnMoV
	厚度≥12mm		4Cr5MoSiV、5CrNiMo、4CrMnSiMoV
	硅钢片 厚度≤2mm		Cr12、Cr12MoV、W6Mo5Cr4V2、W18Cr4V
	厚度 2～6mm		Cr6WV、Cr4W2MoV、Cr2Mn2SiWMoV、Cr2、CrWMn、MnCrWV、6W6Mo5Cr4V、6Cr4W3Mo2VNb
	铜及铜合金，厚度≤6mm		Cr12、Cr12MoV、Cr6WV、Cr2Mn2SiWMoV、CrWMn、Cr2、9Mn2V
	铝及铝合金		Cr12、Cr12MoV、Cr6WV、W18Cr4V、W6Mo5Cr4V2、Cr2Mn2SiWMoV、Cr2、9Mn2V
落料模和切边模	钢板厚度或钢材直径≤2mm		Cr12、Cr12MoV、W18Cr4V、W6Mo5Cr4V2、W12Mo3Cr4V3N
	钢板厚度或钢材直径≥2mm		6CrW2Si、9Mn2V、Cr2、CrWMn、6W6Mo5Cr4V、6Cr4W3Mo2VNb
拉丝模	有色金属丝		Cr12、Cr12MoV、CrWMn、Cr2、9Mn2V、T12
	钢丝		Cr12、Cr12MoV、W18Cr4V、W6Mo5Cr4V2、W12Mo3Cr4V3N
冷镦模	低压力	模具外径<30mm	T10、T11、T12
		模具外径为30～40mm	9Mn2V、9SiCr、CrWMn、MnCrWV、Cr2
		模具外径>40mm	7CrSiMnMoV、Cr2Mn2SiWMoV
	较高压力		Cr6WV、Cr5MoV、Cr2Mn2SiWMoV
	高压力		Cr12、Cr12MoV、Cr4W2MoV、W18Cr4V、W6Mo5Cr4V2、6W6Mo5Cr4V、6Cr4W3Mo2VNb
冷挤压模	凹模	有衬套	Cr12、Cr12MoV、W6Mo5Cr4V2、W18Cr4V、6W6Mo5Cr4V、6Cr4W3Mo2VNb、Cr4W2MoV
		无衬套	9Mn2V、CrWMn、MnCrWV、Cr2、6W6Mo5Cr4V
	冲头	有色金属	Cr6WV、Cr5MoV、6W6Mo5Cr4V
		钢	W6Mo5Cr4V2、W18Cr4V、6W6Mo5Cr4V

10.3　热作模具钢

热作模具是指将金属材料加热到再结晶温度以上进行压力加工的模具。热作模具工作时，模具承受冲击载荷，冲击载荷有大有小，物料在模具中停留时间有长有短。随加工材料种类不同，模具工作温度有很大差异，一般可达 400～500℃，有时高过 1000℃，故热作模具

对其性能和材料有着特殊要求。

我们需分析各类热作模具的工作条件、性能特点,从而提出对各类热作模具材料的性能要求,并进行合理选材

10.3.1 各类热作模具的工作条件及要求

典型的热作模具有锤锻模,高速锤锻模,压力机锻模及热挤压模,热冲切模及压铸模等。

1. 锤锻模

是在高温下通过冲击加压、强迫金属成形的模具。

(1)工作条件

工作时承受巨大的冲击载荷外,还受到很大的压应力、拉应力和弯曲应力,型腔表面经常和1100～1200℃的炽热金属坯料接触而被加热,模具可升温到300～400℃,局部温度到500～600℃。因此,锻压时模具快速加热、升温到很高温度,结束时用水或油冷却润滑而剧烈降温,对模具产生急冷急热的作用。同时加工坯料对锻模型腔有强烈摩擦。

(2)失效形式

产生磨损,包括粘着、氧化、磨粒磨损均有;可能发生断裂(脆断、崩裂及燕尾凹槽底部开裂),同时模具受到急冷急热的作用而引起体积的变化,极易产生热疲劳裂纹,形成龟裂;还有引起塑性变形,造成型面塌陷。

(3)性能要求

在高温下保持高的强度和良好的冲击韧性,高的耐磨性及一定的硬度;优良的耐热疲劳性;高的淬透性,使整个截面得到均匀的力学性能;良好的导热性,以便尽快散热;良好的工艺性和抗氧化性。锤锻模的工作硬度见表10-8。

表10-8 锤锻模的工作硬度(HRC)

模具类型	模面硬度(新规定)	模面硬度(旧规定)	燕尾硬度
小　型	42～39	47～42	35.0～39.5
中　型	42～39	42～39	32.5～37.0
大　型	40～35	40～35	30.5～35.0
特大型	37～34	37～34	27.5～35.0

2. 高速锤锻模

高速锤锻模是一种新型热锻模具,锤体小,结构简单,锤击速度快,锻件质量、精度高,生产率高,适用薄壁、带棱等复杂难成形件,可用作模锻和精密锻造。

(1)工作条件

模具打击速度快,打击能量大,成形时间短,瞬时冲击力大,容易超载。模具受热频繁,批量大,闷模总时间长,冷却条件差,模具承受温度高,与压力机模具相近,急热急冷,同时坯料与模具存在很大的摩擦。总之,高速锤锻模承受了大冲击、高温、强烈摩擦,工作条件苛刻繁重。

(2)失效形式

模具以断裂(冲击破裂)及磨损为主,机械及冷热应力疲劳均严重,易产生疲劳裂纹同时还易产生塑性变形。

(3)性能要求

强韧性好，也就是有高的强度(包括热强性)及韧性。因为承受大冲击，所以应提高其断裂抗力。有较高的硬度，包括热硬性，应有好的耐磨性，并应提高模具材料的塑性变形抗力。具有良好的热疲劳抗力。一般来说对温升小于600℃的高速锤锻模偏重于要求好的强韧性，以防止冲击破坏；对型腔复杂、精度高的高速锤锻模，温升高，磨损严重，以热强性和热硬性为主，以防止型腔的磨损和塌陷。

3. 压力机锻模及热挤压膜

(1)工作条件

模具承受巨大压力，但冲击力不太大，冲击负载小于锤锻模。工作时，与炽热金属接触的时间长，受热厉害。压力机锻模寿命高于锤锻模。

热挤压模模具的温升与以下因素有关：

1)挤压金属因素：挤压A1合金，模具温度小于回火温度；挤压Cu、Ti合金，模具温度可达600～800℃；挤压钢材，模具温度可达600～850℃；挤压高合金的不锈钢耐热钢等，模具可达1000℃。

2)挤压工艺因素：反挤压及复合挤压比正挤压模具温度高。

3)毛坯尺寸因素：毛坯大，则模具温升高。

这二类模具，也同样在工作时承受急冷急热的影响而产生冷热应力，它的大小与变化幅度大于锤锻模。同时坯料与型壁之间的摩擦也大。

(2)失效形式

有脆断、冷热疲劳(裂纹及断裂)、塑性变形(型面塌陷和堆塌)、磨损及表面氧化腐蚀。

(3)性能要求

根据锻压材料及挤压金属的差异、受热情况、尺寸大小、受力状况而定。对加工钢材，要求好的高温强度及一定的韧性(a_K、K_{IC})，硬度比尺寸相近的锤锻模稍高，要有较高的冷热疲劳抗力、热稳定性(抗氧化能力)，并有好的淬透性，优良加工工艺性。总之，这两类模具主要是要求具有较高的耐热疲劳性和热稳定性，并且还要求较高的热强性。热挤压凹模的工作硬度见表10-9。

表10-9 热挤压凹模的工作硬度

挤压材料	钢、钛或镍合金	铜及铜合金	铝镁合金
挤压材料的加热温度/℃	＞1000	650～1000	350～500
模具硬度(HRC)	45～47	36～15	46～50

说明：形状复杂的模具应低于表列硬度值4-5HRC。

4. 热冲切(裁)模

热冲切模由切边凹模及切边凸模组成。在切边时，凸模无刃口，只起传力作用，由凹模刃口切去飞边、连皮。

(1)工作条件

切边凹模完成剪切过程，因而凹模为口与毛坯相摩擦，同时也承受一定的冲击载荷。由于是热切边，切边模的刃口将受热升温，所以它的工作条件是较苛刻的。根据下列因素不同，热冲切模的受力及温升差别很大：

1)设备因素:它可装在锻锤上,也可装在压力机上,而这两者,在承受冲击及受热有很大不同。

2)坯料因素:包括冲切坯料的厚薄和材质,影响其受力及温升。

(2)失效形式

刃口磨损、崩刃、卷边。凹模的高温耐磨性及强韧性是影响热冲切模寿命的主要因素。

(3)性能要求

高的耐磨性,高的硬度及热硬性。为避免崩刃,应具有一定的强韧性。并有良好的制造工艺性。热冲切模用钢及工作硬度见表10-10。

表10-10 热冲切模用钢及工作硬度

模具名称	钢种	工作硬度(HRC)
热切边凹模	8Cr3 7Cr3 4CrW2Si 5CrNiMo 5CrMnMo	43～45
热切边凸模	8Cr3 7Cr3	35～40

5. 压铸模

压铸模是在高压下使液态金属压铸成形的一种模具。

(1)工作条件

工作中模具反复与炽热金属接触,承受以下的作用:

1)承受高压作用,一般为30～150MPa。

2)经常与400～1600℃液体金属接触,反复多次被加热、冷却,受到急热急冷的作用,模具工作温升达300～1000℃左右,具体由压铸金属的种类决定(Zn合金液体金属温度达400℃、Al或Mg合金为600℃、Cu合金为800℃、钢为1000～1600℃)。

3)液体金属压铸时,冲刷严重,有强烈摩擦。

(2)失效形式

疲劳损伤(出现网状裂纹—龟裂);冲蚀、气蚀磨损,尤其是低温合金的压铸,磨损是主要失效形式。

(3)性能要求

根据压铸金属的不同受热情况不同,一般要求:

1)优良的耐冷热疲劳性,避免多次反复加热和冷却而出现早期龟裂。

2)高温下能保持高的强度、足够的硬度(见表6-12)、高的耐磨性和一定的冲击韧度。

3)高的淬透性,使整个截面性能均匀,尤其对尺寸大的模具,更为重要。

4)其他方面:高的导热性;耐腐蚀性好;抗粘模性好等。

综合以上各类热作模的分析,可得出热作模具的一般性能要求是:抗热性优;综合性能好(即强度和韧性足够);淬透性大;耐磨性高。

表 10-11　压铸模的硬度要求

	模具硬度	
	HRC	HBS
锌合金	42～48	461～388
铝合金和镁合金	40～45	430～475
铜合金	33～42	302～388

在满足一般性能要求基础上，各类热作模根据本身具体情况，有相对于其他热作模更为突出的特殊性能要求。

10.3.2　热作模具钢按合金元素含量及热处理后性能分类

据热作模具钢抗热性优；综合性能好（即强度和韧性足够）；淬透性大；耐磨性高的性能要求。碳含量一般在0.3%～0.6%之间，加入的合金元素有Cr、W、Mo、Ni、V、Si等，合金元素总量达到高、中合金含量，此类钢属中碳中、高合金钢。其中Cr、Mn、Si、Mo可提高淬透性，Mo、W、V可增加它的抗热性和耐磨性，而Cr、Mn、Si又可以获得很好的抗氧化性。

模体部分一般不用碳素钢制造，这是因为碳素钢的淬透性低，热疲劳抗力差，脆性大，易崩裂。

热作模具钢一般可分为低耐热高韧性钢、中耐热韧性钢、高耐热性钢和特殊用途模具钢。见表10-12。

表 10-12　热作模具钢化学成分

钢号＼化学成分 w/%	C	Si	Mn	Si	Cr	W	V	Mo	其他
低耐热高韧性钢									
5CrNiMo[①]	0.50～0.60	≤0.40	0.50～0.80	0.50～0.80	1.40～1.80	0.15～0.30			
5CrMnMo[①]	0.50～0.60	0.25～0.60	1.20～1.60	0.60～0.90		0.15～0.30			
4CrMnSiMoV[①]	0.35～0.45	0.80～1.10	0.80～1.10	1.30～1.50		0.40～0.60	0.20～0.60		
5Cr2NiMoV	0.56～0.53	0.60～0.90	0.40～0.60	1.54～2.00	0.80～1.20	0.80～1.20	0.30～0.50		
中耐热韧性钢									
4Cr5MoSiV[①]	0.33～0.43	0.80～1.20	0.20～0.50	4.75～5.50		1.10～1.60	0.30～0.60		
4Cr5W2SiV[①]	0.32～0.42	0.80～1.20	≤0.40	4.50～5.50			0.60～1.00	1.60～2.40	
4Cr5MoSiV1[①]	0.32～0.45	0.80～1.20	≤0.40	4.75～5.50		1.10～1.75	0.80～1.20		
4Cr4MoWVSi	0.35～0.45	0.80～1.20	≤0.40	3.60～4.40		0.80～1.20	0.80～1.20	0.80～1.20	
高耐热性钢									
3Cr2W8V[①]	0.30～0.40	≤0.40	≤0.40	2.20～2.70			0.20～0.50	7.50～9.00	
4Cr3Mo3W2V	0.32～0.42	0.60～0.90	≤0.65	2.80～3.30		2.50～3.00	0.80～1.20	1.20～1.80	

续表

5Cr4Mo2W2VSi	0.45～0.55	0.80～1.10	≤0.50	3.70～4.30		1.80～2.20	1.20～1.30	1.80～2.20	
5Cr4W5Mo2V①	0.40～0.50	≤0.40	0.20～0.60	3.80～4.50		1.70～2.30	0.80～1.20	4.50～5.50	
特殊用途热作模具钢									
1.奥氏体耐热钢									
5Mn15Cr8Ni5Mo3V2	0.45～0.55		14.50～16.00	7.50～8.50	4.50～5.50	2.50～3.00	1.50～2.00		
7Mn10Cr8Ni10Mo3V2	0.65～0.75		9.00～11.00	7.50～8.50	9.00～11.00	2.50～3.00	1.50～2.00		
Cr14Ni25Co2V				14.0	25.0		0.80		Co2.0
4Cr14Ni14W2Mo	0.40～0.50	≤0.80	≤0.70	13.00～15.00	13.00～15.00	0.25～0.45		2.00～2.75	S≤0.030
p≤0.035									
2.高速工具钢									
W18Cr4V	0.70～0.80	≤0.40	≤0.40	3.80～4.40		≤0.30	1.00～1.40	17.50～19.00	
W6Mo5Cr4V2	0.80～0.90	≤0.40	≤0.40	3.80～4.40		4.50～5.50	1.75～2.20	5.50～6.75	
3. 超高强度钢									
40CrMo	0.38～0.43	0.20～0.35	0.75～1.00	0.80～1.10		0.15～0.25			
40CrNi2Mo	0.38～0.43	0.20～0.35	0.60～0.80	0.70～0.90	1.65～2.00	0.20～0.30			
30CrMnSiNi2A	0.27～0.34	0.90～1.20	1.00～1.30	0.90～1.20	1.40～1.80				
4. 马氏体时效钢									
18Ni(250)	≤0.03	≤0.10	≤0.10		17.50～18.50	4.25～5.25	CO7.00～8.00	Ti0.30～0.50	Al S、P 0.05～0.15、≤0.01
18Ni(300)	≤0.03	≤0.10	≤0.10		18.00～19.00	4.60～5.20	Co8.5～9.50	Ti0.50～0.80	Al S、P 0.05～0.15、≤0.01
18Ni(350)	≤0.03	≤0.10	≤0.10		17.00～19.00	4.00～5.00	Co11.00～12.75	Ti1.20～1.45	Al S、P 0.05～0.15、≤0.01

1. 低耐热高韧性钢

(1)常用钢种

5CrNiMo、5CrMnMo、4CrMnSiMoV、5Cr2NiMoV。

(2)成分特点

碳的量为 0.4％～0.6％，属亚共析钢或接近共析钢。合金元素含量小于 5％，主要含有

Cr、Ni、Mn、Si 合金元素，其次为 Mo、V。其中 Cr、Mn、Ni 提高淬透性。加入 Mo 可提高回火抗力，防止回火脆性，加 V 可细化晶粒。Mo、V 形成碳化物、提高耐磨性。此类钢属中碳低合金钢。

(3)性能特点

这类钢淬透性较高，有一定的回火稳定性和高温强度，能在 500～600℃下抗热工作，但相对其他热模钢，其耐热性能低。该类钢有高的冲击韧度和高的疲劳强度，属高韧性钢类别。同时还具有好的导热性、好的抗氧化性和加工工艺性。锤锻模具一般选用这类低耐热高韧性钢。

(4)各钢号分析

见图 10-7、表 10-13、表 10-14 和表 10-15。从图和表中可看出主要用于锤锻模的这类钢的一般热处理工艺和硬度要求。

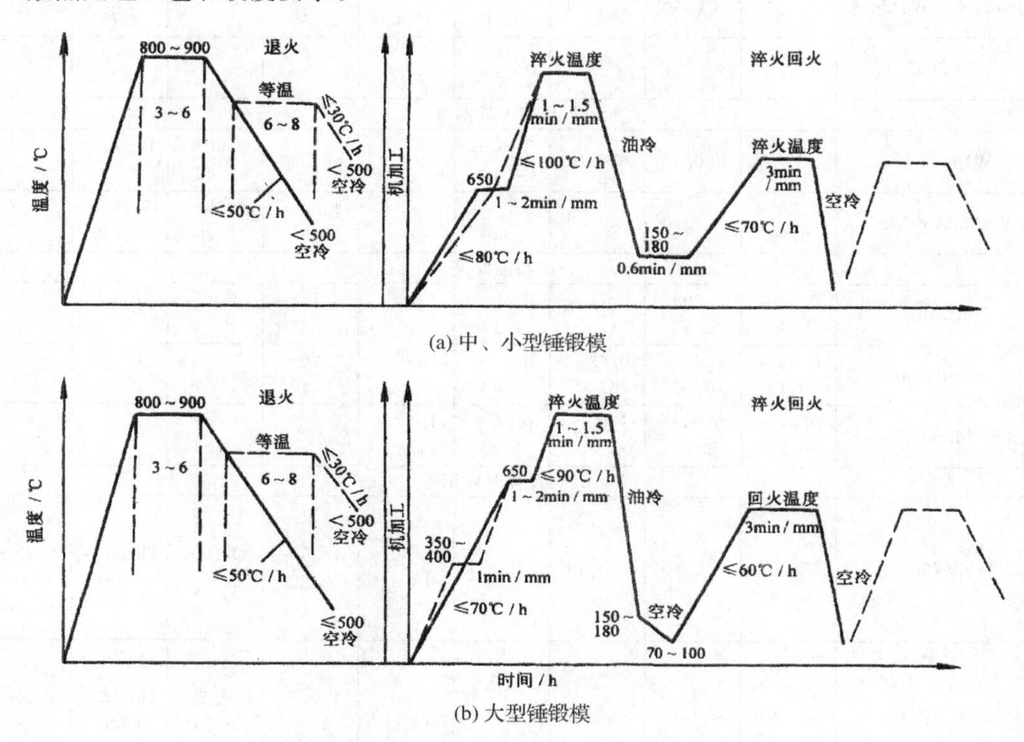

(a) 中、小型锤锻模

(b) 大型锤锻模

图 10-7 锤锻模在空气炉中的热处理工艺

5CrMnMo、5CrNiMo 具有 M3C 型碳化物，阻止奥氏体长大的能力较差，耐热性低，其中 5CrNiMo 相对有良好的韧性和淬透性，而 5CrMnMo 韧性和耐热性差。

表 10-13 锻模钢淬火温度

钢号	淬火温度/℃
5CrNiMo	830～860
5CrMnMo	820～850
5CrMnSiMoV	870～930

表 10-14 几种锤锻模钢的退火工艺

钢类	加热温度/℃	保温时间/h	冷却方法	退火硬度（HBS）
5CrNiMo	780～800	4～6	炉冷（≤50℃/h）至 500℃后空气中冷却	197～241
4CrMnSiMoV	870～890	3～4	炉冷至 720～740℃，保温 6～8h，再炉冷（≤30℃/h）至 500℃时空气中冷却	≤241
5CrMnMo	850～870	4～6	炉冷至 680℃，保温 4～6h，炉冷至 500℃空气中冷却	197～241

表 10-15 各种锤锻模具硬度要求

锻模类型	锻模高度/mm	模面硬度		燕尾硬度	
		HBS	HRC	5CrNiMo	830～860
小型	<250	387～444 364～415	41～47 39～44	5CrMnMo	820～850
中型	250～325	364～415 340～387	39～44 37～41	5CrMnSiMoV	870～930
大型	325～375	321～364	35～39	286～321	30～35
特大型	375～500	302～340	33～37	269～321	28～35

5Cr2NiMoV、4CrMnMoSiV 钢含有 MC 型碳化物，能在加热时阻止奥氏体长大，耐热性相对较好。其中 5Cr2NiMoV 钢经淬火、630～640℃回火后硬度达 42～44HRC。4CrMnMoSiV 钢中含 V 和 Mo 较多，从而提高了回火抗力和高温强度。经最佳温度淬火和回火后，该钢种的耐磨性、强度和硬度均高于 5CrNiMo。

低耐热钢经退火后的组织是片状或粒状珠光体（也含有少量的铁素体），此外，钢中还含有少量的碳化物相，一般体积分数不超过 7%～9%的碳化物。退火温度为 760～860℃，硬度为 197～225HBS。

这类钢经淬火后的组织主要是马氏体，大型模具的心部会形成中间转变产物一贝氏体组织，其他还有少量残余奥氏体和碳化物。淬火温度 820～1000℃，一般用油淬火，硬度可达 52～60HRC 左右。

这类钢的回火温度为 490～660℃，回火硬度 34～48HRC。有的在回火时会发生二次硬化倾向，可使硬度达最大值，并可进一步提高钢的耐热性。

低耐热热作模具钢应用较广的为 5CrNiMo 和 5CrMnMo。

5CrNiMo 为合金元素含量较低的合金工具钢。该钢具有良好的韧性、强度和耐磨性，它在室温和 500～600℃时的力学性能几乎相同。在加热到 500℃时，仍能保持 300HBS 以上的硬度。由于钢中含有 Mo，因而对回火脆性不敏感。从 600℃缓慢冷却下来以后，冲击韧度稍有降低。5CrNiMo 钢有良好的淬透性，300mm×400mm×300mm 的大块钢料，自 820℃油淬和 560℃回火后，断面各部分的硬度几乎一致。此钢广泛用来制造各种类型的大、中型锻模，如高度尺寸>375mm 的大型锤锻模。

5CrMnMo 钢具有与 5CrNiMo 钢相类似的性能，淬透性稍差。此外，在高温下工作时，其耐热疲劳性则低于 5CrNiMo 钢。此钢适用于制造要求具有较高强度和高耐磨性的各种类型的中小型锤锻模。

5Cr2NiMoV 钢经最佳淬火回火后性能接近中耐热性热作模具钢，因此可用于制造大型重负荷锤锻模(寿命比 5CrNiMo 高 1～1.5 倍)和较小压力机锻模。

4CrMnSiMoV 钢在最佳温度淬火和回火后的各项性能均优于 5CrNiMo 钢。该钢种用于压力机锻模生产汽车用连杆、前梁和齿轮等，模具寿命比采用 5CrNiMo 提高 25%～110%。

2. 中耐热韧性钢

(1)常用种类

4Cr5MoSiV、4Cr5W2SiV、4Cr5MoSiVl、4Cr4MoWSiV。

(2)成分特点

碳的质量分数较低，约为 0.3%～0.4%。合金元素含量中等，有较高的 Cr、Mo、W、V 等碳化物形成元素，Cr 为 5%，俗称 5%Cr 型热模钢，Cr 和 Mo 使该钢的淬透性大大提高，V 有较好的抗过热敏感性，对提高热硬性和热强性非常有效。一般工作在 650℃。

(3)性能要求

该钢种淬透性很好，100mm 工件能空冷淬透，称为空冷硬化热模钢。它具有中等耐热性，一般工作温度为 600～650℃，最高可达 660℃。与 5CrNiMo 相比韧性大致相等而有高的硬度、热硬性和耐磨性。这类钢综合性能好，在最佳淬火回火热处理工艺状况下具有高强度、高硬度和良好的韧性和塑性的配合。在所有的热作模具材料中 5%Cr 的热模钢具有最高的疲劳强度。在热处理变形比较小，尤其在空冷淬火时。

(4)各钢号分析

这类钢热处理工艺见表 10-16、图 10-8。退火后的组织主要为珠光体和少量的未熔碳化物。碳化物相的体积分数约占 6%～1.2%，其主要是 M23C6 和 M6Co 退火温度在 1000～i070～C 范围，退火后，硬度不高，一般为 207～229HBS，所以加工性能比较好。Cr 主要增加 M23C。而 Mo 影响 M6C 型碳化物，它对耐热性有很大影响。在 4Cr4MoWSiV 钢中，M6C 型稍高于 4Cr5MoSiV 和 4Cr5W2SiV 钢，所以前者有更高耐热性。V 影响 MC(VC) 型碳化物的含量，VC 硬度很高(达 3000HV 以上)，因而大大增加耐磨性。为使钢易切削，常用的有加硫的 4Cr5MoVlSi 钢，经调质处理到 40～44HRC 后机加工可获得很低的表面粗糙度，并易切削。

这类钢的淬透性很高，几乎都采用空冷淬火，对尺寸大于 100mm 的模具则采用油冷淬火。常规淬火后，可获得细晶粒的马氏体和过剩碳化物和残余奥氏体，一般淬火后只剩下 MoC 型碳化物，含 V 钢还有 MC 存在。含 V 钢具有较好的抗热敏感性。为减小含铬钢淬火弯曲变形，可用预冷淬火、加热后快冷至 400～450℃停留足够时间、再油冷，这样既保证断面直径＞120mm 模具完全淬透，又比直接油淬或空冷淬火具有稍高韧性。该类钢的淬火温度为 1010～1060℃，淬后硬度约在 50～59HRC。

回火温度由硬度要求而定，需 460～495HB 时可在 540～630℃范围回火；需 420～445HB 时，可在 580～650℃范围回火。5%Cr 的热作模具钢通常的使用硬度为 44～50HRC。

这几种钢中 4Cr5MoSiV 和 4Cr5MoSiVl 有较高的韧性和塑性，而 4Cr5W2SiV 和 4Cr4MoWSiV 有较高强度和硬度。4Cr5MoSiVl 比 4Cr5MoSiV 的耐热性为优，抗烧蚀性更好。它们中 4Cr4MoWSiV 钢的耐热性最好，工作温度可达 650～660℃。

表 10-16　中、高耐热性钢的硬度及热处理工艺

钢类	热处理工艺						
	退火		淬火及回火			最终性能	
	温度/℃	硬度(HBS)	淬火温度/℃	淬火介质	回火温度/℃	硬度(HRC)	强度/(N/mm²)
4Cr5MoSiV	860～890 炉冷	≤229	980～1030	油	580～620	46～52	1750
4Cr5W2SiV	860～880 炉冷	≤229	1060～1080	油	580～620	48～52	1870
4Cr5MoSiV1	860～900 炉冷	≤229	980～1040	油	580～600	48～50	1800
4Cr4WmoSiV	860～890 炉冷	≤229	1060～1080	油	600～640	48～52	1700
3Cr2W8V	820～840 炉冷	217～241	1100～1150	油	560～580	48～52	1730
4Cr3Mo3W2V	870～890 炉冷	197～241	1050～1070	油	580～620	53～56	1700
5Cr4Mo2W2SiV	870～890 炉冷	197～241	1080～1120	油	580～620	52～58	2210
5Cr4W5Mo2V	870～890 炉冷	217～255	1120～1140	油	600～630	54～56	—

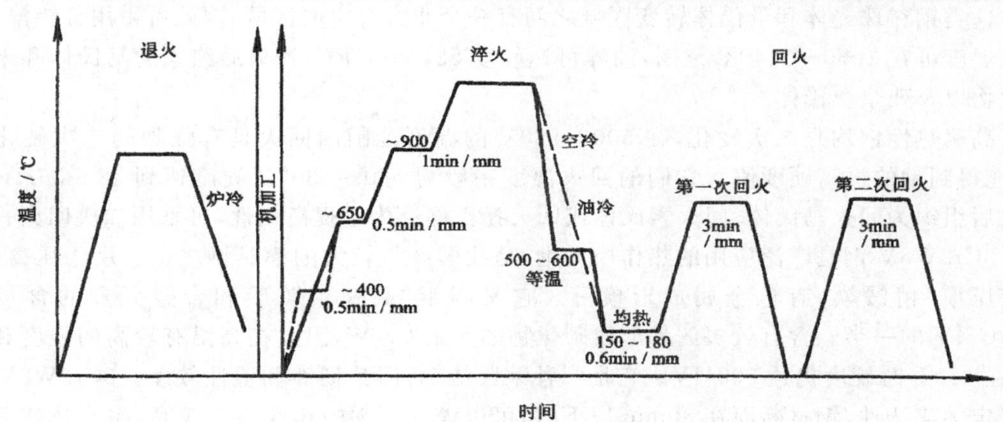

图 10-8　中耐热韧性和高耐热性钢的热处理工艺(盐炉)

4Cr5MoSiV 钢是一种空冷硬化的热作模具钢。该钢在中温下具有较好的热强度，高的韧性和耐磨性，在工作温度下有较好的耐冷热疲劳性能，在热处理时的变形较小。该钢通常用来制造铝铸件用压铸模，热挤压和穿孔用的工具和芯棒，压力机锻模、塑料模等。它具有好的中温强度，亦可作飞机、火箭等耐 400～500℃的结构零件。

4Cr5W2SiV 钢是一种空冷硬化的热作模具钢。该钢在中温下具有较高的热强度、硬度，有较高的耐磨性和韧性，在工作温度下有较好的耐冷热疲劳性能。为得到较好的横向性能，可采用电渣重熔钢。该钢用于制造热挤压用的模具和芯棒，铝、锌等轻金属的压铸模，热顶锻结构钢和耐热钢用的工具。近年来也用作部分零件的高能高速锤用的模具。

总的看，中耐热韧性钢最广泛用于热变形用模具(机锻模、高速锤锻模中应用较多)和压铸模。例如 4Cr5MoSiV、4Cr5MoSiVl 和 4Cr5W2SiV 钢用于小于 4t 的锤锻模镶块，1000t 压力机模镶块和冲头，2000t 挤压机用内衬套、穿孔针，A1、Mg、Zn 合金压铸模(寿命比 3Cr2W8V 制模具寿命提高 0.5～1.0 倍)等。

3. 高耐热钢

(1)常用钢种

3Cr2W8V、4Cr3M03W2V、5Cr4M02W2VSi、5Cr4W5M02V。

(2)成分特点

含碳 0.3%～0.5%并不高,但接近共析或过共析成分;普遍含合金元素为 8%～10%。

(3)性能特点

该类钢具有高的耐热性,即有较高的高温强度和高温硬度。可在 600～700℃高温下工作。具有高的耐磨性。它们的塑性和韧性,抗冷热疲劳性显著低于 5%Cr 的热模钢。而淬透性好,小于 150mm 断面的模具空冷也能淬透、硬度仍高达 55～62HRC。这类钢有强烈的二次硬化、好的回火抗力、较高的抗疲劳性。

(4)各钢号分析

见表 10-16、图 10-8。高耐热钢在退火的组织为细颗粒珠光体和少量的一次共晶碳化物,这类钢中的碳化物的含量约为工 10%～13%,主要为 M6C 型。在含 V0.8%～1.0%或更高量的钢中,主要是 MC(VC 型)碳化物。退火温度一般为 840～880℃。退火后的硬度,一般为 207～255HBS,故切削性稍差些。

这类钢在珠光体和贝氏体转变区域之间有一个非常稳定的区域,因此可采用分级淬火,淬火温度可在 1050～1140℃范围,油淬可达硬度 53～62HRC,淬火后组织为马氏体和未熔碳化物以及残余奥氏体。

高耐热性钢均是二次硬化,在 500～560℃的温度范围内回火具有强烈的二次硬化效应,能得到钢的最高硬度值。它们的回火温度一般为 560～630℃,硬度达到 48～56HRC。回火后组织为回火马氏体、回火索氏体或回火托氏体。为了提高韧性,可采用二次回火。

3Cr2W8V 钢是广泛应用的热作模具钢,是我国产量较大的模具钢之一。用于压铸模、热挤压模、精锻模、有色金属成形模等。它又叫半"高速钢",碳和合金元素的含量是 W18Cr4V 的一半。含有较多的易形成碳化物的元素 Cr、W,因此在高温有较高的强度和硬度,在 650℃时硬度仍达 300HV。它是一种莱氏体钢,但其韧性和塑性较差。3Cr2W8V 钢有一定的淬透性,钢材断面在 80mm 以下时,可以淬透。钢的相变温度较高,耐冷热疲劳性良好,近年对该钢号进行研究,改进其某些热处理工艺后,增加了高温强度与硬度,从而提高了某些模具的使用寿命。

5Cr4W5M02V 钢是新型热作模具钢,该钢有较高的热硬性、高温强度和较高的耐磨性,可以进行一般的热处理或化学热处理,可代替 3Cr2W8V 钢制造某些热挤压模具。也用于制造精锻模、热冲模、冲头等,,使用寿命较高。

5Cr4M02W2VSi 钢也是一种新型热模钢,属于基体钢类型的热作模具钢,经适当的热处理后具有高的硬度、强度、好的耐磨性,高的高温强度以及好的回火稳定性等综合性能,此外也具有一定的韧性和抗冷热疲劳性能。该钢的加工性能也较好,加工温度范围较宽。适于制造热挤压模、热锻压模、温锻模以及要求韧性较好的冷镦用模具,特别是用于高磨损、难加工金属热变形用模具与冲头效果较佳。在热加工模具方面,使用寿命比 3Cr2W8V 钢高 1～2 倍。

这类钢适用于要求高耐热性、耐磨性而韧性要求较低、形状不太复杂的模具,主要用作压力机镦锻模、挤压机上加工高强钢、不锈钢、钛合金、耐热合金等尺寸小于]50mm 的模具以及压铸模或工作温度较高(680～690℃)高磨损条件下工作的模具。

10.3.3 热作模具的选材

影响热作模具使用寿命有很多因素,如模具在工作中的受力、受热和冷却情况,模具的形状与尺寸、压制件的材质、形变方式、变形量、变形速度以及润滑条件等,因此,选用热作模

具钢材时，应充分考虑这些因素的影响，合理选用，确保其使用寿命，具体见表 10-17。

表 10-17　热作模具钢的选用

模具类型	工作条件		推荐钢号
锤锻模	整体模具	最小边长为 200～400mm	5CrMnMo、5CrNiMo、4CrMnSiMoV
		最小边长＞400mm	5Cr2NiMoV、5CrNiMo、4CrMnSiMoV
	镶块		4Cr5MoSiV1、3Cr2W8V、4Cr3Mo3W2V、4CrMnSiMoV
压力机锻模	整体模具		5CrNiMo5CrMnMo、4CrMnSiMoV、4Cr5MoSIV、4Cr5MoSiV、4Cr5W2SiV、3Cr2W8V、4Cr3Mo3W2V、5Cr4Mo2W2SiV
	镶拼模具	镶块	4Cr5MoSiV1、4Cr5MoSiV、4Cr5W2SiV、3Cr2W8V、5Cr4W2Mo2SiV
		模块	5CrMnMo、5CrNiMo、45Mn2、4CrMnSiMoV
热顶锻模			3Cr2W8V、5Cr4Mo2W2SiV、4Cr4W5Mo2V、4Cr5MoSiV、4Cr5W2SiV、5CrNiMo
高速锤锻模			5CrNiMo、5CrMnMo、3Cr2W8V、4Cr5MoSiV1、4Cr5MoSiV、4Cr5W2SiV、4Cr3Mo2W2VtiNb
压铸模	锌及其合金 2		4Cr5MoSiV、4Cr5MoSiV1、4Cr5W2SiV
	铝、镁及其合金		4Cr5MoSiV1、4Cr5MoSiV、4Cr5W2SiV、3Cr2W8V、4Cr3Mo3W2V
	铜及其合金		3Cr2W8V、4Cr3Mo3W2V
热挤压模	凹模	轻金属及其合金	3Cr2W8V、4Cr3Mo3W2Vr5Cr4Mo2W2SiV、4Cr14Ni14W2Mo、5Mn15Cr8Ni5Mo3V2
	冲头	铜及其合金	5CrNiMo、4CrMnSiMoV、4Cr5MoSiV、4Cr5MoSiV1、5CrNiMo、4CrMnSiMoV、4Cr5MoSiV1、3Cr2W8V
	冲头头部	轻金属及其合金 铜及其合金	4Cr5MoSiV1、3Cr2W8V 3Cr2W8V、Cr14Ni25Co2V
	管材挤压芯棒（直径小于 50mm）	轻金属及其合金 铜及其合金，钢	3Cr2W8V、4Cr3Mo3W2V 3Cr2W8V、4Cr3Mo3W2V
	穿孔芯棒（直径大于 50mm）	轻金属及其合金 铜及其合金，钢	4Cr5MoSiV1、3Cr2W8V 3Cr2W8V、4Cr3o3W2V

续表

模具类型	工作条件	推荐钢号
温热挤压模		W18Cr4V、W6Mo5Cr4V2、6W6Mo5Cr4V、65Cr4W3Mo2VNb
压铸模	压铸锌、锡和铝的模板、模板镶块、模芯和阀门等	4Cr5MoSiV、4Cr5MoSiV1、3Cr2W8V
	压铸锌合金模具 压铸铝、镁合金模具 压铸铜合金模具	4Cr5MoSiV1、4Cr5MoSiV、4Cr5W2SiV 4Cr5MoSiV1、3Cr2W8V、4Cr3Mo3W2V 3Cr2W8V、4Cr3Mo3W2V
热剪切模		6CrW2Si、5CrNiMo、4CrMnSiMoV、4Cr5MoSiV1、3Cr2W8V、6W6Mo5Cr4V、W6Mo5Cr4V2

10.4 塑料模具钢

塑料在国民经济的各个部门的应用日益广泛，塑料的产量按体积计算在世界上已超过钢铁的产量。塑料模具是塑料成型加工工业不可缺少的工具，在总的模具产量中所占的比例逐年增加，在当前已处于重要地位。例如，日本的塑料模具已上升为各类模具生产量的第一位。

在我国，塑料模的应用在国民经济中的地位愈来愈重要。它的钢材耗用量大、品种规格多，形状复杂，表面粗糙度值要求低，制造难度大，因此，探讨塑料模具制造中的选材问题，综合分析其工作条件、失效、性能、合理选择材料以提高寿命、保证质量、降低成本也就显得非常重要。

10.4.1 塑料模具的性能要求

塑料模按成型固化不同分为热固性和热塑性成型塑料模。其工作条件见表10-18。与冷作和热作模具钢相比，其使用性能要求并不太高，具体要求性能如表10-18。

表10-18 塑料模具的工作条件

分类 \ 条件	工作压/MPa	工作温度/℃	摩擦状况	进入型腔时物料状态	腐蚀状况	小结
热固性塑料模	2000～8000	150～250	摩擦磨损较大	固体粉末状态或预制坯料	有时有腐蚀	受热、受力受磨损较大
热塑性塑料模	3000～6000	150～250	摩擦磨损较小，当加入某些固态填充料时，磨损增大	粘流状态	有时有腐蚀	受热、受力受磨损较小

(1)较高的硬度(表10-19),好的耐磨性,型面硬度要求30～60HRC。并要有足够的硬化层深度,心部有足够强韧性,以免脆断、塑性变形。

表10-19　塑料模具的工作硬度

模具类型	推荐工作硬度范围	说　明
形状简单,压制加工无机填料的塑料	56～60HRC	在高的压力下要求耐磨的模具
形状简单的高寿命塑料模(小型)	54～58HRC	在保证较好耐磨性的前提下具有适当的强韧性
形状复杂、精度较高、要求淬火微变形的塑料模	45～50HRC	用于易折断的型芯等部件
一般软质塑料注射模	280～320HBS	无填充剂的软质塑料
一般压铸模、高强度热塑性塑料注射模	52～56HRC	包括尼龙、聚甲醛聚碳酸酯等硬性塑料及光学塑料模

(2)一定的抗热性,在150～250℃长期工作,不氧化、不变形,尺寸稳定性好。

(3)对有腐蚀介质析出时,要求有一定耐蚀性。

由于塑料模具一般较复杂,表面粗糙度值要求低,精度要求较高,保证有优良工艺性能。具体要求如下:

1)热处理变形小,对精密模要求变形＜0.05%,并有足够淬透性。

2)切削加工性好,要有优良的抛光、耐磨性能,镜面抛光可达Ra0.1以下。抛光时不出现麻点或橘皮状缺陷,要求有好的图案花纹刻蚀性,以达到光洁、精密表面。

对切削成型塑料模,优良的切削加工性尤为重要,要求退火后HBS≤227为宜。基体组织细密、均匀、夹杂物少,硬化后易抛光成镜面。对大、中型复杂模具可预硬化后加工成型,表面强化。

3)对冷压成型塑料模,要求有好的冷压成型性,退火硬度应低、塑性好,变形抗力低、冷作硬化弱,要求HBS≤150、δ≥35%当制作复杂的深型腔塑料模时,要求HBS≤130、δ≥45%,便于成型加工,但淬后变形抗力要高。

4)其他要求:焊接性能优良,锻造工艺性能良好。

10.4.2　塑料模具钢的分类及特点

塑料模具按生产方式可分为注射成型模、挤出成型模、压延成型模、压制成型模。前面三类属于热塑性塑料模。最后一类属热固性塑料模。

对塑料模具的选材所考虑一个重要方面是材料的加工性能,因此根据加工方法,塑料模具可分为两大类:一类是切削加工成型塑料模,一类是冷压成型的塑料模。对它们的用钢要求有所不同。

1. 切削成型塑料模用钢的要求

(1)经淬火及250℃以上回火后,具有足够的强度、韧性、耐热、耐磨、抗蚀等性能。

(2)切削加工性:模块退火后硬度一般以不超过227HBS为宜,且基体组织细密、均匀、夹杂物少,在硬化状态下易于抛光成镜面。

(3)锻造工艺性:可锻温度范围宽,塑性好;对锻后冷却速度不敏感;冷裂倾向及析出网状及带状碳化物的倾向轻微。

(4)热处理工艺性要求:有足够的淬透性,其心部硬度在30～35HRC以上。中、小型模具用钢应能热浴淬火硬化,大型复杂型腔模具用钢应具备气冷硬化能力。过热、脱碳及回火脆性倾向性小。

(5)大、中型复杂型模具用钢应具备高的强韧性;淬火操作安全可靠;可以预硬化后加工成形;可以表面强化。

切削成型塑料模具钢,多以调质钢为主,调质处理前后进行加工,也有其他钢种,如渗碳钢20、20Cr、12CrNi3A;碳素工具钢T10A、T7A;合金工具钢9Mn2V、MnCrWV、9CrWMn;热模钢5CrNiMo、5CrMnMo;高耐磨钢5CrW2SiV、Crl2MoV、Cr6WV;不锈钢4Crl3等。

2. 冷压成形塑料模用钢的要求

(1)退火状态塑性高、变形抗力低,HBS≤150、δ≥35%,型腔复杂的深型腔,要求HBS≤130,δ≥45%。

(2)淬火后变形抗力高。

(3)含碳量不宜过多,力求使用低碳或超低碳钢材。钢中的合金元素使铁素体产生固溶强化效果,因而需加以限制,但Cr不产生固溶强化,并提高淬透性及淬火强化效果。

这类钢以低碳钢(渗碳钢)为主,如电工纯铁DT、、20、20Cr、12CrNi3A、40Cr、T7A、Cr2,力求低碳或超低碳。国外广泛应用超低碳,铬系冷压型腔专用钢如0Cr2、0CrNi、0Cr4Mo、0Cr5MoV钢。

根据塑料的类型及对被成型的塑料制品的尺寸、精度、质量、数量的不同要求,并考虑已有制造模具的条件,可选用不同类型的塑料模具钢,主要分为渗碳钢、调质钢、冷作模具钢、耐蚀钢、马氏体时效钢等几类。现说明如下:

1. 渗碳钢

(1)常用钢号

1)碳素渗碳钢10、20钢,价格便宜,但淬透性差,热处理后心部强度低。适宜制造承载较小的、要求不高的塑料模。

2)合金渗碳钢20Cr、12CrNi2、12CrNi3、12Cr2Ni4、20Cr2Ni4等,它们的淬透性较高,可使用冷速缓和的淬火剂淬火,因此可减少热处理变形,适合于制造截面大、承载重的塑料模。

(2)成分特点

碳0.1%～0.2%,渗碳前退火,硬度低、冷压成形性好、切削性良好,可用冷压成形法制造模具。经过渗碳处理及淬火、低温回火后,表层获得高硬度、高耐磨、抛光性能好。表层强度高,而内层韧性好,可提高模具的使用寿命。

(3)应用

渗碳钢多用于冷压成型塑料模,表面要求高硬度、耐磨性好的塑料模具或配件。

(4)热处理

这类钢的热处理工艺路线一般是:退火—切削加工—渗碳—淬火回火—精加工。

1)渗碳层厚度　含有粉末态物料、固体填充料的塑料模磨损大,渗碳层较厚,达1.3～1.5mm;对软性塑料模渗碳层较薄,为0.8～1.2mm;对有光齿或薄边塑料模,为防止渗透、渗碳层厚0.2～0.6mm。

2)渗碳层含碳量　0.7%～1.0%为佳，避免表层出现粗大碳化物、网状碳化物、过多的残余奥氏体、晶内氧化等缺陷，以防降低抛光性。

3)处理工艺方法　可进行渗碳或进行碳氮共渗处理，后者更耐磨、抗氧化、对耐蚀和抗粘料更优，尤其适宜制氨基塑料模。

4)渗后淬火　不宜直接淬火，因为渗碳后晶粒较粗，一般渗后缓冷后一次淬火，性能要求高的可二次淬火。对高合金渗碳钢可采用渗碳—空冷—高温回火—淬火、回火处理，以减少残余奥氏体量、提高表层硬度、降低变形程度。

2. 调质钢

(1)常用钢号

1)碳素调质钢　45、50、55 钢价廉、加工性好、淬透性差，适合于小型塑料制品、小批量生产塑料模。

2)合金调质钢　40Cr、4Cr3MoSiV、4Cr5MnSiV、4Cr5MoSiVl、5CrNiMo、5CrMnMo 等钢。淬透性好，热处理操作方便。强韧性好、耐磨性好。焊接、研磨、抛光、花纹刻蚀等加工性也较好。工作硬度可达 42～48HRC。钢中适当增加硫、硒、钙时，可降低表面粗糙度值，并提高切削加工性能。

(2)成分特点

1)含碳量中等，低、中等合金元素含量。具体由淬透性和强韧性要求决定。

2)调质作为最终热处理，在调质前后进行粗、精加工，调质后一般不再进行其他热处理，既满足切削加工性能要求，又使变形开裂几率下降。

3)调质后硬度不足，可再进行一次表面强化处理如渗氮、离子渗氮、碳氮共渗、镀铬等。低温处理，可使表面硬度大为提高，又可减少粘模现象。

(3)应用

调质钢多用于软质塑料成形模，如制造注射、挤压等塑料模。

(4)热处理工艺路线

具体有以下几类：

1)钢坯—退火—粗加工—调质—精加工。

2)钢坯—调质(或正火)—粗、精加工。

3)预硬化钢坯一粗、精加工。

3. 冷作模具钢

(1)特点

包括冷作模具钢中的碳工钢、高碳低合金钢、高耐磨钢。经淬火、低温回火后具有高硬度和高耐磨性。

其中，碳工钢(T10、T12)的加工性能较好，但淬透性差，应用于中、小塑料模，但应该严格控制变形。

其他冷作模具钢的硬化层深，抗压及热强性较高，耐热良好，淬火工艺简便，但韧性不足，大截面有碳化物偏析倾向，易早期断裂。

(2)应用

冷作模具钢常用于热固性塑料模具，或要求耐磨性较高的热塑性塑料成型模具。

(3)热处理工艺注意要点

热处理工艺路线为正火—球化退火—预调质—淬火—低温回火。

针对塑料模具的具体情况，应对冷作模具钢着重注意几个方面：

1)严格控制钢材的碳化物偏析，它是影响抛光、影响断裂的重要因素。

2)以中、低温加热淬火为主。

3)可以采用等温淬火工艺(一般在260～280℃硝盐等温30～120min后空冷)。

4)应该充分回火。

4. 耐蚀钢

耐蚀钢具有好的抗蚀性，并有一定的硬度、强度、耐磨性，可应用于有腐蚀介质(HF、HCl等)析出的塑料加工模具，例如在生产聚氯乙烯或聚苯乙烯加入抗燃剂的热塑性塑料制品时，会析出腐蚀性气体，需用耐蚀钢作模具。钢号有4Cr13、9Cr18、Cr18MoV、1Cr12Ni2钢等。

5. 马氏体时效钢

这类钢具有很多优点，例如很高的强度，良好的韧性，热膨胀系数小，抗热疲劳性能高，固体状态切削加工性好，加工完毕后经时效处理又可提高硬度。同时，这类钢无冷作硬化，时效热处理变形小，焊接性能好，表面还可渗氮处理等。它们可应用于要求高耐磨、高精度、型腔复杂的塑料模具。

10.4.3 塑料模具钢的选用

表10-20 塑料模具钢的选用

工作条件	推荐钢号
生产塑料产品批量较小精度要求不高，尺寸不大的模具	45、55钢或10、20钢渗碳
在使用过程中有较大的动载荷，生产批量较大，磨损较严重	12CrNi3A、20Cr、20CrMnMo、20Cr2Ni4A钢渗碳
大型、复杂、批量较大、注射成型模或挤压成型模具	3Cr2Mo、4Cr3Mo3SiV、5CrNiMo、5CrMnMo、4Cr5MoSiV、4Cr5MoSiV1
势固性成型要求高耐磨、高强度塑料模具	9Mn2V、7CrMn2WMo、CrWMn、MnCrMV、GCr14、5Cr2MnWMoVS、Cr2Mn2SiWMoV、Cr6WV、Cr12MoV、Cr12
耐腐蚀和高精度塑料模	4Cr13、9Cr18、Cr18MoV、Cr14Mo、Cr14Mo4V
复杂、精密、高耐磨塑料模	25CrNi3MoAl18Ni(250)、18Ni(300)、18Ni(350)

10.5 其他模具材料

10.5.1 铸铁模具材料概况

1. 铸铁模具材料概况

铸铁具有一定的力学性能和优良的工艺性能，它主要的特点是铸造性能好，易浇注成形，尤其是能铸出复杂形状，并且工艺简便，适应性强，设备投资少，成本较低。同时它的抗

震减摩性能好，切削性能很好。对某些铸铁，在一定程度上克服了一般铸铁抗拉强度和韧性低的缺点，有的还具有耐热、耐蚀和耐磨等特殊性能。因此，近年来逐渐广泛用作模具材料，常用来制造各种拉深模、压型模、玻璃模及塑料模等。

应用于模具的铸铁多为球墨铸铁、蠕墨铸铁、特殊性能铸铁，有时也用灰铸铁。

球墨铸铁是由基体组织与球状石墨组成，石墨呈圆球状，对基体割裂作用最小，基体的利用率可达70%～90%，力学性能相对优良。强度和塑性超过一般的灰铸铁和可锻铸铁，抗拉强度一般在400～1000MPa。珠光体球墨铸铁的抗拉强度与T8锻钢相近，σb达700～800MPa、屈服强度和屈强比高于45钢，疲劳强度较高(与中碳钢接近)，耐磨性较好。球墨铸铁的塑性和韧性都低于钢，却高于其他各类铸铁，其延伸率在2%～20%范围内，冲击韧度通常在15～20J/cm^{2}以上。球墨铸铁还具有很好的热处理效果，可利用退火、正火、淬火、回火、等温淬火、表面处理和化学热处理等多种工艺提高它的性能。由于它具有较优良的性能，可用来制造各种压型模、冲压模等。

蠕墨铸铁石墨呈蠕虫状，介于片状与球状之间，对基体的切割作用较轻，力学性能较高，既具有接近球墨铸铁的较高强度、刚度、耐磨性和一定韧性，又具有灰铸铁良好的铸造性能和导热性。例如它对壁厚敏感性小，导热性优于球墨铸铁，抗热和抗氧化的性能均优于其他铸铁，耐磨性优于孕育铸铁及高磷铸铁。这种铸铁用于制造玻璃模具已取得良好效果，引起广泛重视。

2. 铸铁模具材料的应用

(1)铸铁模具配套零件

铸铁常被用来制成模具中的配套零件，例如在冲孔模、落料模、弯曲模、塑料模结构中用铸铁制作上、下模板、模柄、推料板前后架、底板、推件滑座、上下模座、定位板、支架紧固块等辅助模具零件。

(2)铸铁玻璃模具

铸铁作为模具材料在玻璃模具中有十分广泛的应用，下面是玻璃模具材料的主要性能要求：

1)耐热性：在加工玻璃时，模具材料与高温粘滞玻璃相接触，所以，除需要一定高温强度和硬度外，还需导热性好、线膨胀系数高、耐热冲击、耐碎裂、热疲劳性能好，以适应加热和冷却的周期性循环。

2)耐磨性、耐磨蚀性。

3)良好的可加工性和抛光性能，易于机械加工，成形的表面粗糙度值低。

目前玻璃模具材料较多的采用铸铁，也有应用耐热钢材或耐热合金。它们的使用情况分为以下几大类：

①工作温度为500～700℃，通常采用非合金铸铁。

②工作温度为600～900℃，一般采用合金铸铁或耐热钢材。

⑧工作温度为1000℃或更高的，可采用耐热合金，例如镍基合金、镍—铬合金、铜基合金等。

铸铁所以是玻璃成形模应用最广泛的材料，是由于它易于加工，不含或少含合金元素，价格便宜，制造方便，在无专用设备的小厂也能生产，并基本上能满足其性能要求，但在稳定性和抛光性方面稍差。国外应用的主要是灰铸铁、低合金铸铁、球墨铸铁、耐热铸铁及蠕墨铸铁。其中灰铸铁可用来制作各种模具部件,尤其是机械自动吹制成形应用最为广泛。

10.5.2 硬质合金

1. 硬质合金概况

硬质合金是用难熔的高硬度碳化物粉末与少量粘结剂粉末混合后加压成形,再经烧结而成的粉末冶金材料。

高速钢的最高工作温度一般在600℃左右,在更高的工作温度下会迅速软化,而硬质合金工作温度可达800~1000℃,它的硬度很高、耐磨性很好,具有很高的弹性模量、较小的热膨胀系数及良好的化学稳定性等特点。用它来制作某些模具,寿命甚至比工具钢高十倍以上。但不足之处是硬质合金较脆,抗弯强度和韧性差,且不能进行机械加工。

常用硬质合金有三种:

(1)钨钴类(YG)硬质合金:由WC与Co粉末烧结制成的,YG后的数字表明钴的含量。例如YG6表示6%Co,其余为WC的硬质合金。含钴量越高,韧性越好,但硬度及耐磨性稍有降低。

(2)钨钛钴类(YT)硬质合金:由WC、TiC和Co粉末烧结而制成的。YT后的数字表示TiC的含量。

(3)钨钴钽类(YW)硬质合金:由TaC、TiC与WC三种粉末与Co粘接剂烧结而制成的。

YG合金的韧性较好,而YT合金的热硬性较高,且不粘接,YW合金的性能较全面,兼有二者之优点,适用多种用途,又称万能硬质合金。

2. 硬质合金模具

硬质合金作为模具材料,主要用于拉丝模具、冷挤压模具等。

(1)硬质合金拉丝模具

当前硬质合金拉丝模几乎全部代替了钢铁模,在加工各种钢材和有色金属中,使用硬质合金模具约占95%以上。而作为拉丝模使用的硬质合金是WC—Co类合金。凡是制造孔径大于0.5mm的拉丝模,都是采用硬质合金模坯。我国硬质合金年生产总量约4000t以上,而拉丝模占硬质合金总产量的10%左右,占WC—Co类硬质合金总产量的30%。

(2)硬质合金冷挤压模具

钨钴系硬质合金具有高硬度、耐磨性、热硬性以及很高的抗压强度和一定的抗弯强度。并随粘结剂Co含量的增加,韧性有所提高,且还具有很好的抗急冷急热的能力,模具表面能抛光至$Ra<0.1\mu m$。实践证明,采用硬质合金作冷挤压凹模是完全可行的。常用的有YG15、YG20、YG25三种。

冷挤压模具制造时选用硬质合金,必须注意以下问题:

1)必须根据冷挤压的具体工作条件,来选择不同种类的硬质合金。如当冷挤塑性较高、硬度较低的有色金属零件时,应选用含钴量较低的硬质合金YG15作模具材料;而冷挤压塑性较低、硬度较高的有色金属或黑色金属零件时,应选用含Co较高的YG20或YG25作模具材料。

2)硬质合金凹模内壁,应尽量做到不出现拉应力。因为硬质合金性脆、易开裂,所以硬质合金凹模皆做成组合式结构。施加的预压力最好完全抵消工作时产生在凹模内壁的切向拉应力。

3)硬质合金主要适宜于做简单形状的轴对称类零件的凹模。这是因为硬质合金机加工性能差,只能采用压制、烧结或电加工成形,因此形状复杂的凹模制造成本高,且在过渡部分易产生较大的附加应力,易开裂,寿命短,不能充分发挥硬质合金的优越性。

4)硬质合金模具主要适用于零件生产批量大和自动化生产的场合。因为它价贵、加工成本高,只有产品批量特别大,要求耐磨性好,使用寿命特别长,以及模具损坏的可能性较小的情况下,用硬质合金作模具材料才经济合理。

实际使用已充分显示硬质合金冷挤模具的优越性。例如 YG15 作凹模冷挤铝电容器外壳,寿命达 200 万件。用 YG20 作凹模冷挤 15 号钢作原材料的缝纫机螺丝,寿命超过 10 万件以上。

10.5.3　有色金属及合金模具材料

有色金属及合金作为模具材料在模具制造中已日益增多,尤其应用在快速简易模具中更为突出,目前广泛地应用于仪器仪表、电子通讯、汽车、农机、轻工、塑料制品及工艺美术等行业的新产品试制和小批量生产。

有色金属及合金模具材料主要包括锌基合金模具材料、低熔点合金模具材料、高温合金及难熔合金模具材料等。

1. 锌基合金模具材料

(1)锌基合金概况

为了满足高的技术经济指标和强的市场竞争能力的要求,我国从 1965 年开始研制锌基合金模具技术,目前已有很大的发展与提高。

锌基合金模具材料在国内主要是 Zn—Al 4%—Cu 3%合金,它的熔点(380℃)低,并有很好的铸造性能。作为模具使用,它还具有耐压、耐磨和自润滑等性能。它主要通过铸造方法成形,可选用砂型、金属型和石膏型铸造方法,制造周期仅为钢模的 1/2～1/5,成本相当于钢模的 1/4～1/8 左右。主要用于成形模、拉深模、弯曲模、塑料模等。模具使用的锌基合金具有如下特点:

1)熔点低(只有 380℃),因此可用比较简单的设备和一般技术进行熔化,浇注温度为 420～450℃,可用多种方法铸造成形。铸件的气孔、针孔少,模具复制性好,复杂形状也能很好复制。

2)锌基合金的强度接近低碳钢,加工性能类似青铜铸件,并具有铝合金的易切削性、易机械加工和修饰加工的特点。

3)具有独特的润滑性和耐烧结性,因此用锌基合金拉深模制造的零件表面不易出现缺陷。

4)报废的锌基合金模具,可重熔再用,可降低成本。

5)用经过修整的凸模作型芯,可直接铸出精度好的凹模。这是模具用锌基合金很突出的一个优点。

6)可用气焊进行修补,且焊接部位的组织和基体基本相同。

7)铸造时,可将需要镶入的钢制零件直接镶入,也可以直接铸出螺孔。

锌基合金模具的主要缺点是:

1)它的硬度、耐磨性比钢模低很多,寿命比钢模低,最适合新产品的试制和小、中批量生产。为了提高使用寿命以便适应中、大批量生产,应采用锌钢复合模具。因为锌基合金强度比较低，所以对复合冲裁模不太适用，对冷挤压模的应用也有些困难。若要采用，需采取工艺措施。锌合金模具也不能应用于橡胶模和热固性塑料模，这是由于它在200℃左右长期使用会产生热变形。

2)锌合金铸造成形时，线收缩系数为1.1%～1.2%。很大的收缩系数使得铸造的成形模、弯曲模的精度不高。如欲提高大型和精密零件的成形模、弯曲模以及复杂型面的注塑模的制造精度，需增加机加工和钳工的工作量。

今后需进一步提高锌合金的性能，提高制模精度，并使锌合金模具标准化、系列化，将会进一步推动锌合金模具的发展与应用。

(2)锌合金超塑性及模具成形技术

金属超塑性是金属材料在一定的组织状态、变形温度和变形速度的条件下所显示的很高塑性。人们往往把金属材料在拉伸试验下测得延伸率超过100%的看成是超塑性。

金属在超塑性状态拉伸变形时，流动应力很小，没有或很小的应变硬化，或出现应变软化现象。金属超塑性还可在扭转、弯曲、压缩等载荷作用下产生。金属的超塑性可以分为相变超塑性和微细晶粒超塑性两大类。

锌合金超细化处理就是将它的正常组织(α+β两相)的晶粒尺寸达到微细化，然后在超塑温度(Ts)下以超塑变形速度变形，这时微细晶粒尺寸具有保持原来晶粒尺寸和等轴性倾向，这样可能有充分的超塑变形的持续时间来完成零件的超塑性成形过程。超塑合金制备工艺如下：按重量配制合金—熔炼—水冷铜模浇铸—均匀化退火—轧制或热处理超细化处理—板材。处理后锌铝共晶合金具有很好的超塑性。锌铝共析合金可加入适量铜、镁、锰、钙、锆等元素，以提高力学性能，再经适当热处理，使合金具有超细化的晶粒组织，然后在超塑的条件下变形，显示很高超塑性，伸长率可达1%～500%以上。

我们可以利用锌合金的超塑特性来成形模具和零件。超塑成形不同于一般的压力加工成形。前者是在很小应力作用下通过粘性或半粘性流动成形，而后者是建立在塑性变形的基础之上。

锌合金超塑性成形给生产带来很大的变化，如：所需的设备能量低，模具寿命长、工序少，材料利用率高(90%～95%)和成本低。

利用锌合金超塑成形模具，对塑料模具的优越性更为明显。生产实践证实，这类模具除具有锌基合金模具的优点外，其型腔的精度高，粗糙度数值也比较小。

锌基合金模具和锌合金超塑成形都属于少无切削加工的新技术。

2. 低熔点合金模具材料

(1)低熔点合金模具概况

用熔点较低的铋锡合金作为铸模材料制造的模具称为低熔点合金模具。可用标准件来制作铸模的模型，它是用铸造的方法(或其他方法)制造模具的一种新技术，特别适用于薄板冲压件，尤其有不规则曲面的铸模时工艺简单，周期短，这类模具还有以下特点与应用：

1)适用于新产品的试制和多品种、小批量生产。

2)可对新产品进行冲压工艺性试验，既可验证产品设计的冲压工艺性是否合理，又为制模提供技术数据。

3)用低熔点合金进行小批量试制生产，可以缓和钢模制造周期长的矛盾，便于新产品的修订。

4)铸模时凸模和凹模可以利用同一个样模,一次同时铸成、不需研配,模具调整方便,可在机床上直接对模具进行修整。

5)成本低,合金可重熔再用。

这种模具材料有锡铋二元、四元共晶和非晶型合金。铋是稀有金属,通过向铋合金中加入微量其他元素来降低铋含量,以改善其性能,可使合金胀缩性接近于零(铅、锡、镉在冷凝时体积收缩、而铋在冷凝时体积膨胀)。精度明显提高。

(2)低熔点合金模具材料的使用

低熔点合金模具的成形工艺有铸造法、加压法以及机上熔压法等。

低熔点合金固体时呈银白色、熔化低熔点合金的方法有开水介质熔化法和电炉加热熔化法。采用开水和蒸气熔化,不需要专门的温度控制装置,但比电炉熔化效率低,且只适用熔点为 70℃的低熔点合金。

低熔点合金的硬度很低,比锌合金更低,这样低的硬度,即使模具的受压部位接触面积很大,其寿命还是很短,若承受压力比较集中或摩擦力较大,低熔点合金模具就不能使用。为了解决这个问题,可在受摩擦或受压部位镶装用工具钢制造并经淬火与研磨过的加强块。低熔点合金只起基体作用,而不直接承受冲压力和摩擦力。镶装加强块后,模具寿命不亚于钢制模具。

低熔点合金模具材料一般可用于冲压 1～3mm 厚的铝、铜、不锈钢、钛合金与普通碳钢钢板。冲压 lmm 厚 08Al 钢的钢板可达 1000～3000 件。

低熔点合金在模具装配上的应用比较广泛,如用它固定凹模、凸模及导套以及浇注卸料板导向孔等。可节约工时、缩短周期,一般用它固定冲裁 2mm 钢板的凸模,有足够的强度,相当可靠。

低熔点合金模具在我国也得到广泛的应用。它也有锌基合金模具的一些优点,但其熔点低,强度和硬度低,铋来源困难等原因,使这类合金模具在推广上受到一定限制。

本章小结

本章选用典型模具材料作为扩展对象进行讲解,内容主要包括冷作模具钢、热作模具钢、塑料模具钢、其他模具材料等等,使学生针对金属材料与热处理课程有更深入广泛的认识。

参考文献

[1] 陈长生.机械制造基础.杭州:浙江大学出版社,2012
[2] 乔世民.机械制造基础.北京:高等教育出版社,2003
[3] 严义章.模具材料及热处理.北京:北京理工大学出版社,2009
[4] 王英杰.模具材料及热处理.北京:机械工业出版社,2013
[5] 李炜新.金属材料与热处理.北京:机械工业出版社,2008